U0342167

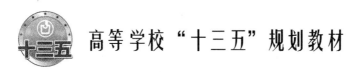

高等学校"十三五"规划教材

工程装备液压系统构造与维修技术

杨小强　涂群章　韩 军　主编

申金星　殷 勤　崔洪新　朱保国　副主编

北 京

冶金工业出版社

2019

内 容 简 介

本书共分为七章，前六章系统介绍了工程装备液压系统的基础知识，液压元件、液压系统以及应用实例，其主要内容包括：工程装备液压系统的组成与工作原理，主要部件的结构与原理、常见故障分析与排除以及使用与维护技术等；最后一章以推土机、装载机、挖掘机、重型冲击桥和履带式综合扫雷车等几种典型工程装备为例，分门别类地介绍了作业装备液压系统的结构原理、故障特点与排除维修方法。本书内容详尽，具有较强的指导性和实用性。

本书可作为高等院校相关专业本科以及研究生专业课的教学用书，也可作为部队工程装备维修技术人员的基础培训教材或供工程装备液压系统领域各类从业人员阅读参考。

图书在版编目（CIP）数据

工程装备液压系统构造与维修技术/杨小强，涂群章，韩军主编．—北京：冶金工业出版社，2019.6
高等学校"十三五"规划教材
ISBN 978-7-5024-8109-4

Ⅰ．①工…　Ⅱ．①杨…　②涂…　③韩…　Ⅲ．①工程设备—液压系统—构造—高等学校—教材　②工程设备—液压系统—维修—高等学校—教材　Ⅳ．①TB4　②TH137

中国版本图书馆 CIP 数据核字（2019）第 107774 号

出 版 人　谭学余
地　　址　北京市东城区嵩祝院北巷 39 号　邮编　100009　电话　（010）64027926
网　　址　www.cnmip.com.cn　电子信箱　yjcbs@cnmip.com.cn
责任编辑　程志宏　王梦梦　美术编辑　吕欣童　版式设计　孙跃红　禹　蕊
责任校对　卿文春　责任印制　牛晓波
ISBN 978-7-5024-8109-4
冶金工业出版社出版发行；各地新华书店经销；三河市双峰印刷装订有限公司印刷
2019 年 6 月第 1 版，2019 年 6 月第 1 次印刷
787mm×1092mm　1/16；17.25 印张；415 千字；265 页
49.00 元

冶金工业出版社　投稿电话　（010）64027932　投稿信箱　tougao@cnmip.com.cn
冶金工业出版社营销中心　电话　（010）64044283　传真　（010）64027893
冶金工业出版社天猫旗舰店　yjgycbs.tmall.com
（本书如有印装质量问题，本社营销中心负责退换）

前　言

本书作者多年从事工程装备液压系统的科研、实验与教学，对于部队使用的工程装备液压系统有非常深厚的理论基础和丰富实践经验。本书根据部队工程装备保障要求，系统地介绍了液压系统的基础知识、液压元件、液压系统与应用实例等，同时全面介绍了工程装备液压系统的组成、工作原理、主要部件结构与原理、常见故障分析与排除、使用与维护方面的内容。全书共分七章，第一章介绍液压传动的基本原理、特点与应用；第二章介绍液压传动系统中的液压油、油箱、油管、蓄能器和密封件等辅助元器件；第三章介绍齿轮泵、叶片泵、柱塞泵等常用液压泵的结构原理与使用维修方法；第四章介绍齿轮马达、叶片马达和柱塞马达等的工作原理与维护修理方法；第五章介绍各种液压缸的结构原理与使用维修方法；第六章主要介绍液压系统中的各种控制阀的结构原理与故障排除及使用维修方法；第七章介绍工程装备液压系统的分类方法，并分别介绍推土机、装载机、挖掘机、重型冲击桥和履带式综合扫雷车等几种典型工程装备作业装置液压系统的结构原理、故障特点与排除维修方法。本书内容编写的主要特色包括：

1. 注重系统性：从液压传动的基本原理、液压系统的组成到维护使用、故障诊断与排除方法，层次性和系统性突出。

2. 内容适用范围广：全面地介绍了液压系统主要元件的原理、特点与故障排除方法，以多种典型工程装备液压系统为分析案例，研究其结构原理与故障诊断排除方法和技术，有很强的适用性。

3. 实用性强：深入细致地介绍了液压元件、电气控制元件与液压系统的组成、原理与故障特点，详尽分析了故障诊断排除与使用维护方法和技术，故指导性和实用性强。

本书由陆军工程大学杨小强、涂群章和陆军研究院作战保障研究所韩军任主编，参与编写的还有陆军工程大学申金星、殷勤、王伟、李沛、刘宗凯、刘武强、王天禹以及武警研究院崔洪新、中国人民解放军31605部队文建祥、陆军工程兵军代局朱保国、中国人民解放军32184部队任焱晞和李峰等。本书可作为高等院校相关专业的本科和研究生专业课的教学用书，也可作为部队装备维修人员的培训教材或供从事本领域的技术人员参考。

由于编者时间仓促和水平所限，书中存在的疏漏和错误，恳请读者批评指正，以待进一步完善和提高。

编　者

2018 年 11 月

目　录

第一章 概　　述

液压系统在工程装备中，其主要作用就是通过改变管路中液压油的压强以增大作用力。一个完整的液压系统通常由五个部分组成，即动力元件、执行元件、控制元件、辅助元件（附件）和液压油。工程应用的液压系统主要分为两类，即液压传动系统和液压控制系统，工程装备中的液压系统大多数为液压传动系统。液压传动系统以传递动力和运动为主要功能。液压控制系统则是使液压系统输出满足特定的性能要求（特别是动态性能），通常所说的液压系统主要指液压传动系统，本书论述内容也以液压传动系统为主。

第一节　液压传动的基本原理

一、液压传动的基本原理

由静力学基本方程可知，静止液体内任意一点的压力受外力发生变化时，则液体内任一点的压力将瞬时发生同样大小的变化。这也就是说在密闭容器中，平衡液体内任一点的静压力如有变化，这个变化将等值地传递到液体中的所有各点，这就是帕斯卡原理或称静压传递原理。液压传动正是利用这个原理来传递能量的，这一点可通过油压千斤顶的工作过程来说明。

图 1-1 所示为油压千斤顶的结构图，它由小液压缸 1、大液压缸 7、单向阀 2 和 4、开关 5、油箱 6 和滤油器 3 等组成。两液压缸由通道连接成一密闭容器，其中充满液压油，油液与大气不通。

在开关 5 关闭的情况下，提起手柄，小液压缸 1 的柱塞上移使其工作容积增大而形成真空，油箱 6 里的油液便在空气压力作用下通过滤油器 3 和单向阀 2 进入小液压缸；压下手柄时，小液压缸的柱塞下移，挤压其下腔的油液，这部分压力油便顶开单向阀 4 进入大液压缸，推动大柱塞上移，从而顶起重物。当再提起手柄时，大液压缸内的压力油将力图倒流入小液压缸，此时单向阀 4 会自动关闭，使油液不致倒流，这就保证了重物不致自动下落；同样压下手柄时，单向阀 2 也会自动关闭，使液压油不致倒流入油箱，而只能进入大液压缸将重物顶起。这样，手柄被反复提起和压下，小液压缸不断交替进行着吸油和排油过程，压力油不断进入大液压缸，将重物顶起。当需放下重物时，打开开关 5，大液压缸的柱塞便在重物作用下下移，将大液压缸中的油液挤回油箱。

可见，要使油压千斤顶工作必须具备两个条件：（1）处于密闭容器内的液体可以随两个液压缸工作容积的变化能够流动；（2）这些液体要具有压力。能流动并具有一定压力的液体能做功，即它具有压力能。在油压千斤顶例子中，小液压缸的作用是将手动的机械能转换为油液的压力能，大液压缸则是将油液的压力能转换为顶起重物的机械能。

由上述千斤顶的工作过程可知，当体积为 V 的液体处在油箱中，其所具有的压力能为

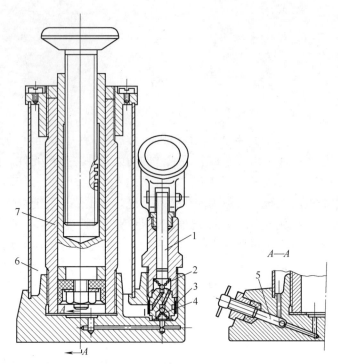

图 1-1 液压千斤顶

1—小液压缸；2，4—单向阀；3—滤油器；5—开关；6—油箱；7—大液压缸

$E_压 = pV$，此时 p 为大气压力；当这部分液体被小液压缸吸入并压入大液压缸时，由于大液压缸上面有重物，使这部分液体的静压力 p 上升为 p'，此时液体压力能变为 $E'_压 = p'V$，则 $E'_压 > E_压$，压力能发生了变化。当工作完毕，大液压缸内的液体在重物作用下流回油箱，这部分液体的静压力又变为大气压力 p，压力能也变为 $E_压 = pV$。所以，在千斤顶的整个工作过程中，参与工作的这部分液体的压力能有一个从小变大，又从大变小的过程，这样才完成了能量或动力的传递。

液压传动主要是依靠密闭容器中液体压力能的变化来传递能量或动力的。而液体压力能 （$E_压 = pV$） 取决于液体的静压力 p 和液体体积 V，所以影响液压传动性能的主要因素就是液体的静压力 p 和液体的体积 V。

二、液压系统中的压力

（一）系统压力的形成

通过油压千斤顶的例子可知，液压系统的压力是在外负载作用下，使液体在密闭容器中受到"前阻后推"的作用形成的。以图 1-2 的原理图为例进一步说明。

用手通过杠杆压千斤顶的小柱塞时，把油向大柱塞缸挤，只有当大柱塞缸的油压 p 足够大，使作用力 $F_2 = pA_2 > G$ 时，才能将重物顶起，小柱塞的油才有可

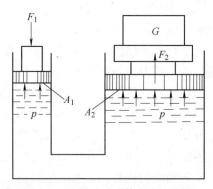

图 1-2 油压千斤顶传力原理简图

能被挤入大柱塞缸。重物越重，要想把重物顶起，系统内的油压就必须越高。如果大柱塞上没有重物，在小柱塞上稍一用力，油便进入大柱塞缸，此时系统内油压很低。这种情况下，即使是想往小柱塞上用力，也感到"有劲使不上"。因此可以说，液压系统中压力的大小取决于外负载。

（二）系统压力的测量与表示

系统压力测量通常是在大气环境下进行，即以大气压力 p_a 为基准测量，故测得的压力称为相对压力。工程装备液压系统中的压力，大部分采用压力表测量，且比大气压力高出很多，相对压力为正值，也称为表压力，因此实际液压系统中我们测量和讲述的压力均指表压力。

（三）系统压力的等级划分

不同的液压系统，使用压力的高低不同，液压行业将压力规定了若干个压力等级，即低压（A）：$p \leqslant 2.5\text{MPa}$；中压（B）：$2.5\text{MPa} < p \leqslant 8\text{MPa}$；中高压（C，E）：$8\text{MPa} < p \leqslant 16\text{MPa}$；高压（G，F）：$16\text{MPa} < p \leqslant 32\text{MPa}$；超高压（H）：$p > 32\text{MPa}$。括号中的英文字母用来表示不同的压力等级。

第二节 液压传动系统的组成和液压系统图

一、液压传动系统的组成

从油压千斤顶的工作原理可知，一个进行能量或动力传递的液压传动系统一般由 5 部分组成。

（1）液压泵：其功能是将原动机的机械能转换为液体的压力能。图 1-1 中，油压千斤顶的小液压缸 1 即起液压泵的作用。

（2）执行元件：其功能是将液体的压力能转换为工作装置的机械能。执行元件包括液压缸和液压马达两大类，其中液压缸带动负荷做往复运动，液压马达带动负荷做旋转运动。图 1-1 中大液压缸 7 就是油压千斤顶的执行元件。

液压泵与执行元件统称为液压动力元件或能量转换装置，它们在液压传动系统中起到转换能量的作用。

（3）控制调节元件：即各种阀。在液压系统中，各种阀门用以控制和调节各部分液体的压力、流量和方向，以满足机械的工作要求，完成一定的工作循环。图 1-1 油压千斤顶的单向阀 2、4 和开关 5 就是控制液流方向的，开关 5 还可控制液体流量从而控制重物下降的速度。

（4）辅助元件：包括油箱、滤油器、油管及管接头、密封件、冷却器、蓄能器等。它们对保证系统可靠、稳定、持久地工作，起到重要作用，是液压传动系统不可缺少的组成部分。

（5）工作介质：即液压油。在液压传动系统中用以传递运动、动力及信号，并起润滑和散热的作用。

液压传动系统就是按照机械的工作要求，用管路将上述各液压元件合理地组合在一起，形成一个能够使之完成一定工作循环的整体。

为了对液压传动系统有更深入的了解，可以观察一个能实现机床工作台往复运动的简单液压系统。图 1-3（a）中电动机（图中未示出）带动液压泵 3 旋转，泵从油箱 1 中吸油，然后将具有压力能的油液输入管路，油液通过节流阀 4 流到手动换向阀 6，由于换向阀阀芯处于中间位置，阀孔 P 与 A、B 均不相通，液压缸不通压力油，所以工作台 10 静止不动，压力油经溢流阀 5 流回油箱。若将操纵杆 7 向右推，使换向阀的阀芯右移处于如图 1-3（b）所示位置时，阀孔 P 和 A 相通，B 和 O 相通，这时，油液经压力油孔 P 流入换向阀，再经阀孔 A 流入液压缸 8 左腔，而液压缸 8 右腔则通过阀孔 B 与 O 和油箱连通。因液压缸缸体是固定不动的，故活塞 9 在油压力的作用下，带动与活塞杆固定在一起的工作台 10 向右移动。如果向左扳动操纵杆，则阀芯左移，如图 1-3（c）所示。这时，压力油经阀孔 P 进入换向阀，然后经阀孔 B 进入液压缸的右腔，工作台 10 向左运动；液压缸左腔的油液便经阀孔 A 和回油孔 O 流回油箱。由此我们可以看出，由于设置了换向阀，就能不断改变压力油的通路，使液压缸不断换向，以实现工作台所需的往复运动。

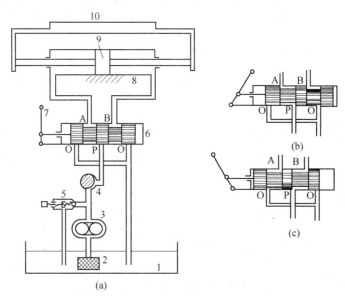

图 1-3 往复运动工作台工作原理图

1—油箱；2—滤油器；3—液压泵；4—节流阀；5—溢流阀；6—换向阀；

7—操纵杆；8—液压缸；9—活塞；10—工作台

根据机械加工要求的不同，工作台的运动速度应该可以调节，系统中的节流阀 4，就是为了满足这一要求而设置的。节流阀的作用，就是通过改变节流阀开口的大小，调节通过节流阀的流量，从而控制工作台的运动速度。

工作台运动时，要克服阻力，例如克服刀具切削力和相对运动件表面间的摩擦力等。这些阻力，由液压泵输出油液的压力能来克服，根据工作情况的不同，液压泵输出油液的压力还应当能够调整。另外，由于工作台速度的改变，液压泵排出的油液往往多于液压缸所需要的油液，因此必须将多余的油液排回油箱。这个功能由溢流阀 5 来完成，调整溢流阀可以改变液压泵 3 的输出油压。网式滤油器 2 对油液进行过滤，以防止杂质进入系统，损坏各液压元件。

一般工程装备的动作是很复杂的，例如单斗液压挖掘机在挖土作业时，有动臂起落、斗杆摆动、铲斗翻转、工作台回转及支腿的收放等动作。这些动作有时单独进行，有时复合进行，所有这些动作都要由相应的液压元件组成的液压系统来完成。因而工程装备的液压传动系统是比较复杂的，但无论如何复杂，其组成都可归纳为前面所述四大部分，其原理也基本相同。

因为一个液压系统是由很多元件组成，各元件的结构又很复杂，如果采用元件的实际结构图来表达一个液压传动系统，不但图绘制起来非常困难，而且也难于将其工作原理表达清楚。所以，在实践中为了便于分析问题，常以各种符号表示不同功能的元件，并以各种符号组成的系统图来表示液压传动和控制系统。

二、图形符号

液压元件的图形符号就是表示元件功能的简单符号。各种元件的图形符号国家都有统一规定，请参看本书参考文献［6］。

三、液压系统图

液压系统图是指根据液压系统的工作要求，将各元件的图形符号按液压系统实际结构顺序连接起来，表示一个工作循环的原理图。

液压系统分为传动系统和控制系统两大类，所以液压系统图可以表示传动原理和控制原理。传动原理是以传递能量为主，控制原理是以控制动作为主。目前工程装备上传动系统占主要地位，控制系统只在采用液力变矩器的一些机械上有应用。

图 1-4 所示为油压千斤顶的液压传动系统图；图 1-5 所示为往复运动工作台的液压传动系统图。

现行的液压元件图形符号和液压系统图，只表示元件的功能和连接系统的通路，不表示元件的具体结构和参数，也不表示系统管路的具体位置及元件的安装位置。

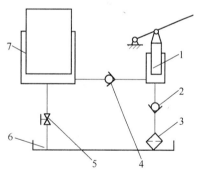

图 1-4　油压千斤顶液压传动系统图
1—小液压缸；2，4—单向阀；3—滤油器；
5—开关；6—油箱；7—大液压缸

系统图中的元件符号均以静止位置或零位置表示。例如，图 1-3 中的换向阀 6 有三个位置，在系统图 1-5 中仅以其零位置（即未扳动阀杆时）来表示与整个油路连接的情况；安全阀 5 有时开，有时关，但在系统图中则以静止位置（阀不受油压作用时）表示。有时为了说明系统的工作原理，确实需要画出元件的某个工作位置，此时可不按上述规定画，但应作特别说明。

当需要标明元件的名称、型号和参数（如压力、流量、功率、管径等）时，一般在系统图的元件表中标明，必要时也可标注在元件符号的旁边。

对于标准中没有规定的图形符号，可以根据标准的原则和所列图例的规律性进行派生，当无法直接引用或派生时，或者有必要特别说明系统中某一重要元件的结构及动作原理时，也允许局部采用结构简图。

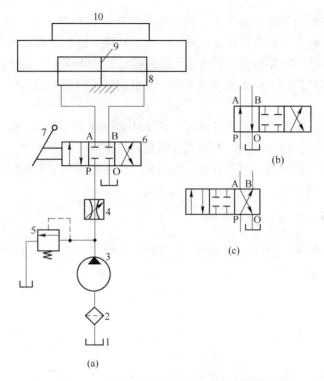

图 1-5 往复运动工作台液压传动系统图

（a）换向阀中位；（b）换向阀右位；（c）换向阀左位

1—油箱；2—滤油器；3—液压泵；4—节流阀；5—溢流阀；6—换向阀；

7—操纵杆；8—液压缸；9—活塞；10—工作台

第三节 液压传动的特点及应用

一、液压传动特点

液压传动之所以在近年来得到如此迅速的发展和广泛的应用，是由于它与机械传动相比，有着许多突出的优点：

（1）液压传动能方便地实现无级调速，调速范围大，可达 100∶1 甚至到 2000∶1。

（2）相同功率的情况下，液压传动装置的体积小，重量轻，惯性小，结构紧凑，而且能传递较大的力和力矩。

（3）液压传动装置工作平稳，反应快，冲击小，易实现快速启动、制动和频繁的换向。

（4）液压传动装置的控制、调节比较简单，操纵也比较方便、省力，便于实现自动化，特别是当与电、气传动配合使用时，易于实现复杂的自动工作循环。

（5）液压传动易于实现过载保护，液压元件能自行润滑，使用寿命较长。

（6）液压元件易于实现系列化，标准化和通用化，故便于设计、制造和推广使用。

液压传动的主要缺点包括：

（1）液压系统中油液的可压缩性和泄漏，使液压传动无法保证严格的传动比。

（2）液压传动对油温变化比较敏感，其工作稳定性易受温度影响，故不宜在低温和高温条件下使用。

（3）液压传动由于存在着液体的压力损失和泄漏损失，传动效率较低，所以不适宜远距离传动。

（4）元件加工质量要求高，因而目前液压元件成本较高。

（5）使用中油液易污染，污染的油液会使某些元件孔道堵塞，如果油液中混入磨料，则会加速元件磨损，因而油液的污染是液压系统发生故障的主要原因之一。

（6）液压系统故障的隐蔽性较强，出现故障时不易找出原因。

液压传动的优、缺点决定了它的使用范围，也构成工作中的有利和不利相互矛盾的两个方面，然而一切矛盾着的东西，都会在一定的条件下互相转化，随着具体条件的变化和液压技术的发展，液压技术一定会在国民经济各个领域里发挥更大的作用，我们也一定能更加自如地掌握它，使之更好地为我们的现代化建设服务。

总体说来，液压传动优点是主要的，而某些缺点随着生产技术的发展，是可以逐步克服的。如果能吸取其他传动方式的优点，采用电液、气液或机电液等联合传动，则更能充分发挥其优势。

二、液压传动的应用与发展

近年来计算机技术和控制理论的发展为液压技术注入了新的活力，机、电、液一体化技术已成为必然趋势，计算机控制技术、集成传感技术为电子技术和液压技术的结合创造了条件，并大大提高了液压控制系统的控制精度和工作可靠性，节约了能源，提高了作业效率，使新一代电液控制系统兼备了电气和液压的双重优势，形成了具有竞争力的自身技术特点，在汽车、矿山机械、工程装备等许多领域获得越来越广泛的应用。液压技术在实现高压、高速、大功率、高效率、低噪声、经久耐用、高度集成化等各项要求方面都取得了重大的进展，在完善比例控制、伺服控制、数字控制等技术上也有许多新成就。此外，在液压元件和液压系统的计算机辅助设计、计算机仿真和优化以及微机控制等开发性工作方面，也取得了显著成绩。

 复 习 题

1-1　液压传动的基本原理是什么？影响传动性能的主要因素有哪两个？

1-2　实现液压传动的条件有哪些？

1-3　液压系统中压力是如何形成的，其大小主要取决于什么？

1-4　通常用什么测量液压系统的压力，测量结果指的是什么压力？

1-5　一个完整的液压系统有哪几部分组成，各部分的作用分别是什么？

1-6　什么是液压系统图，它有什么作用？

第二章　液压油及辅助元件

第一节　液压油的选择与使用

液压传动的工作介质是液压油。液压油一般都采用矿物油，即石油基液压油。液压油又分为抗燃性油和可燃性油两大类型。在接近高温、热源地方工作的机械（如高炉、热轧机、锻压设备）和可能引起火灾的场所（如煤矿井下），均采用抗燃性油液作为传动介质；而一般工程装备的液压系统中都采用可燃性液压油。系统工作时，液压油既传递能量或动力，又起到润滑作用，所以，液压油质量的好坏以及选用液压油是否合适，对液压机械的工作性能影响很大。

一、液压油的选择

在实际工作中，选择液压油除了要按工程装备使用说明书的规定选择外，还应从工程装备实际使用条件出发，综合考虑油源价格等因素。选择液压油时可参考如下两个方面原则。

（一）首先从品种上选

各种工程装备液压系统可优先考虑选用 L-HV 液压油和 L-HM 液压油。如果专用油短缺，可采用代用油，即 L-HL 液压油、L-HH 液压油和 L-TSA 汽轮机油（透平油）。

（二）从黏度方面选

1. 环境温度

环境温度高，应选黏度高的液压油；反之，选黏度低的液压油。在严寒地区工作，主要矛盾是开机时，油能否吸入油泵中，因此所用油的凝点一定要比当时当地的最低气温低才行。

2. 泵的结构形式

对于吸油能力强的泵（如柱塞泵）应选择黏度较高的液压油，对于吸油能力弱的泵（如叶片泵）应选择黏度较低的液压油。

3. 系统的压力

系统压力高时，油的黏度应大，以保证润滑性能，同时又能防止严重的泄漏；压力低时，选择油黏度应小，以免压力损失过大。在环境温度 $t_{环}$ 小于 38℃ 情况下，建议参照以下数值选择油的黏度。

低压：　　$0<p<2.45\text{MPa}$，$v_{40}=(15\sim40)\times10^{-6}\text{m}^2/\text{s}$；

中压：　　$2.45\text{MPa}<p<7.85\text{MPa}$，$v_{40}=(30\sim60)\times10^{-6}\text{m}^2/\text{s}$；

中高压：　$7.85\text{MPa}<p<15.7\text{MPa}$，$v_{40}=(40\sim80)\times10^{-6}\text{m}^2/\text{s}$；

高压：　　$15.7\text{MPa}<p<31.4\text{MPa}$，$v_{40}=(50\sim90)\times10^{-6}\text{m}^2/\text{s}$。

4. 执行元件运动速度

运动速度高时，应选择黏度较低的液压油，以减少流动过程中产生的压力损失；反之，应选择黏度高的液压油，以减少泄漏量对执行元件运动速度的影响。

表 2-1 列出工程装备液压系统常用国产液压油的主要性能指标。表 2-2 列出按泵类型选择液压油黏度的参考数据。

表 2-1　工程装备常用液压油（GB7631. 2—1987）

油 液 种 类		40℃运动黏度 /10^{-6}m^2·s^{-1}	闪点 （不低于）/℃	凝 点 /℃
产 品 名 称	产品符号			
HL 液压油 （适用于低压系统）	L-HL15	13. 5~16. 5	155	-12
	L-HL22	19. 8~24. 2	165	-12
	L-HL32	28. 8~35. 2	175	-9
	L-HL46	41. 4~50. 6	185	-9
	L-HL68	61. 2~74. 8	195	-9
	L-HL100	90. 0~110	205	-9
HM 液压油 （YA-N，YB-N，原普通 抗磨液压油）	L-HM22	19. 8~24. 2	165	-18
	L-HM32	28. 8~35. 2	175	-18
	L-HM46	41. 4~50. 6	185	-12
	L-HM68	61. 2~74. 8	195	-12
HV 液压油 （YC-N，原低凝、工程、 稠化等液压油）	L-HV15	15±10%	100	-39
	L-HV22	22±10%	140	-39
	L-HV32	32±10%	160	-39
	L-HV46	46±10%	160	-39
	L-HV68	68±10%	180	-33
	L-HV100	100±10%	180	-24
HS 液压油 （难燃性合成液）	L-HS15	15±10%	100	-48
	L-HS22	22±10%	140	-48
	L-HS32	32±10%	160	-48
	L-HS46	46±10%	160	-48
HH 液压油 （近似机械油， 主要用于润滑系统）	L-HH15	13. 5~16. 5	165	-15
	L-HH22	19. 8~24. 2	170	-15
	L-HH32	28. 8~35. 2	170	-15
	L-HH46	41. 4~50. 6	180	-10
	L-HH68	61. 2~74. 8	190	-10
	L-HH100	90. 0~110	210	0

注：产品符号中第一个字母"L"为类别（润滑剂）；第二个字母"H"为组别（液压系统）；第三个字母为油型；数字表示规格（40℃时的运动黏度值）。凝点指液压油受冷冻不能流动时的温度。闪点是指油液加热到液面上能在火焰靠近时出现一闪一闪的断续性燃烧时的温度。闪点高的液压油挥发性小。油液加热到自行连续燃烧的温度，则称为液压油的燃点。燃点高的液压油难于着火燃烧。

表 2-2 按泵的类型推荐用油黏度

泵的型式		运动黏度（40℃）$/10^{-6}m^2 \cdot s^{-1}$	
		≤40℃	>40℃
叶片泵	6.3MPa 以下	15~44	40~70
	6.3MPa 以上	27~70	58~85
齿轮泵		15~70	98~137
柱塞泵		15~70	98~195

液压油黏度大小，直接关系着液压系统中能量的损耗和相对运动零件表面的磨损以及可能产生的气蚀、噪声等问题。选用油液的黏度过大，在管道中的流动阻力大，压力损失大，使泵吸油困难；选用油液的黏度过小，泄漏增加，润滑性能变差，增加摩擦，甚至使某些控制调节装置失调。总之，黏度选择过高或过低都会导致功率损耗，传动效率降低，使元件和系统发热。

二、液压油的使用与维护

（一）液压油污染的原因

液压油容易受到污染，而且使用过程中会发生变质，这些都是引起液压故障的重要原因。液压油的污染有两个方面的因素：一是油液本身变质，产生了黏度变化和酸值变化；二是外界污物混入液压油中。

1. 液压油的氧化

液压系统工作时，产生的热量会使系统油温上升。而高温时，油液氧化进程加快，氧化产生的有机酸使油液酸值增加，也就增加了对金属的腐蚀作用。此外，氧化酸还生成不溶性的胶状沉淀物，既漆类附着物，而可溶性氧化聚合物使油液黏度增大。因此，氧化使液压油降低了抗乳化性能和抗磨损性能，它是液压油污染、变质的一个重要原因。

2. 外界污物的混入

（1）液压油中混入空气与水分。由于油的吸水性，油中含有 0.005%~0.01%的微量水分。当油中含水量占 0.05%~0.1%时，可使油液透明度变差，呈浑浊状；若水分占 0.2%~0.5%，油液变为白色；若水分占 2%，油液变为乳黄色。水分使液压元件氧化，脱落的锈皮混入油中比尘埃混入的危害更大。空气混入液压油中，除产生空穴、气蚀外，由于油中的气体被高压压缩，造成闪光高温，油液局部燃烧而形成积碳，成为硬颗粒杂质，污染油液。

（2）颗粒污物混入液压油中。液压元件加工、装配、储藏、运输过程中，型砂、切屑磨料、锈片、漆皮等进入系统；或者系统在工作过程中，本身产生的污物，如金属粉末、磨损颗粒等；还有空气中大量灰尘的浸入。

（二）液压油质量的维护

由液压油污染的原因分析可知，液压系统使用和维护的关键是保持系统和液压油的清洁。故在使用当中应考虑以下几个问题。

（1）液压油在使用和贮存过程中，应防止机械杂质、水分和其他油类浸入。

（2）经常检查油箱中油面的高度，及时补充。后加的新油与原用的油液应是同一种品牌，否则会引起油品变质。

（3）定期对液压系统进行保养，清除油泥油垢，保持液压系统清洁。

（4）换油时必须将油箱和管道清洗干净，新油必须经过过滤后加入油箱。

（5）操作人员应经常检查液压油质量，发现油料变质或严重污染，应及时更换。

第二节　油箱、油管、管接头、滤油器和蓄能器

一、油箱

（一）油箱的作用和结构

油箱的主要作用包括贮油，其次是冷却，逸出油中气体和沉淀油中的杂质。此外，油箱还具有支撑液压元件的作用。

油箱按液面是否与大气相通，可分为开式油箱和闭式油箱两种。开式油箱在一般液压系统中广泛应用，其液面和大气相通；闭式油箱分为隔离式和充气式，一般用于水下设备或气压不稳定的高空设备中，其液面和大气隔离。

开式油箱有整体式和分离式两种。整体式油箱与机械设备的机体做在一起，利用设备的内腔作为油箱，这种油箱结构紧凑，易于回收各种漏油，但增加了设计和制造的复杂性，维修不便，散热条件不好，且会使主机产生热变形。分离式油箱单独设置，与主机分开，减少了油箱的发热和液压源振动对主机工作精度的影响，布置灵活，维修保养方便，便于设计成通用化、系列化的产品，是普遍使用的一种油箱。

油箱通常采用钢板焊接而成，可采用不锈钢板、镀锌钢板或普通钢板内涂防锈的耐油涂料。图 2-1 所示为油箱的结构简图，图中 7 和 9 都是隔板，隔板 7 的作用是阻挡沉淀进入吸油管，隔板 9 的作用是阻挡泡沫进入吸油管，沉淀和污油可以从放油阀 8 排出，6 是油位计，需清洗油箱时可将上盖卸开。

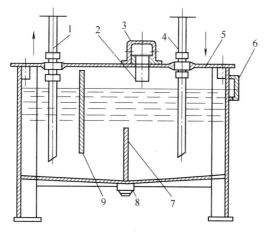

图 2-1　油箱的结构简图

1—吸油管；2—滤油网；3—盖；4—回油管；5—上盖；6—油位计；7，9—隔板；8—放油阀

（二）油箱的设计要点

设计油箱时应考虑：

（1）油箱中设置了吸油滤油器，滤油器因要经常拆洗，故应安在装拆方便的位置。

（2）油箱底部做成有一定斜度，并设置油塞，可以使清洗换油方便。

（3）油箱上的通气孔，因工程装备的工作环境中灰尘较多，故应设置有空气滤清器，注油口要带有滤网。

（4）吸油管口和回油管口应距离较远，吸油管口与箱底距离不小于2倍管径，与箱壁距离不小于3倍管径，回油管插入最低油面以下，防止回油时带入空气，回油管口距箱底不小于2倍管径，排油管端斜切成45°，排油口面向箱壁。

（5）吸油侧与回油侧之间用隔板隔开，隔板上设粗滤网，用以分离回油带来的气泡与污垢，隔板高度不低于油面到箱底高度的四分之三。

（6）在油箱侧壁安装有油位指示计，此外通常还装有油温表。

（7）为防锈、防凝水，油箱内壁应涂有耐油材料。

图2-2为某型号推土机工作装置油箱的结构图。箱体下部装有液压泵的吸油管5，管端装有滤油器6，上部装有回油管1、加油口10和透气装置8，回油管端削成斜口。加油口上有盖，其盖好时通过装在盖子上的弹簧、压板、胶垫等使之保持良好的密封。在加油口上还装有铜丝滤网11以滤去所加液压油中的杂质。透气装置的作用是使空气自由出入但要滤去空气中的尘埃等杂质，因而它实际上是一个空气滤清器。外壳制成百叶窗形的透气筒，筒内装有泡沫塑料，泡沫塑料靠弹簧支撑。透气装置下面装有阻尼器9，对空气的流动起阻尼作用以使空气流动平稳。油箱底部装有放油螺塞3，侧壁有检视盖7，拆下此盖可更换滤油器并便于清洗油箱，油箱两端外部还有手把2及安装支座4。

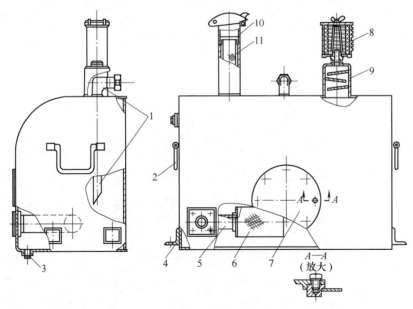

图2-2　某推土机工作装置液压系统油箱

1—回油管；2—手把；3—放油螺塞；4—安装支座；5—吸油管；6—滤油器；

7—检视盖；8—透气装置；9—阻尼器；10—加油口；11—铜丝滤网

（三）油箱容量的确定

独立设置油箱的容量主要根据压力和散热要求确定。在一般情况下，可按压力来考虑。有效容量（指油面高度为油箱高度的80%时，油箱所贮油的容积）可概略确定如下：

低压系统中：有效容量为泵的公称流量的2~4倍；中压系统中：有效容量为泵的公称流量的5~7倍；高压系统中：有效容量为泵的公称流量的6~12倍。

（四）热交换器

油箱中油液的温度一般推荐为30~50℃，最高不大于65℃，最低不小于15℃，对于高压系统，为了避免漏油，油温不应超过50℃。温度过高使油液易变质，同时会使液压泵的容积效率下降；温度过低使油液黏度增大，系统不能正常起动。为了有效地控制油温，在油箱中常配有冷却器和加热器。冷却器和加热器统称为热交换器。

1. 冷却器

液压系统中的冷却器，最简单的是蛇形管冷却器，如图2-3所示。它直接装在油箱内，冷却水从蛇形管内部通过，带走油液中热量。这种冷却器结构简单，但冷却效率低，耗水量大。

液压系统中用得较多的冷却器是强制对流式多管冷却器，如图2-4所示。油液从进油口5流入，从出油口3流出；冷却水从进水口6流入，通过多根水管后由出水口1流出。油液在水管外部流动

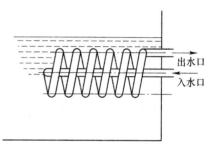

图2-3　蛇形管冷却器

时，它的行进路线因冷却器内设置了隔板而加长，因而增加了热交换效果。工程装备液压系统多采用风冷式散热器来进行冷却，就是利用发动机风扇鼓风带走散热器内油液热量的装置，它不需另设通水管路，结构简单，价格低廉，但冷却效果比水冷式差。

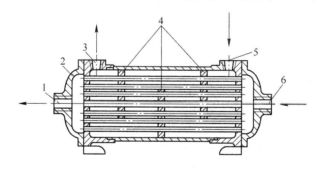

图2-4　多管式冷却器

1—出水口；2—端盖；3—出油口；4—隔板；5—进油口；6—进水口

冷却器一般应安放在回油管或低压管路上。如溢流阀的出口，系统的主回流路上或单独的冷却系统。冷却器所造成的压力损失一般约为0.01~0.1MPa。冷却器的符号如图2-5所示。

2. 加热器

加热器符号如图2-6所示。液压系统的加热器一般常采用结构简单，能按需要自动调节最高和最低温度的电加热器。其安装方式见图2-7。加热器应安装在箱内油液流动处，以有利于热量的交换。由于油液是热的不良导体，单个加热器的功率容量不能太大，以免其周围油液过度受热后发生变质现象。

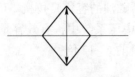

图 2-5　冷却器符号

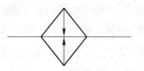

图 2-6　加热器符号

二、油管与管接头

油管及管接头在液压系统中用来连接各液压元件，一般要求油管中流动液体的压力损失小，同时又要有足够的强度。

（一）油管的分类及应用

液压传动中常用的油管有钢管、铜管、塑料管、尼龙管、橡胶软管等。选用时，可根据用途不同选择不同材料的管子，可参考表 2-3 所示。

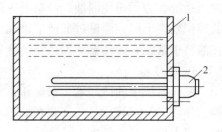

图 2-7　加热器安装示意图
1—箱体；2—加热器

表 2-3　管子材料及应用场合

种类	用　　途	特　　点
钢管	压力较高的管道中优先采用，常用 10 号、15 号冷拔无缝钢管	能承受高压，油液不易氧化，价格低廉，但装配、弯曲较困难
紫铜管	在中、低压液压系统中采用，机床中应用较多，常配以扩口管接头	装配时弯曲方便，抗振能力较弱，易使液压油氧化
尼龙管	中、低压系统中使用，耐压可达 2.5MPa，目前还在试用阶段	能代替部分紫铜管，价格低廉，弯曲方便，但寿命较短
橡胶软管	高压软管是由耐油橡胶夹以 1~3 层钢丝编织网或钢丝缠绕层做成，适用于中高压	装配方便，能减轻液压系统的冲击，价格贵，寿命不长

（二）油管的安装

油管的安装质量，直接影响液压系统的工作效果，如果安装不好，不仅压力损失增加，而且可能使整个系统产生振动、噪声等问题。另外，有些不合理的安装，往往给维护和检修工作造成很大困难。因此，必须重视油管及管件的安装。液压系统管路分为高压、低压、吸油和回油等管路，安装要求各不相同，为了便于检修，最好涂色加以区别。油管的安装工作应根据设计要求正确选择管件和管材，并应注意下面几点。

（1）管路应尽量短，布管整齐，转弯少，避免过大的弯曲，并要保证管道必要的伸缩变形。油管悬伸太长时要有支架。在布置活接头时，应保证装拆方便。系统中主要管道或辅件应能单独拆装，而不影响其他元件。

（2）管路最好平行布置，少交叉，平行或交叉的油管之间至少应有 10mm 的间隙，以防接触和振动。

（3）管路安装前要清洗。一般用 20% 的硫酸或盐酸进行，清洗后用 10% 苏打水中和，再用温水洗净后，进行干燥、涂油，并做预压力试验，确认合格后再行安装。

（4）软管的安装应注意几点：

1）弯曲半径应不小于规定的最小值。当小于这些数值时，其耐压力迅速下降，如果结构要求必须采用小的弯曲半径时，则应选择耐压性较好的胶管。

2）在安装和工作时，不允许有扭转（拧扭）现象。

3）软管在直线情况下使用时，不能使胶管接头之间受拉伸，要考虑长度上有些余量，使它比较松弛，因为胶管在充压时长度一般有 2%~4% 的变化。

4）胶管不能靠近热源，不得已时要安装隔热板。

图 2-8 是软管安装时常见到的几种情况，图中 3、6、7、8、10、12、14 是正确的安装；1、4、9、11、13、15 是不正确的安装；2、5 为使用异径接头的简化安装。

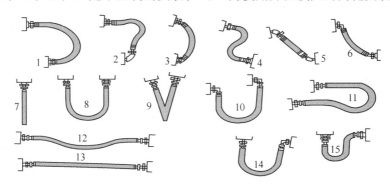

图 2-8　高压软管的安装

（三）管接头

管接头是油管与油管、油管与液压件之间的可拆式连接件，它必须具有装拆方便、连接牢固、密封可靠、外形尺寸小、通流能力大、压降小、工艺性好等各项条件。

管接头的种类很多，液压系统采用的管接头形式有：卡套式、焊接式、扩口式、钢丝编织管接头和快速接头等。管接头的规格品种可查阅有关手册。

三、滤油器

（一）滤油器的功用与过滤精度

（1）功用。滤油器的功用是过滤混在液压油液中的杂质，降低系统中油液的污染程度，保证系统的正常工作。

（2）过滤精度。过滤精度就是指滤油器所能滤除杂质粒度的公称尺寸（以 μm 表示）大小。

（二）滤油器的分类

滤油器按过滤精度分为粗滤油器：$d \geqslant 100\mu m$；普通滤油器：$d = 10 \sim 100\mu m$；精滤油器：$d = 5 \sim 10\mu m$ 和特精滤油器：$d = 1 \sim 5\mu m$。滤油器还可以按过滤方式及滤芯材质分类，如表 2-4 所示。

（三）滤油器的结构

图 2-9 所示为某型号挖掘机用滤油器，该滤油器装在液压传动系统的回油管路上，用于过滤液压油中的污垢，以保持油液的清洁，提高元件的使用寿命。

表 2-4　常用滤油器的方式

型　式	用　途	过滤精度	压力差	特　点
网式滤油器	装在吸油管上，保护油泵	网孔为 0.8~1.3mm，过滤后正常颗粒为 0.13~0.4mm	0.05~0.1MPa	结构简单，通油能力大，过滤差
线隙式滤油器	一般用于低压系统	线隙 0.1mm 过滤后正常颗粒为 0.02mm	0.03~0.06MPa	结构简单，过滤效果较好，通油能力大，但不易清洗
纸芯滤油器	精过滤，最好与其他滤油器联合使用	孔径 0.03~0.072mm，过滤精度可达 0.005~0.03mm	0.01~0.04MPa	过滤效果好，精度高，但易堵塞，无法清洗，要常更换
烧结式滤油器	要求特别过滤的系统，最好与其他滤油器联合使用	0.01~0.1mm	0.1~0.2MPa	耐高温，耐高压，抗腐蚀性强，性能稳定，易制造
片式滤油器	用于一般过滤，油流速度不超过 0.5~1m/s	0.015~0.06mm	0.03~0.07MPa	滤油性能差，易堵塞，不易制造，但强度大，通油能力大，不常用
磁性滤油器	多用于油箱中吸附磁性铁屑			简单，只需加几块磁铁

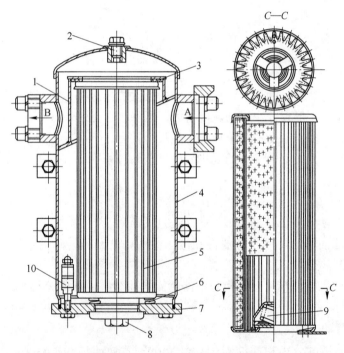

图 2-9　某型号挖掘机用滤油器

1—隔板；2—检油螺塞；3—密封垫；4—外壳；5—滤芯；6—弹簧；
7—底板；8—放油螺塞；9—安全阀；10—磁铁柱

　　该滤油器主要由外壳 4、滤芯 5、隔板 1、磁铁柱 10、底板 7、放油螺塞 8 等组成。外壳 4 卡入底板 7 的环形槽内，用螺钉固定，其中部焊接有固定架，上部焊接有进、出油管接头，顶端焊接有端盖，在端盖的中央设有检油螺塞 2。内上端在进、出油口之间制有隔板 1，形成两个油室。滤芯 5 为网状式，以上、下端滤网架将滤网和骨架卡装在一起。上端口直通滤芯内腔，下端口设有由弹簧、弹簧座、密封垫和支座组成的安全阀 9（C—C）。滤芯上端顶在上隔板上，其间装有橡胶密封垫 3，下端以弹簧 6 支撑在底板 7 上。三根磁铁柱 10 旋装在底板上。

经操纵阀进来的油，由进油口 A 进入滤油器壳内隔板下方油室，然后通过滤油网到隔板上方油室，经出油口 B 到散热器流回油箱。回油通过滤网时，便将油内脏物挡住，即起到过滤作用。油内所含铁屑，由底板上的 3 个磁性铁柱吸住。当滤网由于污垢过多堵塞时，其压力差超过 0.22MPa 时，安全阀便打开，回油不经滤网而直接回油箱，从而可以保证油路的畅通。

当挖掘机工作达 500h 时，应清洗滤油器，其方法如下：

（1）将转盘转至便于拆装滤油器的位置。

（2）放出油箱油液（若油箱很脏时，也可同时清洗油箱）。

（3）拆下底板，清除三根磁铁柱上吸住的铁粉及污垢。

（4）取出滤网，用毛刷在汽油或柴油中刷洗，然后再用高压气体吹干净。

（5）按拆卸的相反顺序依次装复。

（四）滤油器在液压系统中的安装应用

根据液压系统的具体情况，滤油器可有各种不同的安装位置。

（1）滤油器装在液压泵的吸油管上可以避免泵的损坏。这时候要求滤油器有很小阻力（不超过 $9.8 \times 10^3 \sim 1.96 \times 10^4 Pa$）和很大的通油能力，以避免泵的吸油阻力过大，这样一来安装的滤油器过滤精度总是很低的。

（2）滤油器装在泵后、换向阀前可以保证除泵以外的全部液压元件的安全，但这时候滤油器在系统压力下工作，需要有一定的强度和刚度，滤油器的重量要大大增加。为了避免因滤油器淤塞使泵过载，一般要与滤油器并联一压力阀作旁通阀，其动作压力应略高于滤油器的最大允许压差。

（3）滤油器装在回油路上。这时滤油器不承受高压，但会对整个系统产生一定的背压。这样安装虽不能直接保护各液压元件，但能经常清除系统中的杂质。

（4）大型液压系统中，常采用单独的过滤系统，即由专用液压泵只给滤油器供油。

（5）滤油器装在支流管路上，仅有一部分油通过滤油器，可以减少滤油器的尺寸，但不能完全保证液压元件的安全。这种局部过滤的方法可有节流过滤、溢流过滤等多种方案。

此外，滤油器可以串联或并联使用。并联时通过每个滤油器的流量减小，流速降低，过滤效果好，但串联时油液经多次过滤，对于滤去非球状颗粒杂质效果较好。

四、蓄能器

蓄能器是一种能将压力油的液压能储存在耐压容器内，待需要时再将其释放出来的一种储能装置。

（一）蓄能器的用途

蓄能器的用途包括如下五种：

（1）储存能量。当执行元件做间歇运动或只作短时间高速运动时，采用蓄能器可减小液压泵的功率。

（2）作为辅助能源。当液压泵突然不工作时，蓄能器可继续释放压力能，向执行元件供压力油。

（3）缓冲和吸收液压系统的脉动。

（4）在液压换挡离合器油路中，采用蓄能器可以使离合器快速平稳地结合。

（5）作油气悬挂，以保证车辆行驶时的平稳性。

（二）蓄能器的工作原理

图 2-10 为活塞式蓄能器工作原理图。缸筒内装有活塞，活塞上部的密封容器内存有气体，下部与油路连接。

当油路中压力很低时，活塞在其上部气体的作用下处于图 2-10（a）所示位置，设此时气体的压力为 p_1，容积为 V_1，当油压超过 p_1 时，则压力油推动活塞向上移动，当达到图 2-10（b）所示的位置时，气体的压力增大为 p，容积缩小为 V_2。对于气体来讲，如果忽视气体被压缩的过程中与缸体之间的热交换，则存在如下关系：$pV_1=pV_2$，既气体的压力能

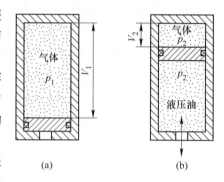

（a）　　　　　　（b）

图 2-10　活塞式蓄能器工作原理图

未变。由于这时候活塞下部充入压力油，如不计活塞重量以及活塞与缸筒间的摩擦力，则油的压力亦为 p，压力能为 $p(V_1-V_2)$，这时候蓄能器中储存的总压力能为 pV_1，既蓄能器储存的压力能增加了。如果此时蓄能器与执行元件相连接，则便会有部分压力从蓄能器输出以克服外负载做功。

（三）蓄能器的分类及特点

从前述蓄能器的工作原理可知，活塞上部的气体实际是为了给蓄能器加载的，这种蓄能器叫气体加载式。按加载方法不同蓄能器还有重锤式和弹簧式。

图 2-11（a）为重锤式，其结构类似柱塞缸，重物的重力作用柱塞上。当蓄能器充油时，压力油通过柱塞将重物顶起，油压等于重物的重力除以柱塞截面积。当蓄能器与执行元件接通时，液压油在重物作用下排出蓄能器，去执行元件做功，这种蓄能器结构简单，压力稳定。但体积大，笨重，运动惯性大，反应不灵敏，密封处易向外泄油，有摩擦损失，一般多在大型固定设备中应用。

图 2-11（b）为弹簧式，弹簧力作用于活塞上，蓄能器充油时弹簧被压缩，弹力增加，因相应的油压升高。这种蓄能器结构简单，反应灵敏，但体积小，且不宜用于高压，因弹簧易振动，故这种蓄能器也不适用于工作循环频率高的场合。

图 2-11（c）、（d）都是气体加载式蓄能器，加载用的气体一般多为氮气，且油气隔离，油不易氧化。图 2-11（c）为活塞式，其特点是工作可靠，寿命长，但其动作不够灵敏，容量较小，缸体与活塞配合面的加工要求高；图 2-11（d）为气囊式，气体储存在气囊里，其特点是结构紧凑，反应灵敏。但气囊及外壳制造都较困难。气囊式蓄能器的气囊结构又有波纹型、折合型等多种。使用气体加载式蓄能器应注意：蓄能器应置于远离热源的地方，装入气体后不准再随意拧动各部分螺钉以免发生危险。拆封盖时必须先将气体放

尽，应经常检查是否有漏气的现象。

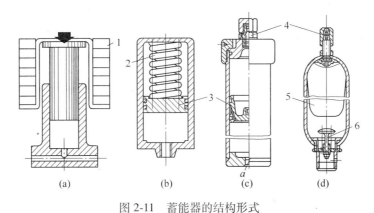

图 2-11　蓄能器的结构形式
1—重物；2—弹簧；3—活塞；4—充气阀；5—气囊；6—提升阀总成

（四）蓄能器的安装使用

在安装及使用蓄能器时应注意以下几点：

（1）气囊式蓄能器中应使用惰性气体。蓄能器绝对禁止使用氧气以免引起爆炸。

（2）蓄能器是压力容器，搬运和拆装时应将充气阀打开，排出充入的气体以免因振动或碰撞而发生意外事故。

（3）应将蓄能器的油口向下竖直安装，且有牢固的固定装置。

（4）液压泵与蓄能器之间应设置单向阀，以防止液压泵停止工作时蓄能器内的液压油向液压泵中倒流。应在蓄能器与液压系统的连接处设置截止阀，以供充气、调整或维修时使用。

（5）蓄能器的充气压力应为液压系统最低工作力的 90% ~ 25%；而蓄能器的容量，可根据其用途不同，可参考相关液压系统设计手册来确定。

（6）不能在蓄能器上进行焊接、铆接及机械加工。

（7）不能在充油状态下拆卸蓄能器。

第三节　密封与密封元件

液压传动是以液体为传动介质，依靠密封容积变化来传递力和速度的，而密封装置则用来防止液压系统油液的泄漏以及防止外界灰尘和异物的侵入，保证系统建立必要压力。

液压油的泄漏分内漏和外漏两种，内漏是指油液从高压腔向低压腔的泄漏，所泄漏的油液并没有对外做功，其压力能绝大部分转化为热能，使油温升高，黏度降低，又进一步增大了泄漏量，从而降低系统的容积效率，损耗功率。外漏不仅损耗油液，而且污染环境，是绝不允许的。密封装置的性能直接影响液压系统的工作性能和效率，是衡量液压系统性能的一个重要指标。

一、对密封装置的要求

对密封装置的要求包括：

（1）在一定的工作压力和温度范围内具有良好的密封性能。

（2）密封装置与运动件之间摩擦系数小，并且摩擦力稳定。

（3）耐磨性好，寿命长，不易老化，抗腐蚀能力强，磨损后在一定程度上能自动补偿。

（4）结构简单，便于制造和拆装，维护和使用方便，价格低廉。

二、密封的分类及特点

密封按被密封部位配合零件之间是否有相对运动分为静密封和动密封两种。静密封可以达到完全密封，动密封则不能，有一定的泄漏量，但少量的泄漏油可以起润滑作用，减小零件间的摩擦和磨损。

密封按工作原理的不同又可分为非接触式密封和接触式密封两种，前者主要指间隙密封，后者指密封件密封。

1. 间隙密封

间隙密封是靠相对运动件配合面之间的微小间隙 δ 来进行密封的，如图 2-12 所示。影响该密封性能的主要因素是间隙的大小。这种密封结构简单，摩擦力小，寿命长，但对配合表面的加工精度和表面粗糙度要求较高，且不能完全消除泄漏，密封性能也不能随压力的升高而提高，所以只应用于低压、小直径的圆柱配合面之间，如液压泵内的柱塞与缸体之间，滑阀的阀芯与阀孔之间的配合。

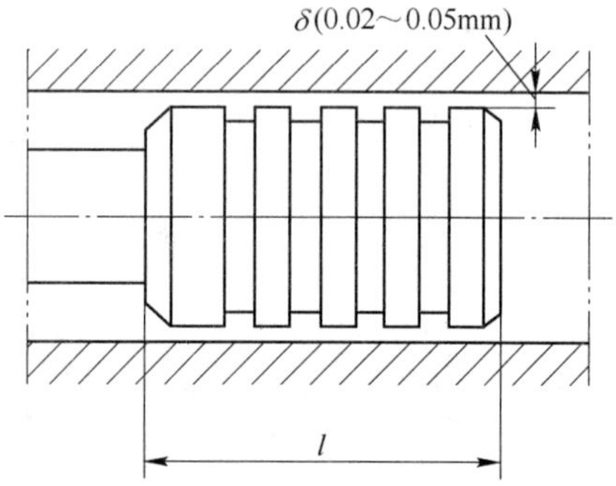

图 2-12 间隙密封

间隙密封常用于柱塞、活塞或阀的圆柱配合副中，一般在阀芯的外表面开有几条等距离的均压槽，它的主要作用是使径向压力分布均匀，减少液压卡紧力，同时使阀芯在孔中对中性好，以减小间隙的方法来减少泄漏。同时槽所形成的阻力，对减少泄漏也有一定的作用。

2. 密封件密封

密封件密封是在零件配合面之间装上密封件，利用密封件的变形达到完全消除两个配合面的间隙或使间隙控制在需要密封的液体能通过的最小间隙以下，最小间隙由工作介质的压力、黏度、工作温度、配合面相对运动速度等决定。该种密封的原理是：在装配密封件时，它受到预紧力，在正常工作时又受到油压作用力，因而发生弹性变形，在密封元件与配合零件之间存在弹性接触力，油液便不能泄漏或泄漏极少。

密封件密封的优点是：随着压力的提高，密封性能增强；磨损后，有一定的自动补偿能力。缺点是：对密封件的材料性能要求高（如抗老化、不被油液腐蚀、不和金属粘着、耐热、耐寒、耐磨等性能）。

密封件密封适用于相对运动速度不太高的动密封和各种静密封。

三、密封元件

液压系统中的密封元件有多种形式，如金属密封垫圈、橡胶垫片、橡胶密封圈、活塞环密封、组合密封垫圈等。最常见的是各种橡胶密封圈和密封垫，根据断面形状和用途的不同，密封圈有 O 形密封圈、唇形密封圈、旋转轴密封圈、防尘密封圈和组合式密封圈等几类。

（一）O 形密封圈

O 形密封圈是一种断面形状为圆形的耐油橡胶环，是液压设备中使用最多、最广泛的一种密封件，可用于静密封和动密封。O 形密封圈的主要特征尺寸是公称外径 D、公称内径 d 和断面直径 d_0，如图 2-13 所示。

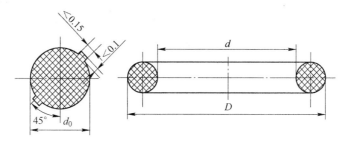

图 2-13　O 形密封圈（20×2.4）的结构尺寸

公称外径 D = 20mm；断面直径 d_0 = 2.4mm

O 形密封圈的工作原理如图 2-14 所示。

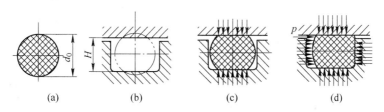

图 2-14　O 形密封圈的工作原理

选用断面直径为 d_0 的 O 形密封圈，如图 2-14（a）所示，装入密封槽，如图 2-14（b）所示，槽的深度为 H，因 $H < d_0$，故密封圈断面产生弹性变形，依靠密封圈和金属表面之间产生的弹性接触力实现密封，如图 2-14（c）所示。当油压作用于密封圈时，密封圈便产生更大的弹性变形，因而密封性能很强，如图 2-14（d）所示。

O 形密封圈的密封性能与其使用的压缩率 $\varepsilon\left(\varepsilon = \dfrac{d_0 - H}{d_0}\right)$ 有关，ε 太小密封性能差；ε 过大使摩擦力太大，且因橡胶易产生过大的塑性变形而失去密封作用，一般静密封 ε = 15% ~ 30%，动密封 ε = 10% ~ 15%。

O 形密封圈的主要优点是：结构简单紧凑，制造容易，成本低，拆装方便，动摩擦阻力小，寿命长，因而 O 形密封圈在一般液压设备中应用很普遍。但密封间隙的大小，金属表面的加工质量以及橡胶材质的塑性变形等，对 O 形密封圈的性能与寿命影响很大。此外 O 形密封圈用作动密封时，静摩擦系数大，摩擦产生的热量大，不易散去，易引起橡胶老化，使密封失效。而且密封圈磨损后，补偿能力差，使压缩量减小，易失去密封性能。

O 形密封圈的使用压力与橡胶的硬度有关，低硬度的 O 形密封圈使用压力小于 7.84MPa，中硬度的小于 15.7MPa，高硬度的小于 31.4MPa。当使用压力过高时，密封圈的一部分可能被挤入间隙中去，如图 2-15（a）所示，引起局部应力集中，以致被咬掉，如图 2-15（b）所示。为此，当工作压力高时，应选硬度高的密封圈，被密封零件间的间隙也应小一些。一般说来，当压力超过 9.8MPa 时应加挡圈，当单向受压时在低压侧加挡圈［图 2-15（c）］且双向受压时，在两侧加挡圈，如图 2-15（d）所示，挡圈材料常用四氟乙烯或尼龙。

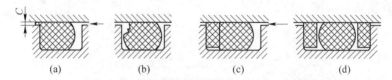

图 2-15　O 形密封圈的损坏情况及挡圈的作用

O 形密封圈的安装沟槽除矩形外，也有 V 形、燕尾形、半圆形、三角形等，实际应用中可查阅有关手册及国家标准。

（二）唇形密封圈

Y 形、小 Y 形、U 形、V 形等各种密封圈，均靠唇边密封，故统称为唇形密封圈。安装时唇口对着高压腔，油压很低时，主要靠唇边的弹性变形与被密封表面贴紧，随着油压的升高贴紧程度增大，以至其实心部分也发生弹性变形，从而提高了密封性能。这类密封的主要优点是密封可靠，轻度磨损可自行补偿；缺点是体积大，寿命不如 O 形密封圈长。这类密封圈通常都用于往复运动密封。不同断面形状的密封圈还各有其特点。

1. Y 形密封圈

图 2-16 为 Y 形密封圈。该密封圈结构简单，摩擦阻力小，密封性能和耐压性能好，使用寿命长，多用于高速低压、大缸径、大行程的液压缸中。丁腈橡胶应用于 13.7MPa 以下，聚氨酯应用于 29.4MPa 以下。安装 Y 形密封圈时，唇口一定要对着压力高的一侧。当压力变化较大时，要加支撑环，如图 2-17（b）、（c）所示。该密封圈的缺点是当滑动速度高或压力变动大时易翻转而损坏。

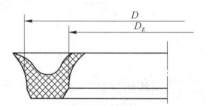

图 2-16　Y 形橡胶密封圈（6×14）

$D_z = 6mm$，$D = 14mm$

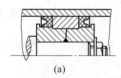 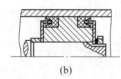 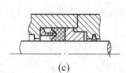

图 2-17　Y 形密封圈的安装

（a）无支撑环；（b）双支撑环；（c）单支撑环

2. 小 Y 形密封圈

图 2-18 为小 Y 形密封圈。是一种断面的高宽比等于或大于 2 的 Y 形密封圈，也称 Yx 形密封圈。与 Y 形密封圈相比，由于增大了断面高宽比而增大了支撑面积，故工作时不易"翻转"。

现用的小 Y 形密封圈分为孔用和轴用两种，即图 2-18（a）、（b），其安装情况如图

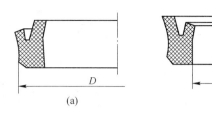

图 2-18 小 Y 形密封圈

（a）孔用；（b）轴用

标记示例：$D=50$mm 时为：Yx 形密封圈 D_{50}；$d=50$mm 时为：Yx 形密封圈 d_{50}

2-19 所示，短唇与密封面接触，滑动摩擦阻力小，耐磨性好；长唇与非运动表面有较大的预压缩量，摩擦阻力大，工作时不易窜动。故轴用的小 Y 形密封圈内唇边低，外唇边高，而孔用的刚好相反。小 Y 形密封圈的材料有耐油橡胶和聚氨酯两种，可以代替 Y 形密封圈使用。

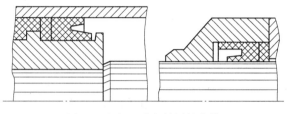

图 2-19 小 Y 形密封圈的安装

3. U 形密封圈

图 2-20 为 U 形密封圈。分 U 形橡胶密封圈和 U 形夹织物橡胶密封圈两种。前者工作压力在 9.8MPa 以下，后者由多层涂胶织物压制而成，工作压力可达 31.4MPa。U 形密封圈只用于相对运动速度较低的情况，U 形圈磨损后自动补偿性能好，安装时须用支撑环撑住（支撑环的设置与 Y 形圈相同）。

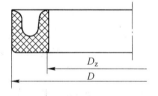

图 2-20 U 形夹织物橡胶密封圈（10×26）

$D_z=10$mm，$D=26$mm

4. V 形密封圈

图 2-21 为 V 形密封圈。由压环、密封环和支撑环三部分组成，它们通常用夹织物橡胶制成，压环和支撑环也可用金属材料制造，密封环的数量视工作压力和密封直径的大小而定。这种密封圈分 A 型、B 型两类。使用 A 型密封圈时轴向尺寸不可调，使用 B 型密封圈时，其轴向尺寸应设计成可调的。密封圈磨损后，可拧紧压紧螺钉或减少法兰压盖的调整垫片，将密封圈沿轴向压紧使它径向张开。由于这种 V 形圈可调，故适合难于更换密封圈的场合。

（三）旋转轴用密封圈

旋转运动配合表面所用的密封圈，除可用 O 形圈外，应用最多的还是 J 形无骨架橡胶密封圈（如图 2-22 所示）和骨架式橡胶密封圈（如图 2-23 所示）。骨架式橡胶圈内包有一个直角形圆环铁骨架，这类密封圈又包括普通型、双口型和无弹簧型。

这些密封圈的材料都用耐油橡胶，一般用于旋转速度为 5~12m/s 和油压为 0.2MPa 以下的旋转轴密封处，目前在液压元件中主要用于液压泵及马达的转轴密封以防止外漏。这

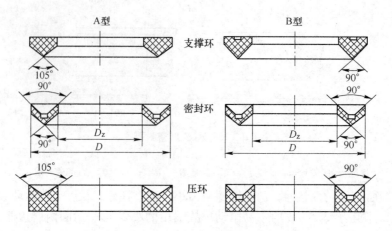

图 2-21　V 形夹织物橡胶密封圈（50×75）

$D_z = 50\text{mm}$，$D = 75\text{mm}$

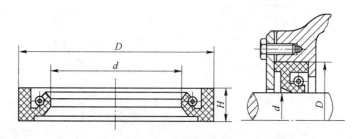

图 2-22　J 形无骨架橡胶密封圈（50×75×12）

$d = 50\text{mm}$，$D = 75\text{mm}$，$H = 12\text{mm}$

类密封圈在安装时，应使其唇边在压力油作用下贴紧在轴上。

（四）防尘密封圈

在灰尘较多的环境中工作的液压元件，为防止灰尘及空气进入，常需在其往复或旋转运动伸出的轴或杆上加防尘圈。常用的防尘圈有骨架式、J 形、三角形及组合式等几种（图 2-24）。防尘圈材料多用耐油橡胶，也有用聚四氟乙烯的。组合式防尘圈是由橡胶刮尘圈 1 与毡圈 2 组合而成。

（五）组合式密封装置

随着液压技术的应用日益广泛，系统对密封的要求越来越高，普通的密封圈单独使用已不能很好地满足密封性能，特别是使用寿命和可靠性方面的要求，因此，研究和开发了两个以上的密封圈组成的组合式密封装置。

图 2-25（a）所示的为 O 形密封圈与截面为矩形的聚四氟乙烯塑料滑环组成的组合密封装置。其中，滑环 2 紧贴密封面，O 形圈 1 为滑环提供弹性预压力，在介质压力等于零时构成密封，由于密封靠滑环，而不是 O 形圈，因此摩擦阻力小而且稳定，可以用于 40MPa 的高压。往复运动密封时，速度可达 15m/s。往复摆动与螺旋运动密封时，速度可达 5m/s。

矩形滑环组合密封的缺点是抗侧倾能力稍差，在高低压交变的场合下工作容易漏油。图 2-25（b）为由支撑环 2 和 O 形圈 1 组成的轴用组合密封，由于支撑环与被密封件 3 之间为线密封，其工作原理类似唇边密封。支撑环采用一种经特别处理的化合物，具有极佳的耐磨性、低摩擦和保形性，不存在橡胶密封低速时易产生的"爬行"现象。工作压力可达 80MPa。

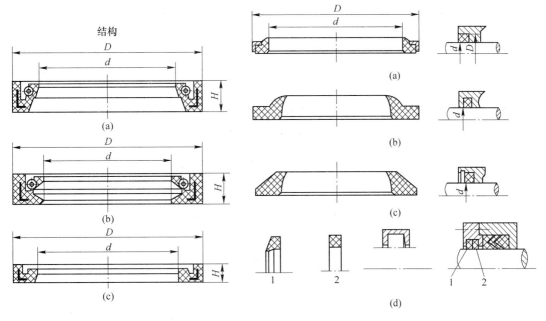

图 2-23　骨架式橡胶密封圈
（a）普通型；（b）双口型；（c）无弹簧型

图 2-24　防尘圈
（a）$d=50$mm，$D=62$mm 的骨架防尘密封圈为：防尘圈 50×62；
（b）$d=50$mm 的 J 形防尘密封圈为：J 形防尘密封圈 50；
（c）$d=50$mm 的三角形防尘密封圈为：三角形防尘密封圈 50；
（d）组合式防尘圈

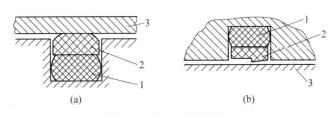

图 2-25　组合式密封装置

由于组合式密封装置充分发挥了橡胶密封圈和滑环（支撑环）的长处，因此不仅工作可靠，摩擦力低且稳定，并且使用寿命比普通橡胶密封提高近百倍，在工程上的应用正日益广泛。

四、密封的使用与维护

液压系统的漏油不仅造成浪费和污染环境，而且直接影响机械设备工作的稳定性和可靠性，甚至被迫停止工作。在实际使用中，因漏油造成的效率降低，功率浪费甚至发生事故，危害很大。漏油问题已成为发展液压传动技术的一个重要障碍，因而许多工业先进的国家都很重视解决漏油问题，把它作为攻关课题。近几年开发出了波型管型机械密封、静压型非接触密封、动压型非接触密封和浮动环密封等，从而有效地控制了液压系统的漏油，改善了液压传动设备的技术性能。

液压系统造成漏油的原因比较复杂，主要有振动、腐蚀、压力差、油温、油的黏度、装配精度及密封元件的材质等。一处漏油可能是一种原因造成，也可能由多种因素共同造成，必须做具体分析。漏油部位不同，产生漏油的原因及防治措施是不相同的。目前国内所使用的液压传动工程装备的漏油问题比较普遍，成为维修机械的难点，所以了解各种密封的维护技术是非常有必要的。

（一）相对运动配合面之间的泄漏及防治

以旋转轴密封为例，密封的失效与过盈量、圆周速度、压力差、油温、轴的表面粗糙度、轴的偏心量、密封件材质及安装技术等有关。

1. 过盈量及轴的偏心量

密封件唇边过盈量过大，会造成唇边过分地伸张，工作时容易老化、磨损，缩短使用寿命。过盈量太小则补偿偏心能力差，容易泄漏。轴的偏心量会造成油封的磨损及泄漏，故在使用中应注意观察密封件是否磨损过度使过盈量偏小，更换密封件时应按要求选择合适的过盈量。维修时应参考表 2-5 检查、校正元件。

表 2-5　油封过盈量及轴的偏心量　（mm）

轴　径	油封过盈量	轴偏心量	轴　径	油封过盈量	轴偏心量
≤30	0.5~0.9	0.2	80~120	0.8~1.3	0.5
30~50	0.6~1.0	0.3	120~180	0.9~1.4	0.6
50~80	0.7~1.2	0.4	180~220	1.0~1.5	0.7

2. 圆周速度

轴的圆周速度是影响油封使用寿命、导致漏油的重要因素。在一定过盈量下，相对运动速度越高，摩擦引起的温升越快，越容易造成橡胶老化和唇边烧伤，从而导致密封失效。在维护修理时，更换密封必须注意选择符合轴的圆周速度要求，一般无骨架油封的圆周速度在 7m/s 以内，骨架油封的圆周速度在 5~12m/s。

3. 轴的表面粗糙度

轴的表面粗糙度对油封使用寿命及密封效果均有影响。表面粗糙度过大易损坏密封，过小时轴与密封之间难于形成润滑油膜。转速高时容易烧伤密封。一般维修时应使轴的表面粗糙度达到 $Ra0.8~0.4$ 为宜。

4. 密封圈的合理安装

对于有相对运动表面的密封，不合理地装配带来泄漏的现象是经常发生的。在安装密封圈时主要是不能安错方向和破坏唇边，若唇边上有 $50\mu m$ 的伤痕，就可能产生明显的漏油，因此在安装密封圈时不能使唇边与要通过的花键、键槽、螺纹等碰擦。

安装密封圈时，不能用锤子将其敲入，而要用专用工具先将密封圈压入座内，再用简单圆筒保护住唇边通过花键部位。安装前在唇部涂抹些润滑脂，以防在初期运转时烧伤，并注意清洁。

另外，动密封的橡胶密封件使用期一般为 3000~5000h，到时应全部更新，封存三年以上的机械，密封圈也将老化，应进行更新。

（二）板式连接部位的漏油及防治

板式连接指平面对平面的连接，如分片式多路阀各阀体之间的连接及齿轮泵泵体和泵盖之间的连接。此种密封的漏油原因包括：结合面进入污物使密封圈弹性接触力变小；密封环沟槽进入污物或底部加工太粗糙；产生压力冲击太大使连接螺杆（钉）发生塑性变形或弹性伸张，压紧力变小；密封圈老化，弹性减弱。

其防治措施是：拆装时应认真清洗所有结合面；更换密封件时，要认真过滤或者更换液压油；提高密封环沟槽底部的加工精度使表面粗糙度达到 $Ra1.6\mu m$ 以下，拧紧连接螺杆（钉）或更换强度高的螺杆，以减少压力冲击时的张口量；更换新的、弹性好的密封圈。

（三）管接头处的漏油及防治

液压系统总漏油量大部分是从管接头处漏掉的，漏油原因通常是：机械振动、压力冲击、温度过高等，造成密封线移位，螺纹松动；接头密封变形、划伤、有污垢垫起使密封不严；接头螺纹形状破坏，向外渗漏。

防治措施是：先用扳手拧松，再慢慢拧紧，若仍漏油，则应拆开检查。清除污垢，更换或放正有关密封垫和密封圈，修整接头密封面，去掉所有毛刺。用聚四氟乙烯生料带（俗称密封胶带）作为螺纹之间的密封填料，再将螺纹拧紧。在使用聚四氟乙烯生料带时，按紧螺纹方向缠 1~2 圈即可，若缠的层数太多，拧螺纹时，生料带容易被挤出，反而不起作用。

五、密封装置的修理

在液压系统中，如果密封件因磨损、损坏等原因而失去密封作用，将会造成泄漏，降低液压系统的工作效率。密封元件是液压系统中易损的零件，所以在液压系统维修中，更换密封件的修理作业是经常性的。

在机械大修时，对橡胶和尼龙密封件都是一律更换。在拆卸保养或小修机械时，应进行清洗、检验和修理。

1. 清洗

一般用洗油清洗，但最好用低黏度的润滑油或液压油清洗。禁止用汽油或酒精清洗。O 形密封圈一般不用油液清洗，用泡沫塑料或清洁布轻轻擦拭即可。密封件在清洗或拿放过程中，注意不要被尖锐物刺伤，以免失去密封效能。

2. 检验

检验包括：

（1）密封件有无变质，如变软、变硬、变脆、变形、失去弹性等。

（2）密封件有无损伤，如拉伤、裂口、破碎、剪切、磨损严重等，尤其注意检验密封件的唇边有无损伤。

密封件经过上述检验后，如有以上变质、损伤等现象，必须进行更换，如性能基本良好，但又无新品可换时，也可继续修复使用。

3. 修理

密封件经过检验后，发现有破裂、损伤需要更换而又没有新品可换的情况下，可进行修理。目前可用胶粘剂黏接的方法进行应急修理。具体方法以 O 形密封圈为例介绍如下。

先用截面直径与原 O 形密封圈相同的橡胶绳或内圆直径稍大一些的新 O 形密封圈（改制），按原 O 形圈的周长截断，切口处理平整。将黏接剂均匀地涂在切口上，迅速地将两个断面相平行地靠拢压紧，并防止出现错位，保持 1~2min，黏接即算完成。

其他形式的橡胶密封圈也可以参照以上方法进行黏接。

4. 装配

装配应注意以下几点。

（1）在装配的全过程中，一定不能损伤其工作表面，以免影响密封效果，否则，即便是新密封件也起不到良好的密封作用。为此须做到下列几点：

1）注意不要被尖物、边角、毛刺等锐物将密封件扎伤、划破或切坏。尤其对 Y、Yx、V、U、J 等唇形密封圈，更要注意唇部不要受损伤。

2）当密封圈需要通过沟槽、锐边或螺纹部分易被损伤其工作表面部位时，应用专用导套或用胶带、布带把零件的沟槽、螺纹部分裹住进行装配。

（2）注意密封件的方向性和平顺性，对 O 形密封圈，不要扭曲和拉伸过多，注意装入位置后的平顺性。

对 Y、Yx、V、U、J 等唇形密封圈，要注意其方向性，将其唇边朝向应起密封作用的一侧，即朝向高压腔（进高压油的方向），否则将不起密封作用。

（3）凡装入沟槽内的密封件，应涂以适量的液压系统所用液压油，以减少开始工作时的摩擦，起到保护密封件的作用。

 复习题

2-1　液压油的黏度选择过高或过低各有何危害？

2-2　有一台液压挖掘机，工作主泵为齿轮泵，转向泵为叶片泵，若春季在北京地区工作，你计划选用哪些液压油？（该叶片泵工作压力在 6.3MPa 以下）

2-3　液压油污染的原因有哪些，使用中应注意些什么？

2-4　油箱的作用是什么，油箱中油液的温度一般是多少？

2-5　滤油器的作用是什么，什么是过滤精度？

2-6　过滤器按过滤精度如何分类，按滤油方式有哪些类型？

2-7　蓄能器的作用有哪些，如何分类，最常用的是哪一种？

2-8　密封的作用是什么，密封是如何分类的？

2-9　间隙密封和密封件密封的原理是什么？

2-10　唇形密封有哪些类型，其中小 Y 形密封的孔用和轴用密封有何不同？

2-11　管接头处漏油时应怎样处理？

2-12　密封装置修理时应注意些什么？

第三章 液 压 泵

液压泵作为液压系统的动力元件，将原动机（电动机、内燃机等）输入的机械能（如转矩 T 和角速度 ω）转换为压力能（压力 p 和流量 q）输出，为液压系统提供足够流量的压力油。液压泵的性能好坏直接影响到液压系统的工作性能和可靠性，在液压传动中占有极其重要的地位。

第一节 液压泵概述

一、液压泵的基本工作原理

图 3-1 所示为一单柱塞液压泵的工作原理图，图中柱塞 2 装在缸体 3 中形成一个密封容积 a，柱塞在弹簧 4 的作用下始终压紧在偏心轮 1 上。原动机驱动偏心轮 1 旋转使柱塞 2 作往复运动，使密封容积 a 的大小发生周期性的交替变化。当 a 由小变大时就形成部分真空，使油箱中油液在大气压作用下，经吸油管顶开单向阀 6 进入油腔 a 而实现吸油；反之，当 a 由大变小时，a 腔中吸满的油液将顶开单向阀 5 流入系统而实现压油。这样液压泵就将原动机输入的机械能转换成液体的压力能，原动机驱动偏心轮不断旋转，液压泵就不断地吸油和压油。由此可见液压泵是靠密封容积的变化来实现吸油和压油的，故称为容积式液压泵。

从液压泵工作原理可知，容积式液压泵正常工作的必要条件是：

（1）应具有一个或若干个能周期性变化的密封容积，如图 3-1 中的油腔 a。

（2）应具有配油装置。图 3-1 中单向阀 5 和 6 是保证液压泵正常吸油和压油所必需的配油装置，它随着泵的结构不同而采用不同的形式。

（3）吸油过程中油箱必须和大气相通。

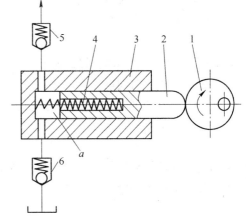

图 3-1 液压泵工作原理图
1—偏心轮；2—柱塞；3—缸体；4—弹簧；5，6—单向阀

二、液压泵的常用种类和图形符号

液压泵的种类很多，按泵的结构形式不同可分为齿轮泵、叶片泵和柱塞泵三类；按泵的输油方向能否改变可分为单向泵和双向泵；按泵输出流量能否调节可分为定量泵和变量泵；按泵额定压力的高低又可分为低压泵、中压泵和高压泵等类型。本章主要按结构形式不同分类介绍，重点是工程装备液压系统中使用较多的齿轮泵和柱塞泵。液压泵的图形符号如表 3-1 所示。

表 3-1　液压泵的图形符号

类型	单向定量泵	单向变量泵	双向定量泵	双向变量泵
符号				

三、液压泵的主要性能参数

液压泵的主要性能参数包括：压力 p、排量 V、流量 q、功率 P、转速 n、容积效率 η_V、力矩 M、机械效率 η_M 和总效率 η。技术性能参数反映了泵的工作能力和适应的工作条件，是使用和检验液压泵的依据。

（一）压力

液压泵的压力有工作压力、额定压力和公称压力之分。工作压力 p 是指泵在实际工作时输出油液的压力值，它由外负载和流动阻力决定。额定压力 p_H 是指泵在连续运转时所允许使用的压力最大值，其大小受液压泵寿命的限制。若超过额定压力工作，泵的寿命将会比设计的寿命短。公称压力 p_{max} 俗称最大压力，是指泵短时间超载所允许使用压力的最大值，受液压泵零件强度的限制。若超过此压力下工作，泵可能立即损坏。

（二）转速

液压泵的转速取决于原动机的转速，有额定转速和最高转速之分。额定转速 n_H 是指既保证泵的自吸性能又可充分发挥其工作能力且不降低总效率情况下所使用的转速。最高转速 n_{max} 是指不产生气蚀、不产生振动和大的噪声情况下使用转速的最大值。若泵的转速超过 n_{max}，将会使泵吸油不足，产生振动和大的噪声，零件遭受气蚀损伤，寿命降低。

（三）排量、流量和容积效率

排量是指泵转一圈，按其几何尺寸计算应排出的工作液体体积。用字母 V 表示，常用单位是 mL/r。排量为常数的泵称为定量泵，排量可变的泵称为变量泵。

流量是指在单位时间内，泵输出的工作液体体积。用字母 q 表示，常用单位是 L/min。理论流量 q_t 是指泵在不考虑泄漏的情况下，单位时间内排出油液的体积。它等于排量 V 和转速 n 的乘积，即：

$$q_t = Vn \tag{3-1}$$

实际流量 q 是指泵在实际工作压力下排出的流量。由于液压泵内部存在泄漏量 Δq，故泵的实际流量小于理论流量，即：

$$q = q_t - \Delta q$$

容积效率为有效流量与总流量的比值，即：

$$\eta_V = \frac{q_{有效}}{q_{总}}$$

有效流量为泵的实际流量，总流量为泵的理论流量，故泵的容积效率表示为：

$$\eta_V = \frac{q}{q_t} = \frac{q_t - \Delta q}{q_t} = 1 - \frac{\Delta q}{q_t} \tag{3-2}$$

容积效率 η_V 的高低，是评价液压泵能否继续使用的主要依据，当泵的容积效率低于某一规定值时，其寿命也就结束了，即没有使用价值了。由式（3-1）和式（3-2）可知，容积效率 η_V 的高低取决于泄漏量 Δq 和理论流量 q_t。

泵的结构型号选定后，内部间隙参数不会改变，而液压油黏度 μ、转速 n 和工作油压 p 会随着工作条件的变化而变化。因此黏度、转速、压力对容积效率 η_V 有很大的影响。在实际工作中，合理控制这些使用因素，可以提高泵的容积效率。根据以上公式分析可知，转速升高则容积效率提高，反之降低；黏度变大则容积效率提高，反之降低；压力变大则容积效率降低，反之增加。

（四）功率、力矩与机械效率

液压泵的输入功率 P_i 是指作用在液压泵主轴上的机械功率，当输入转矩为 T_i、角速度为 ω 时，输入功率为 $P_i = T_i \omega$。液压泵的输出功率 P_o 为其实际流量 q 和工作压力 p 的乘积，即 $P_o = qp$。若不计泵本身的功率损失，输入给液压泵的机械功率 $T_i \omega$ 全部转化为液压泵输出的液压功率 qp。实际上液压油是有黏度的，在泵内部各相对运动零件表面的液层之间，存在着摩擦力 F，摩擦力形成摩擦阻力矩为 ΔT，使泵的输入力矩增大。因此驱动泵所需的实际输入转矩 T_i 必然大于理论转矩 T_t。理论转矩与实际输入转矩的比值称为机械效率，用 η_m 表示。则液压泵的机械效率为：

$$\eta_m = \frac{T_t}{T_i} = \frac{T_t}{T_t + \Delta T} = \frac{1}{1 + \dfrac{\Delta T}{T_t}} \tag{3-3}$$

（五）总效率

液压泵的总效率是指液压泵的实际输出功率与其输入功率的比值，即：

$$\eta_{总} = \frac{P_0}{P_i} = \frac{pq}{T_i \omega} = \frac{pq\eta_V}{\dfrac{T_i \omega}{\eta_m}} = \eta_V \eta_m \tag{3-4}$$

它也等于泵的容积效率 η_V 与机械效率 η_m 的乘积。液压泵的各个参数和压力之间的关系如图 3-2 所示。

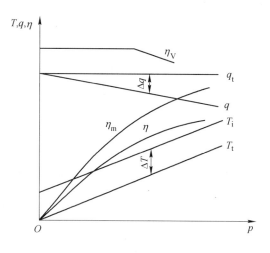

图 3-2　液压泵的特性曲线

第二节　齿　轮　泵

大家知道，齿轮啮合的形式有外啮合式和内啮合式之分，因此，齿轮泵也有外啮合和内啮合两种形式。其中外啮合式齿轮泵在工程装备液压系统中应用较为广泛。

一、外啮合齿轮泵的基本结构和工作原理

外啮合齿轮泵结构简单，尺寸小，重量轻，且制造方便，价格低，工作可靠，自吸能力强，对油的污染不太敏感，常用于工程装备。但它的一些机件承受不平衡径向力，磨损严重，泄漏大，使工作压力的提高受到限制，且流量脉动大，噪声大，这也限制了它的使用范围。

图 3-3 是 CB-B 系列低压外啮合齿轮泵结构图。该泵由主动齿轮 1、被动齿轮 2、泵体 8、前泵盖 7、后泵盖 4、传动轴 6、被动轴 3、旋转轴密封圈和轴承等零件组成。泵体、泵盖由定位销 5 定位，被螺钉连接在一起组成泵的壳体。泵体上开有进、出油口，泵体内装有一对齿数相同相互啮合的齿轮，主、被动齿轮通过键与传动轴、被动轴连接，传动轴、被动轴通过轴承支撑在前、后泵盖上。

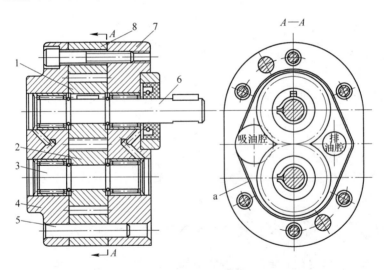

图 3-3　CB-B 型齿轮泵

1—主动齿轮；2—被动齿轮；3—被动轴；4—后泵盖；
5—定位销；6—传动轴；7—前泵盖；8—泵体

外啮合齿轮泵的工作原理如图 3-4 所示。一对相互啮合的齿轮，把泵体和泵盖围成的空间分成不连通的吸油腔和排油腔。当主动齿轮 O 按箭头方向顺时针旋转时，被动齿轮 O′ 逆时针旋转，处于吸油腔一侧的轮齿连续退出啮合，使该腔容积增大，形成一定的真空度，油箱的油在大气压作用下，进入吸油腔；吸油腔的油充满齿槽，并随着齿轮的旋转被带到排油腔一侧；而处于排油腔一侧的轮齿则连续进入啮合，使排油腔容积变小，油液受挤压，经排油口排出。齿轮连续旋转，泵就连续不断地吸、排油。

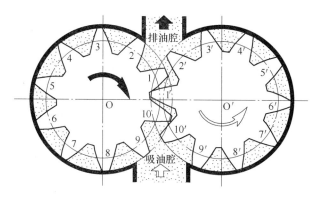

图 3-4　齿轮泵工作原理

二、常用的国产外啮合齿轮泵

齿轮泵内部轴向间隙的泄漏量是影响齿轮泵容积效率的关键，解决齿轮泵轴向间隙泄漏的方法不同，成为各系列齿轮泵的主要特征。目前国产和进口液压设备上使用的齿轮泵种类有六十余种，我军工程装备上广泛采用国产齿轮泵。国产齿轮泵型号通常用"CB-※"表示，"CB"为"齿泵"两字汉语拼音的第一个字母，"※"通常为数字和几个大写字母，用来代表齿轮泵的排量、压力范围、结构特点、安装方式等其他相关性能。下面介绍几种在工程装备液压系统中常用的国产外啮合齿轮泵。

（一）CBJ-E 系列齿轮泵

目前装备较新型的 TY160 和 TY220 型履带式推土机，是仿日本小松技术制造的，其工作装置液压系统分别采用 CBJ70-E112 和 CBJ-E160F 型齿轮泵。其中 TY160 推土机工作主泵为 CBJ70-E112 型齿轮泵，排量 115mL/r，额定压力 14MPa，额定转速 2000r/min；TY220 型推土机工作主泵为 CBJ-E160F 型齿轮泵，排量为 160mL/r，额定压力 14MPa，额定转速 2000r/min。该系列齿轮泵结构见图 3-5 所示，图 3-6 为它的零件分解图。

该泵由长治液压件厂生产。型号 CBJ-E160F 和 CBJ70-E112 中，字母 CB 表示齿轮泵；字母 J 为工厂内部编号；70 代表齿轮模数；字母 E 为该型齿轮泵工作的压力等级，表示中高压，允许工作压力 8MPa<p≤16MPa；字母 F 表示齿轮泵的安装形式。

CBJ-E160F 型齿轮泵的壳体由泵体和前、后泵盖三部分组成，主、被动齿轮均与轴制成一体，齿轮端面两侧的轴套采用双金属结构，它既是主、被动齿轮的滑动轴承，又是泵的侧板。每个轴套都由两半组成，两个半轴套尺寸形状完全相同，都是在圆柱体上切一平面，每个半轴套上都开有两个卸荷槽，并钻有销孔。当将两个半轴套用销子销好，平面相对压进泵体内时，其平面互相压紧，将泵的吸、排油腔隔开并保证有良好的密封。该泵在后轴套与后泵盖之间装有密封片，密封片被支撑环和 U 形密封圈包围，装配时，两密封片偏向吸油腔一侧，依靠两密封片外的 U 形密封圈的紧密接触，将齿轮泵工作时的吸、排油腔隔开。

该泵采用全浮动轴套来减少齿轮端面与侧板之间的轴向间隙泄漏。齿轮泵工作时，高压油通过泵体与后轴套之间的空隙被导致后泵盖与后轴套端面之间的偏置密封片以外的空

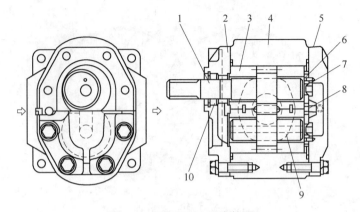

图 3-5　CBJ-E160F 型齿轮泵

1，9—主、被动齿轮轴；2，5—前、后泵盖；3—双金属轴套；4—泵体；
6—密封片；7—环；8—密封圈；10—旋转轴密封圈

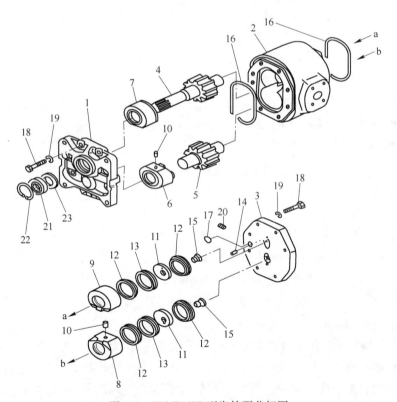

图 3-6　CBJ-E160F 型齿轮泵分解图

1，3—前、后泵盖；2—泵体；4，5—主、被动齿轮轴；6~9—轴承套；10，14—销；
11—密封片；12—支撑环；13—U 形密封圈；15—轴环；16，17—O 形密封圈；18—螺栓；
19—弹簧垫圈；20—螺塞；21—油封；22—弹性卡环；23—垫圈

腔。此高压油对轴套的轴向作用力与轴套和齿轮接触面上所受油压作用力共线并稍大，轴套被轻轻压向齿轮，因而能使轴套磨损均匀并可减小磨损间隙。

该泵在拆装时要注意以下几点：

（1）该泵不可反转，应注意泵的转向与机械的传动要求相适应。

（2）四个半轴套的位置不可随意调换，半轴套装配时，只需将销孔对好，装好销子，两轴套平面相互压紧即可。

（3）将主动齿轮与从动齿轮装入泵体时，应注意主动齿轮与从动齿轮应按原啮合位置（即分解时的啮合位置）装配。

（4）将两个双金属轴套用销子销好且平面相对，使有卸荷槽的一面朝向主、被动齿轮装入泵体后，应检查双金属轴套端面与泵体端面的距离，要求小于泵盖上浮动油封组件的厚度，保证浮动油封组件的 U 形密封圈有 0.4~0.6mm 的预压量。同时还应注意两个双金属轴套有平衡油槽的一边朝向吸油腔，如图 3-7 所示。

（5）在泵盖上装浮动密封组件时，应注意浮动密封组件偏向吸油腔一侧，如图 3-8所示。

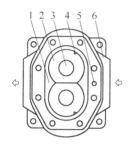

图 3-7 CBJ-E 型齿轮泵双金属轴套安装位置

1—通排油腔油口；2—双金属轴套；3—主动齿轮轴；
4—平衡油槽；5—通吸油腔油口；6—泵体

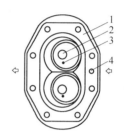

图 3-8 CBJ-E 型齿轮泵偏置密封片安装位置

1—泵体；2—密封片导向套；3—定位销；
4—通向泵体吸油腔的油口

（6）装泵盖前，应在泵体上装上密封圈，且密封圈应高出泵体端面；装泵盖时，应注意泵盖与泵体上的油口对正。

（7）齿轮泵装好后，主动齿轮轴应转动灵活，无卡滞现象。

（二）CB-G2 系列齿轮泵

CB-G 系列齿轮泵目前在工程装备的液压系统中应用较为广泛，国内生产厂家也较多。该系列齿轮泵有 CB-G1、CB-G2、CB-G3 三个分系列，从小到大，结构相似，排量依次增加。其中，CB-G2 和 CB-G3 系列应用较多，这里以 CB-G2 系列齿轮泵为例加以介绍。

图 3-9 所示为 CB-G2 系列齿轮泵的结构图。该泵主要由前泵盖 3、泵体 7、后泵盖 14、主动齿轮 15、被动齿轮 16 及前、后侧板 6 和 10 等组成，主、被动齿轮均与传动轴制成一体。图 3-10 为 CB-G2 齿轮泵分解图。

CB-G2 系列齿轮泵按其齿轮和泵体的宽窄不同有五个规格，排量分别为 40mL/r、50mL/r、63mL/r、80mL/r、100mL/r，牌号分别为 CB-G2040、CB-G2050 等，额定压力除 CB-G2100 为 12.25MPa 外，其余均为 15.7MPa，额定转速为 2000r/min。

该泵的特点之一是采用固定侧板。前、后侧板 6 和 10 被前、后泵盖压紧在泵体上，轴向不能活动。侧板的材料为 8 号钢，钢背上压有一层 20 号高锡铝合金，耐磨性好，通过控制泵体厚度与齿轮宽度的加工精度，保证齿轮与侧板间的轴向间隙为 0.05~0.11mm。在实际使用了一段时间后，此间隙增大不多，证明齿轮端面及侧板磨损很少。采用固定侧

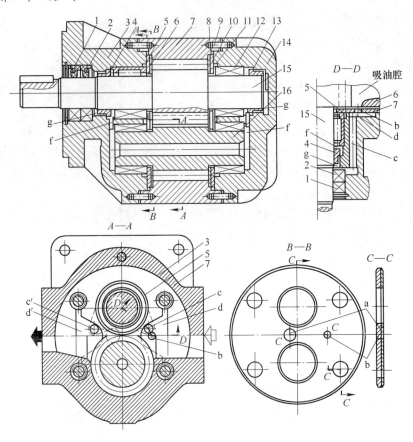

图 3-9　CB-G2 系列齿轮泵

1，2—旋转轴密封圈；3—前泵盖；4，13—密封环；5，8，11—O 形密封圈；6，10—前、后侧板；
7—泵体；9—定位销；12—轴承；14—后泵盖；15—主动齿轮轴；16—被动齿轮轴

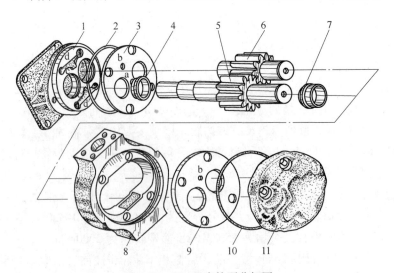

图 3-10　CB-G2 齿轮泵分解图

1—前泵盖；2，10—O 形密封圈密封环；3，9—侧板；4，7—密封环；
5—主动齿轮；6—被动齿轮；8—泵体；11—后泵盖

板虽然容积效率低些，但使用中磨损少，工作可靠。与之相比，采用浮动侧板虽可自动补偿轴向间隙，但侧板在油压作用下始终贴紧在齿轮端面上，磨损较快。另外，虽然从理论上讲侧板两面所受压力基本相等，但实际上很难控制，油压力合力的作用线也不可能始终重合，这些都是造成侧板磨损快而且经常发生偏磨的原因。

该泵的第二个特点是采用二次密封。在主动齿轮轴的两端装有密封环 4 和 13，在泵盖、侧板和轴承之间装有橡胶密封圈 5 和 11。高压油经齿轮端面和侧板之间的间隙泄漏到各轴承腔 f（图 3-9 中 D—D），各轴承腔的油是连通的。液压油从轴承腔 f 再向泵的吸油腔泄漏有两条可能的途径：一是直接穿过泵盖、侧板和轴承之间的橡胶密封圈 5 和 11 进入槽 d（图 3-9 中 A—A），再经侧板的小孔 b（图 3-9 中 D—D）进入吸油腔，因为橡胶圈周围各零件都是固定的，使用只要设计时保证橡胶圈有足够的压缩量，这种密封是很可靠的，因而可以说这条路基本不通。这样，泄漏油须走第二条路，即沿主动齿轮轴向两端经轴与密封环 4 和 13 间的径向间隙和密封环与前、后泵盖间的轴向间隙进入旋转密封 2 处（g 腔），然后经前、后泵盖上的孔 c 到槽 d，再经侧板上的孔 b 进入吸油腔。只要能保证密封环内孔和与之相配合的轴的外圆以及密封环的大端突缘平面和与之相配合的前、后泵盖台肩处有较高的精度和较低的表面粗糙度，就可使这里的径向间隙和轴向间隙都很小，从而就可以使通过这里的泄漏量很小。相应的轴承腔（f 腔）的油压就提高了，排油腔与轴承腔之间的压差也就减小了，因而经过齿轮端面与侧板之间轴向间隙的泄漏也就减少了。

所谓二次密封，是指齿轮端面与侧板之间的密封（即 0.05～0.11mm 间隙）为第一次密封；泄漏到轴承腔的油经密封环 4 和 13 的密封为第二次密封。在实际试验中，当排油腔压力为 15.7MPa 时，测得轴承腔（f 腔）的压力约为 11.8MPa，即齿轮端面与侧板间轴向间隙的两端压力差只有约 3.92MPa，这比一次密封结构的压力差小得多。所以尽管这里因采用固定侧板而使轴向间隙大了一些，但泄漏量并不太大，即容积效率并不太低，同时，正是因为采用了二次密封，才能提高泵的工作压力。

若将 CB-G2 泵的泵体及两侧板转过 180°安装，即可使泵反向运转。从图 3-9 中可以看到前、后泵盖内端面的形状是左、右对称的，与孔 c 和槽 d 相对应的有孔 c' 和槽 d'，反装后可起到与孔 c 和槽 d 相同的作用。

侧板上的卸荷槽只有一个（盲孔 a），这是属于前述的卸荷槽偏置的情况。侧板上的通孔 b 的作用是将经过两次密封后进入槽 d 的泄漏油引入吸油腔。装配齿轮泵时一定要注意：侧板上的通孔 b 一定要放在吸油腔一侧，卸荷槽 a 放在排油腔一侧，如果装反，将立即冲坏旋转轴用密封圈 1 和 2。

在传动轴和前泵盖之间装有的两个旋转轴密封圈 1 和 2，里边的密封圈 2 唇口向内，防止轴承腔内的油向外泄漏；外边的密封圈 1 唇口向外，防止外部的空气、尘土和水等污物进入泵内。拆装时注意不要把方向搞错。

拆装 CB-G2 系列齿轮泵应注意以下几点。

（1）齿轮泵拆开后应检查以下部位：侧板是否有严重刮（烧）伤，合金层是否磨损严重或脱落，若有，应立即更换；密封环与轴径的间隙是否大于 0.05mm，若超过此值应修理；用千分表测量轴和轴承滚子之间间隙是否大于 0.075mm，超过此值时应更换轴承。

（2）注意泵的转向与机械要求相适应，若需要改变泵的转向可按书中所述方法重新组装。

（3）切记将侧板上的卸荷盲孔 a 放在排油腔一侧（偏置卸荷槽），而将通孔 b 放在吸油腔一侧，否则高压油会冲坏旋转轴密封圈。

（4）轴承装在泵盖内后，其端面要低于泵盖端面 0.1~0.2mm。

（5）O 形密封圈 5、11 放在轴承外边环槽内，再将尼龙挡圈放在 O 形密封圈上面，压平后自然弹出 0.3mm 为宜，注意总装时不要掉出外面，最好先涂上黄油固定。

（6）两个旋转轴用密封圈应"背对背"安装。

（7）装配完毕，向泵内注入液压油，用手刚能转动，无过紧感觉为宜（拧紧连接螺钉的力矩 $M = 132\mathrm{N \cdot m}$）。

（三）CBF-E 和 CBF-F 系列齿轮泵

图 3-11 所示为阜新液压件厂生产的 CBF-E 和 CBF-F 系列齿轮泵结构图，该系列齿轮泵目前在工程装备中应用也较多。两种系列比较，除了 F 系列泵的轴颈比相同排量 E 系列泵的轴颈粗外，其余零件相同。其中 E 系列为中、高压泵，其额定压力为 15.7MPa，公称压力为 19.6MPa，排量分别为 10、18、25、32、40、50、63、71、80、90、100、112、125、140mL/r；F 系列为高压泵，其额定压力为 19.6MPa，最高压力为 24.5MPa，排量分别为 10、16、25、32、40、50、63、71、80、90、100mL/r。两个系列泵的转速相同，排量在 32mL/r 以下的，额定转速为 2500L/min，最高转速为 3000L/min，排量在 32mL/r 以上的，额定转速为 2000L/min，最高转速为 2500L/min。

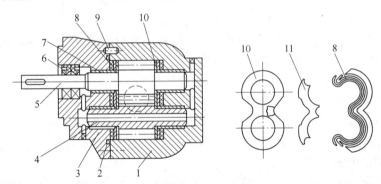

图 3-11　CBF-E、CBF-F 系列齿轮泵

1—泵体；2—O 形密封圈；3—泵盖；4—被动齿轮轴；5—主动齿轮轴；6—旋转轴用密封；

7—DU 滑动轴承；8—组合式"3"形密封；9—定位销；10—侧板；11—支撑板

以上两种齿轮泵均由泵体 1、泵盖 3 组成泵的主体，泵体上开有进、排油口。主、被动齿轮轴 5 和 4 靠两对滑动轴承 7 支撑在泵体和泵盖上。齿轮与泵体、泵盖之间装有浮动式侧板 10，侧板为双金属结构，铜合金面一侧朝向齿轮端面，在排油腔一侧的合金面开有偏置式卸荷槽，克服齿轮泵的困油现象。在侧板与泵体、泵盖之间靠排油腔一侧装有组合式"3"形密封 8。组合式"3"形密封圈有两个硬塑料支撑环，可以固定"3"形密封的位置和增强耐压程度。在侧板与泵体、泵盖之间靠吸油腔一侧装有支撑板 11，它的作用是固定侧板的位置和防止"3"形组合密封被冲坏。泵盖和泵体上钻有通道，使轴承腔与吸油腔连通。

齿轮泵工作后，排油腔的高压油进入侧板背面组合"3"形密封内，即"3"形密封内为高压油,产生的液压作用力略大于侧板对面液压油的作用力。当侧板与齿轮端面出现磨损时,侧板可自动向齿轮端面移动,减小轴向间隙的泄漏量,使齿轮泵保持较高的容积效率。故 CBF-E 和 CBF-F 齿轮泵采用这种全浮动侧板来减小轴向间隙的泄漏。

该系列齿轮泵的另一个主要特点是采用 DU 轴承,可实现无油润滑。DU 轴承是由氟塑青铜材料制成的,氟塑青铜是以 08 号钢或 45 号钢做成钢背（基体）,然后镀一层铜,在镀铜面上烧结一层 0.3~0.5mm 厚的球形青铜粉末,形成多孔层,再往多孔层内灌注聚四氟乙烯和铅（PTFE/Pb）的混合物,此混合物溢出多孔层表面并附着牢固,形成一层 0.05mm 厚的磨合层。这种材料具有良好的自润滑性能和化学稳定性。

当 DU 轴承与高硬度、粗糙度为 $Ra\,0.2$ 以下的轴摩擦时,与聚四氟乙烯/铅混合物磨合层磨合,摩擦表面起密封作用。由于聚四氟乙烯的内聚力弱,在外载荷的作用下,混合物逐渐转移到轴的表面,使轴的表面形成一层聚四氟乙烯/铅的覆盖层。在库仑力和分子引力作用下,覆盖层混合物扩散与轴结合为一体。这样,轴与滑动轴承的摩擦变为聚四氟乙烯/铅混合物之间的摩擦。当轴承工作时不能保证流体动力润滑时,即出现干摩擦或半干摩擦,轴承也能正常工作。因为钢对聚四氟乙烯的摩擦系数为 0.1,而聚四氟乙烯之间的摩擦系数为 0.04,即使在液压油黏度很低、泵的转速下降很多而不能形成流体动力润滑时,泵也不致因烧坏轴承而报废。

由于聚四氟乙烯不断从轴承孔向轴转移,轴承孔表面的磨合层不断变薄,当粉末冶金的多孔铜层暴露出来以后,摩擦性质改变,轴承大量发热。在外载荷作用下,原来灌入多孔球形青铜粉末烧结层内的聚四氟乙烯不断从多孔层溢出,又在铜层表面形成一层润滑层,既改善了摩擦性,又自动补偿了磨损,保证了轴承工作的稳定性。

氟塑青铜材料又称三复材料或塑料青铜,国外称"DU"或"DX",用此材料做的轴承国内俗称 DU 轴承。应用 DU 轴承在国内是一项新技术,尚未大量普及。采用 DU 轴承的液压泵不但可实现干摩擦,即无油润滑,而且承载能力大,寿命长,抗异物嵌入性也好,噪音也低。

该泵对应一种泵盖,只能是一种转向,若要改变转向,须另购泵盖。所以在更换或购买此泵时应注意泵的旋向。

拆装 CBF-E、CBF-F 系列齿轮泵时应注意以下几点:

（1）注意泵的旋向与机械相一致。

（2）泵盖内端面上的通孔放在吸油腔一侧,否则高压油将冲坏旋转轴用密封。

（3）侧板上的卸荷槽要面对齿轮端面,且要放在排油腔一侧。

（4）组合式"3"形密封应装在侧板背面排油腔一侧。

（5）不要用砂纸或油石修磨轴承和轴径,否则会破坏 DU 轴承的润滑性能。

（6）泵体内扫镗痕迹大于 0.15mm 时应更换泵,侧板合金面若有明显的圆弧形磨损时,应更换侧板。

（7）泵盖与泵体组合后,应先在对称位置各装上一个螺钉和垫圈。对于 CBF-E10~CBF-E40 拧紧至 88N·m 左右力矩,对于 CBF-E50~CBF-E140 拧紧至 127N·m 左右力矩,此时用手转动主轴,应该是紧的。但对于 CBF-E10~CBF-E40 用 12N·m 力矩转动,对于 CBF-E50~CBF-E140 用 7~15N·m 力矩转动,应均匀无阻碍。拧好后再装上其余螺钉和垫圈，并用相同的力矩将它们拧紧。

三、内啮合齿轮泵

内啮合齿轮泵按齿廓曲线的形状分为渐开线内啮合齿轮泵和摆线内啮合齿轮泵（简称摆线转子泵）。

内啮合齿轮泵的工作原理与外啮合齿轮泵相同，如图3-12（a）所示。内啮合齿轮泵的外齿轮1为主动轮，内齿轮2为从动轮，主动轮与从动轮同向旋转，在渐开线内啮合齿轮泵中，外齿轮与内齿轮之间用隔板3将吸油腔与压油腔隔开。摆线内啮合齿轮泵如图3-12（b）所示。它由一对内啮合的转子组成，内、外转子分别以各自中心转动，两中心有偏心距 e，内、外转子齿廓曲线为共轭曲线。由于外转子（内齿轮）比内转子（外齿轮）只多一个齿，因而不需设置隔板。转子泵具有可逆性，可作为液压马达用，常用于工程装备转向液压系统中的反馈马达。

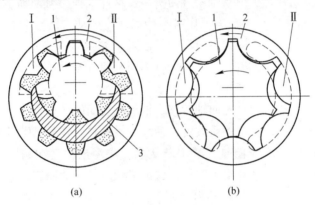

(a)   (b)

图 3-12 内啮合齿轮泵

（a）渐开线内啮合齿轮泵；（b）摆线内啮合齿轮泵

1—外齿轮；2—内齿轮；3—隔板

Ⅰ—吸油腔；Ⅱ—压油腔

内啮合齿轮泵结构紧凑，尺寸小，质量轻，啮合重叠系数大，传动平稳，流量压力脉动小，噪声小。在高速工作时有较高的容积效率。其缺点是齿形复杂，加工困难，在低速高压下，压力脉动大，容积效率低。

第三节 叶 片 泵

叶片泵具有流量均匀，工作平稳，噪声小，寿命较长的优点，被广泛应用于机械制造中的专用机床、组合机床、自动线等中、低压液压系统中，也可用于机械、车辆等运动精度高的转向液压系统中，但其结构较齿轮泵复杂，对油液污染敏感，转速也不能太高。

按照工作原理，叶片泵可分为单作用式和双作用式两类。双作用式与单作用式相比，其流量均匀性好，工作压力较高，应用较广，但其只能作成定量泵，而单作用叶片泵可以做成多种变量形式。

一、双作用叶片泵

（一）基本结构

图 3-13 是 YB-A 系列叶片泵结构图。该泵由泵体 1、泵盖 9、前配油盘 4、后配油盘 8、定子 7、转子 5、叶片 6、传动轴 3 等组成。

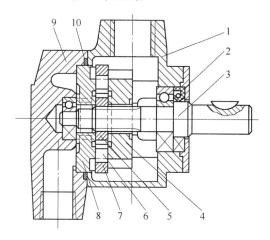

图 3-13 YB-A 叶片泵

1—泵体；2—旋转轴密封圈；3—传动轴；4,8—前、后配油盘；
5—转子；6—叶片；7—定子；9—泵盖；10—O 形密封圈

叶片泵的泵体、泵盖通过螺钉固定，前配油盘、定子、后配油盘依次排列在泵体内，由定位销与泵体定位，并被泵盖压紧。前、后配油盘上都对称制有吸、排油窗口，分别与泵体、泵盖上的吸、排油口相通。定子内表面形似椭圆，由两段半径较大的圆弧面、两段半径较小的圆弧面及它们之间的过渡曲面组成。定子和转子的中心重合，转子位于前、后配油盘与定子之间，通过花键与传动轴连接，在转子上均匀地开设有若干个叶片槽，叶片置于槽内，可径向滑动。传动轴以轴承支承在泵体与泵盖上。在传动轴与泵体、泵盖与泵体之间装有密封圈 2 和 10 以防油液外漏。

（二）工作原理

图 3-14（b）为双作用叶片泵的工作原理图。当发动机通过传动机构带动转子旋转时（图中箭头表示转动方向），在离心力的作用下，叶片沿叶片槽外伸并压在定子内表面上，将定子、转子和配油盘围成的空间分成若干个与进油窗口和排油窗口连通的小工作腔。随着转子的转动，与进油窗口连通的各工作腔容积不断增大，形成局部真空，油箱的油在大气压力作用下便被吸入各个小腔，完成吸油过程。同时，与排油窗口连通的各小腔容积不断缩小，液压油经排油窗口和排油口排到泵外，完成压油过程。转子每转一周，每个小工作腔吸、排油各两次，故称为双作用叶片泵。

由上述工作过程可以看出，当双作用叶片泵的结构尺寸确定后，它的定子内表面的长、短径之比以及定子、转子、叶片的厚度也就确定下来，每个小工作腔每转一周吸、排油的量也就确定，泵的排量也就不能变化了，故这种泵又称为定量叶片泵。又因吸、排油口对称分布，作用在转子和轴承上的径向液压力相平衡，所以这种泵还称为平衡式叶片泵。

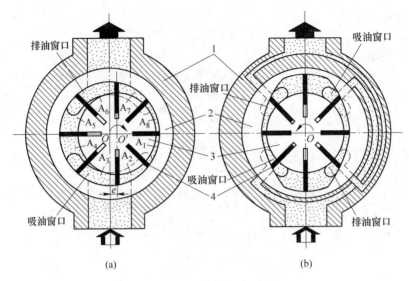

图 3-14　叶片泵工作原理

1—泵体；2—配油盘；3—转子；4—叶片

（三）结构特点

为使双作用叶片泵具有较高的容积效率并消除一些不利现象，在结构上往往具有如下特点。

（1）转子叶片槽非径向布置，而是顺旋转方向前倾 $10° \sim 14°$，即叶片槽外缘要沿转子旋向前倾 $10° \sim 14°$，目的是为了改善叶片在工作时的受力状况，减小摩擦和磨损。

（2）叶片顶部有倒角，倒角倾斜方向与转子旋转方向相反，这样可以减小杂质的影响并使叶片与定子内表面有良好的接触。

（3）后配油盘上开有环形槽和轴向小孔（如图 3-13 虚线所示），可将排油口的高压油引入到叶片根部小圆槽内，推动叶片外伸，即双作用叶片泵的叶片是在离心力和油压力共同作用下外伸的。

（4）配油盘上的排油窗口两端铣有三角槽作为卸荷槽，以消除叶片泵的困油现象。

二、单作用叶片泵

（一）工作原理

图 3-14（a）为单作用叶片泵的工作原理图。与双作用叶片泵显著不同的是，单作用叶片泵的定子为圆环形，内表面是圆形，定子与转子间有一偏心量 e，两端的配油盘上只开有一个吸油窗口和一个排油窗口，当转子旋转一周时，每一叶片在转子槽内往复滑动一次，相邻两叶片间的密封腔容积发生一次增大和缩小的变化，容积增大时通过吸油窗口吸油，容积缩小时则通过排油窗口将油压出。由于这种泵在转子每转一转的过程中，吸油排油各一次，因此称单作用叶片泵。这种泵的转子所受的径向液压力不平衡，因而使这种泵工作压力的提高受到了限制。

（二）变量原理

如果改变单作用叶片泵的定子与转子的偏心距 e，则泵内各小空间 A_1、A_2、$\cdots$、A_8 的容积变化便随之改变，因而转子每转一周所能吸入或排出的油量即泵的排量随之改变。换句话说，单作用叶片泵可通过调节定子与转子的偏心距 e 很容易地实现变量。调节偏心距的方式有手动式和自动调节式。自动调节式根据自动调节后压力和流量的特性可分为限压式、恒压式和恒流式三种，其中以限压式应用最广。限压式变量叶片泵是利用压力反馈来实现变量的，这种反馈又有外反馈和内反馈两种。

图 3-15 所示为限压式外反馈变量叶片泵的工作原理图。转子 1 的中心 O_1 是固定的，定子 2 可以左右移动，在限压弹簧 3 的作用下，定子被推向左端，使定子中心 O_2 和转子中心 O_1 之间有一初始偏心量 e_0，它决定了泵的最大排量，e_0 的大小可用螺钉 6 调节。泵的出口压力 p 经泵体内油道作用于柱塞 5 上（截面为 A），使柱塞对定子 2 产生一作用力 pA，它与弹簧 3 的预紧力 kx_0（k 为弹簧刚度系数，x_0 为弹簧的预压缩量）相平衡，并有压缩弹簧、减小偏心量 e_0 的趋势。当负载变化时，pA 发生变化，定子相对转子移动，使偏心距改变，从而改变泵的排量。

图 3-16 所示为内反馈限压式叶片泵的工作原理图。这种泵的工作原理与外反馈式相似，工作中泵偏心量的改变，是靠排油盘上对 y 轴不对称的排油口来使液压作用力对定子 2 的内壁产生一个作用力 F，F 力在 x 轴方向的分离为 F_x，当这个力超过限压弹簧 3 的预压缩力时，定子 2 向右移动，减小了定子与转子之间的偏心量，从而使泵的排量得到改变。泵的最大排量由螺钉 5 调节，螺钉 4 可调节泵的限定压力。

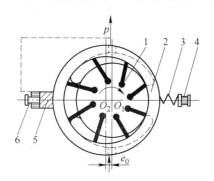

图 3-15　外反馈变量叶片泵工作原理
1—转子；2—定子；3—弹簧；4—调压螺钉；
5—柱塞；6—螺钉

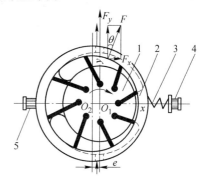

图 3-16　内反馈式变量叶片泵工作原理
1—转子；2—定子；3—弹簧；4，5—螺钉

第四节　柱　塞　泵

柱塞泵与前面所述的齿轮泵和叶片泵的结构均不相同，它是靠其内部柱塞在柱塞缸中的往复运动完成吸油和排油的。因为柱塞和柱塞孔的配合是最易保证加工精度的圆柱面配合，配合间隙可以控制的很小，柱塞泵内部的泄漏也就很小。所以柱塞泵与前两种泵相比，在相当高的压力下工作时仍有比较高的容积效率，而且它的排量也很容易调节，常用于高压大流量及流量需要调节的龙门刨床、拉床、液压机和起重机、挖掘机、挖壕机等大型设备或机械上。其缺点是结构复杂，加工精度高，价格高，对油液的污染敏感。

柱塞泵按其柱塞的排列方向与传动轴的轴线平行、成一锐角或垂直的不同情况，分为斜盘式、斜轴式和径向柱塞式三种。斜盘式和斜轴式又常通称为轴向柱塞泵。下面，我们重点介绍在起重机和挖掘机上应用较多的斜盘式和斜轴式柱塞泵。

一、斜盘式轴向柱塞泵

（一）ZB 系列柱塞泵

下面以 ZBD40 型柱塞泵为例，介绍定量柱塞泵的结构和工作原理。ZB 系列斜盘式柱塞泵额定压力为 20.6MPa，额定转速为 1500r/min，排量有 40mL/r、75mL/r、160mL/r、227mL/r 等几个规格，广泛应用于起重机。图 3-17 即为 ZBD40 泵结构图，它主要由泵体 7、泵盖 19、传动轴 5、柱塞缸体 9、柱塞 10、滑靴 17、斜盘 18、配油盘 8 等零件组成。

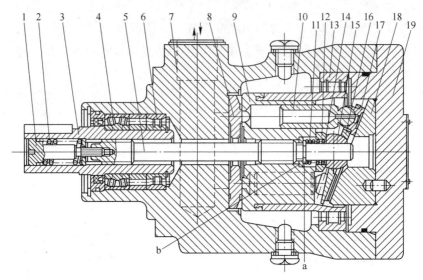

图 3-17　ZBD40 型柱塞泵

1—螺钉；2，11—弹簧；3—轴套；4，6，13—轴承；5—传动轴；7—泵体；8—配油盘；9—柱塞缸体；
10—柱塞；12—弹簧座；14—调整垫片；15—球铰；16—压盘；17—滑靴；18—斜盘；19—泵盖

轴套 3 以轴承 4 和 6 支承在泵体上，传动轴通过花键一端与轴套连接，一端与柱塞缸体连接。弹簧 2 通过螺钉 1、传动轴 5 以及传动轴右端的卡环 a 和挡片 b 给柱塞缸体 9 一个向左的作用力，使之与配油盘 8 保持油膜接触。斜盘 18 以圆柱销定位，固定在泵盖中，柱塞缸内柱塞的球头上装有滑靴 17，柱塞与滑靴不能脱离，但可以球头为铰摆动。滑靴又套在压盘 16 的孔中，压盘通过球铰 15、弹簧座 12 等承受弹簧 11 的作用力，并在此力的作用下将滑靴 17 压在斜盘 18 的斜面上，垫片 14 用来调整弹簧 11 的弹力，以保证工作时配油盘与柱塞缸体及滑靴与斜盘之间有合适的轴向间隙，一般情况下，不要随意增减调整垫片的数量。滑靴靠斜盘一面铣有凹槽与柱塞内腔连通。柱塞内腔的压力油经滑靴上的阻尼孔到凹槽内，凹槽实际上是个压力油室。该油室中的油液对滑靴产生推力，将滑靴抬起，使滑靴不和斜盘直接接触。凹槽内的油液经过滑靴与斜盘之间的厚壁缝隙向外泄漏，形成一定压力梯度的润滑油膜。这样，尽管滑靴相对斜盘作高速滑动，也不会有大的磨损。

柱塞缸体一端与配油盘贴紧，一端经轴承 13 支承在泵体内。柱塞缸体用铜合金制成以提高耐磨性能，外层包以合金钢套以增加强度并作为轴承 13 的内圈。配油盘和柱塞缸体的左视图如图 3-18 所示，柱塞缸体沿圆周方向均匀分布着七个柱塞孔，柱塞孔底部的通油孔为长圆形。配油盘上有两个腰形窗口 a 和 b，起配油作用，腰形孔的中心线与柱塞缸体的各柱塞中心所在的圆周重合，因而配油盘的每个腰形孔始终与三个或四个柱塞孔相通。配油盘与泵体的腰形孔完全重合，由圆柱销定位，如图 3-18（a）中槽 c 为定位销槽。泵体的两腰形孔分别与泵的吸排油口相通（图 3-17 中虚线）。

配油盘上还有环形槽 d 和与之连通的径向切槽，它们起均衡配油盘表面油压的作用，可以减少由于压力不平衡对配油盘造成的偏磨程度，但无法从根本上消除配油盘的偏磨问题。

当柱塞缸体被发动机通过轴套及传动轴带动旋转时，柱塞也随缸体旋转，因为柱塞头部的滑靴在压盘的作用下始终抵紧在斜盘的斜面上滑动，所以柱塞将一边转动一边沿其轴向作往复直线运动，而在每个柱塞、柱塞缸体和配油盘之间就形成与进油窗口和排油窗口相通的小容积。从轴端看，当泵轴作顺时针转动时，左半周的柱塞不断从斜盘最高点向最低点转动，将被拉出，柱塞孔内出现真空，油箱的油便在大气压力作用下从泵的左边进油口经配油盘的左侧腰形孔 a 进入柱塞孔；而右半周的柱塞则不断从斜盘最低点向最高点转动，将被压进缸体，柱塞孔中的油液受到挤压便通过配油盘的腰形孔 b 从泵的右侧油口排出。当柱塞孔位于斜盘最高点和最低点时，将不与配油盘上两腰形孔中的任何一个相通，见图 3-18（a）虚线。如此，传动轴不断转动，外部的液压油便不断从泵体的进油口经孔 a 进入泵内，又经孔 b 从泵体的排油口排出泵体外。如果传动轴反转，则液体流动方向相反。

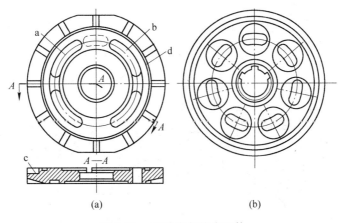

图 3-18　配油盘与柱塞缸体

（a）配油盘；（b）柱塞缸体

该泵泵体中部的两个螺塞孔为泄漏油口，用以引出泵体中的泄漏油液。当泵轴水平安置时，把上边的口接通油箱，以保证泵内有充足的润滑油；也可一个口接冷却油，一个口接油箱，使泵得以循环冷却。

ZBD40 泵在结构上关于斜盘最高点和最低点的连线对称，且进出油口完全相同，故不用更换任何零件，也不用重新组装，即可实现反转。这就要求在使用该泵时，应注意进、排油口要与转向匹配，不要接错。另外，ZB 系列柱塞泵与 ZM 系列马达通用，即该结构的泵也可直接作马达使用，此时型号为 ZMD40。

由以上 ZBD40 泵工作原理可知，如果改变柱塞泵斜盘的倾斜角度，则每个柱塞在柱塞孔内的运动行程就会改变，于是柱塞孔内的容积变化量也会改变，那么泵的排量就会变化。比如，斜盘倾角为 0°时，泵对外就没有吸、排油，而斜盘倾角越大，泵排量越大。所以柱塞泵只要改变斜盘的倾斜角度，就能很容易地实现变量。

（二）CY14-1 系列轴向柱塞泵

CY14-1 系列柱塞泵广泛用于机床、锻压机械、矿山机械等液压系统中，最高压力为 31.4MPa。排量有 10mL/r、25mL/r、63mL/r、160mL/r、250mL/r 等规格，除定量泵外还有液控、手动、恒压、电动、压力补偿等多种形式的变量泵，下面介绍常用的两种变量泵。

1. 手动变量泵

图 3-19 所示为 SCY14-1 型手动变量泵结构图（图中件 2、3、4 转过 90°）。该泵分主泵与手动变量机构两大部分。主泵的工作原理与 ZB 系列泵相同，结构差异有：泵体分为 2、4 两段，传动轴 1 为整体式结构。弹簧 7 通过内弹簧座 6、钢球和压盘 8 将滑靴压紧在变量头的斜面上，同时通过外弹簧座 5 将柱塞缸体压紧在配油盘 3 上，以保证初始密封。配油盘 3 上有三个定位销孔，分别用以泵的正、反转和做马达时定位。按出厂说明书变动配油盘的方向，可以改变泵的转向或作马达使用。

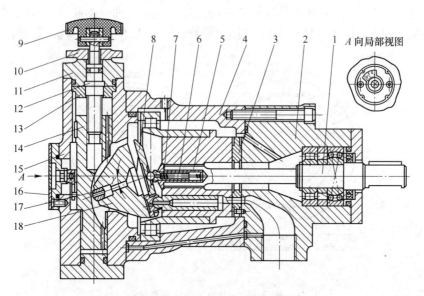

图 3-19　SCY14-1 型手动变量泵

1—传动轴；2，4—泵体；3—配油盘；5，6—外、内弹簧座；7—弹簧；8—压盘；
9—手轮；10—螺母；11—壳体盖；12—螺杆；13—压盖；14—活塞；15—壳体；
16—监视孔盖；17—圆柱销；18—变量头

变量壳体 15 内装有变量活塞 14。圆柱销 17 两端为圆柱体，插在变量活塞的孔内可以相对转动，中间削成两平面插在变量头 18 的槽中，可以相对于变量头槽滑动。在壳体盖 11 上装有调节螺杆 12，调节螺杆的凸缘部分被卡在壳体盖 11 和压盖 13 之间，使之只能转动而不能上下移动。调节螺杆 12 与变量活塞 14 成螺纹连接，当拧动手轮 9 时，变量活塞便上下移动，从而改变变量头的倾角，使泵的排量改变。当变量活塞移动时，通过销子和拨叉带动刻度盘转动，以待观察所调节的排量大小。调好后用锁紧螺母 10 固定。因手动变量机构内变量活塞的移动不靠油压作用，所以在变量活塞上开有轴向孔，将其上下腔与泵的泄漏油腔沟通，以免困油。另外因无须将高压油引到变量活塞的下腔，故泵体上的油道被堵塞。

2. 压力补偿变量机构

图 3-20 为 YCY14-1 型轴向柱塞泵的压力补偿变量机构。压力油经单向阀 9 进入 d 腔后，再经通道 A 进入通道 B 和 C。通道 B 中的压力油作用于差动活塞 6，产生一个向上的作用力。当这个力等于弹簧 3 和 4 通过导杆 5 作用于差动活塞 6 的向下的力时，差动活塞 6 处于图示的平衡位置，这时 g 腔既不与 d 腔通，也不与 h 腔沟通。当泵的输出油压升高时，差动活塞 6 受到向上的油压作用力增大，因而向上移动，将 g 腔与 h 腔沟通，g 腔的压力油便通过通道 D 及差动活塞 6 的径向及轴向孔向 h 腔泄油。变量活塞 7 便在 d 腔油压作用下上移（直到 g 与 h 腔之间的通道又被堵死），带动变量头转动，使倾角 γ 减小，从而减小泵的排量。当泵输出的油压降低时，差动活塞受到向上的油压作用力减小，便在弹簧力作用下下移，沟通 g 与 d 腔，d 腔油压与 g 腔油压相等，因变量活塞上端直径大，油压作用力使变量活塞下移，直到 g 腔与 d 腔的通道又被堵死，从而使泵的排量增大。上述变量机构中，弹簧 3 和 4 的预紧力分别由调节机构 2 和 1 调节。

二、斜轴式轴向柱塞泵

斜轴式轴向柱塞泵又叫倾斜缸式轴向柱塞泵，它与斜盘式轴向柱塞泵的最大区别是，主轴轴线与缸体中心线不在同一直线上，而是相交成一定角度 γ，简称缸体倾角。

（一）斜轴式定量柱塞泵

1. 基本结构

图 3-21 所示为 A2F 型斜轴式轴向柱塞泵的典型结构。它主要由主轴 1、传动盘 2、连杆 3、中心连杆 4、缸体 5、柱塞 6、压紧弹簧 7、配油盘 8 和后盖 9 等组

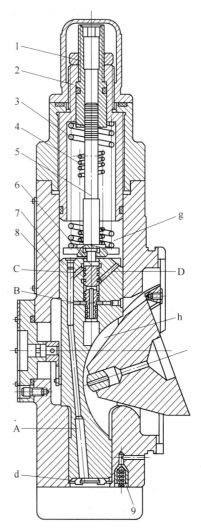

图 3-20　压力补偿变量机构
1，2—调节机构；3，4—弹簧；
5—导杆；6—差动活塞；7—变量
活塞；8—壳体；9—单向阀

成。柱塞均布在缸体的圆周上，连杆和柱塞两个零件滚压连接在一起，连杆的大球头与主轴的传动盘铰接，小球头与柱塞内的球窝铰接。中心杆支撑在传动盘的球窝内和配油盘的中心孔内，起定心作用。缸体与配油盘采用球面配合使缸体在旋转时能有很好的自位性。压紧弹簧的主要作用是将缸体压向配油盘，并推向泵盖端，使缸体、配油盘与泵盖形成密封配合面。配油盘用定位销与泵盖固定，使其不能转动和移动。旋转缸体与配油盘之间运

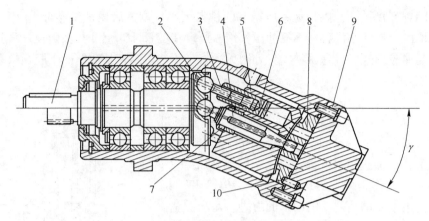

图 3-21　A2F 型斜轴式轴向柱塞泵结构（20°倾角）

1—主轴；2—传动盘；3—连杆；4—中心连杆；5—缸体；6—柱塞；
7—压紧弹簧；8—配油盘；9—后盖；10—定位销

动副的磨损，可由压紧弹簧（碟形弹簧）自动进行补偿，以保证密封性能。

2. 工作原理

原动机的动力由主轴输入，主轴支撑在三个轴承上，当其转动时，通过传动盘、连杆和柱塞带动缸体旋转。由于主轴和缸体的中心线存在着夹角 γ，所以传动盘通过连杆迫使柱塞在带动缸体旋转的同时，自身也在缸体的柱塞孔内作往复直线运动。面对轴端，若主轴顺时针旋转，当柱塞行至左半周时，柱塞底部密封容积增大，通过配油盘的吸油窗口，从油箱吸油；当柱塞行至右半周时，柱塞底部密封容积减小，通过配油盘的排油窗口，将油液排出。传动轴连续运转，泵可实现连续吸、排油。改变角度 γ 可以改变泵的排量。

3. 结构特点

中心连杆本身起着定心作用，也对缸体起着辅助定心的作用，从而使缸体的外面可以不设置承受倾覆力矩的大轴承。

球面配流从理论上讲，能够减小缸体和配油盘间的磨损并得到自动补偿，在实践上，若配合球面形成磨痕及拉毛槽等损坏状况，必须在专用精密磨床上修复，采用手工研磨等方法修理是很困难的。

连杆的小端球头部与柱塞形成的球形铰接副由柱塞与缸体柱塞孔的间隙漏油来进行润滑，这些漏油还可经连杆中的小孔，润滑大端球铰副。

A2F 型斜轴式轴向柱塞泵其倾角在 20°～45°之间，增大斜轴倾角 γ 可以显著增大柱塞行程，从而提高泵的排量。

（二）斜轴式变量柱塞泵

在 A2F 基本型定量斜轴泵的基础上，还派生出 A2V、A6V、A8V 等一系列斜轴式变量柱塞泵。部队装备的某型高速挖掘机就采用了 A8V 斜轴式变量柱塞泵作为其工作主泵，其型号为 LY-A8V107ER，这里我们重点介绍。

A8V107ER 型变量柱塞泵是由一个壳体内的两个排量相同的单泵组成的双联斜轴式柱塞泵，通过齿轮副将传动轴扭矩同时驱动两泵。该泵由贵州力源液压股份有限公司生产，其单联最大排量 107mL/r，最高工作压力 30MPa。型号中 ER 表示该泵变量形式为分功率控制，即两联变量泵按50%的总功率进行恒功率变量调节。

1. 基本结构

A8V107ER工作主泵主要由壳体、主、从动轴转子组合件、调节器组合件等三大部分组成，如图3-22所示为该泵一联的结构。

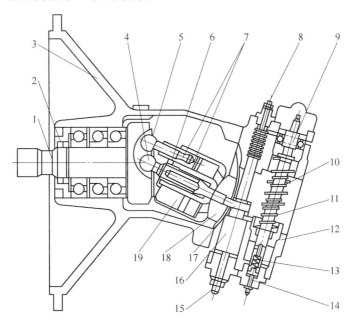

图3-22　A8V107ER变量柱塞泵

1—主轴；2—骨架油封；3—双泵壳体；4—中心杆；5—卡盘；6—碟形弹簧；7—柱塞组件；8，15—最小、大流量限位螺钉；9—活门组件；10，11—大、小功率弹簧；12—调节器壳体；13—调压弹簧；14—起调压力调节螺钉；16—变量活塞；17—拨叉；18—主泵配油盘；19—柱塞缸体

主动轴转子组合件和从动轴转子组合件都是由传动轴、轴承组、卡盘、柱塞组件、中心杆、柱塞缸体及配油盘等组成。传动轴用三个大锥角滚锥轴承支承，以承受柱塞产生的轴向力和径向力。柱塞组件均布在缸体的圆周上，由连杆和柱塞两个零件滚压连接在一起，连杆的大球头与主轴的传动盘铰接，小球头与柱塞内的球窝铰接。中心杆支撑在传动盘的球窝内和配油盘的中心孔内，起定心作用。缸体与配油盘采用球面配合使缸体在旋转时能有很好的自位性。主动轴转子组合件两端由前盖组合件和调节器组合件密封且固定。两个配油盘分别与调节器组合件的两个弧形滑道配合，两根中心杆插入配油盘的中心孔，中心杆和球面配油盘使柱塞缸体自行定心，中心杆台阶和缸体端面处装有碟形弹簧，其作用是防止主轴在转动时产生轴向窜动，另一方面使缸体压向配油盘，产生预紧力，起配油密封作用。缸体与配油盘之间运动副的磨损，可由碟形弹簧自动进行补偿，以保证密封性能。主传动轴的伸出端带花键，另一端法兰盘上的斜齿轮与从传动轴法兰盘斜齿轮啮合。缸体连同配油盘通过拨叉，沿调节器弧形导槽作摆动。

工作主泵结构有以下几个特点：主轴承组简单，由两个大锥角滚锥轴承和一个滚锥轴承组合而成，结构紧凑，承载力大，寿命长；采用球面配油，能自动定心，耐磨性好；配油盘上的球面和弧面加工较复杂，修理也很困难。连杆的小端球头部与柱塞形成的球形铰接副由柱塞与缸体柱塞孔的间隙漏油来进行润滑，这些漏油还可经连杆中的小孔，润滑大端球铰副。

调节器组合件主要由调节器壳体、变量活塞、大小功率弹簧组合件、拨杆、调节器盖组合件、伺服活塞、调压弹簧和调压螺钉等组成，如图 3-23 所示。变量活塞与大小功率弹簧组合件通过拨杆固定在一起，而拨杆头部插入配油盘的中心孔内，变量活塞移动就带动传动轴组合件一同移动。先导阀芯 10、随动阀芯 11、负流量控制阀芯 12 都安装在调节器盖内；导杆 7 右端与先导阀芯配合，左端与伺服活塞 4 相抵；伺服活塞左侧有调压弹簧 3，弹簧预紧力可以由调压螺钉 1 调节。

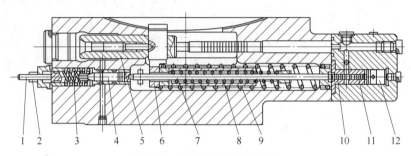

图 3-23　液压泵调节器组合件

1—调压螺钉；2—密封锁紧螺母；3—调压弹簧；4—伺服活塞；5—变量活塞；6—拨杆；7—导杆；
8—小功率弹簧；9—大功率弹簧；10—先导阀芯；11—随动阀芯；12—负流量控制阀芯

2. 工作原理

A8V107ER 变量柱塞泵壳体内的两联结构相同的柱塞泵共用一个进油口（调节器壳体正中），有两个排油口（调节器壳体两侧）分别向挖掘机操纵阀组的左、右两部分供油，必要时可实现双泵合流。该泵的变量机构可随外负荷变化连续改变连在一起的泵摆动部分的倾斜角度（7°～25°），以保持泵输出功率的恒定。

如图 3-24 所示，发动机通过联轴节带动主轴旋转，又通过传动盘、连杆和柱塞带动缸体旋转。由于主轴和缸体的中心线存在着夹角 γ，所以传动盘通过连杆迫使柱塞在带动缸体旋转的同时，自身也在缸体的柱塞孔内作往复直线运动，使柱塞孔内容积产生变化，于是通过配油盘吸入和排出油液，完成基本的吸、排油过程。壳体内的两个单泵由齿轮副驱动，故两泵的转向相反，都从中间吸油，向两侧排油。

3. 变量原理

该柱塞泵改变缸体的倾斜角度 γ 就可以改变泵的排量，其变量原理如图 3-24 所示。配油盘 11 通过拨叉 2 与变量活塞 9 相连，变量活塞的上端小腔与泵的出油口相通，变量活塞的下端大腔也可通过伺服活塞 7 与泵排出的压力油相通。当液压泵的输出油压低于调定压力时，先导阀芯 3 不能克服弹簧 5 和 6 的预紧力，伺服活塞没有动作，变量活塞的大腔不通压力油，变量活塞使斜盘处于最大摆角位置，液压泵排量最大。当液压泵的输出油压高于调定压力时，先导阀芯在油压力作用下，克服弹簧 5 和 6 的预紧力向下移动，打开压力油与变量活塞的通道，使压力油进入变量活塞的大腔，推动变量活塞向上移动，变量活塞通过拨叉带动配油盘和柱塞缸体转动，使倾斜角度减小，液压泵排量也随之减小。

变量活塞向上移动的同时，压缩弹簧 5 和 6，推动先导阀芯也向上移动，如果液压泵出口油压不再增高，则伺服活塞的开口将被关闭，倾斜角度将稳定在该压力下不变。当液压泵排油口油压进一步增高时，开口又被打开，进一步减小液压泵排量。当液压泵排油口压力达到30MPa时，变量活塞的上端将顶在最小流量限位螺钉8（见图3-22）上，此时配油盘和缸体的倾斜角度最小，液压泵的排量也达到最小值。调整此限位螺钉，即可改变液压泵的最小流量。液压泵的最大流量由螺钉15（见图3-22）限制，也可加以调整。液压泵流量的起调压力由螺钉8（见图3-24）限制，调整它的位置，可以改变液压泵开始变量时的工作油压。各调整螺钉调节完后，应拧紧锁紧螺母。各调整螺钉在液压泵出厂时已调定，未经允许不能随便调节。

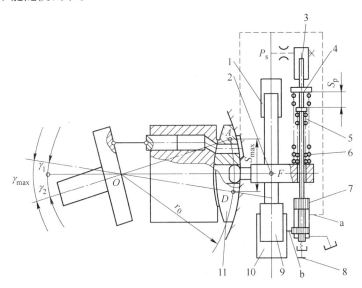

图 3-24　恒功率变量泵的变量原理

1—变量活塞上端小腔；2—拨叉；3—先导阀芯；4—弹簧座；5—变量工作内弹簧；6—变量工作外弹簧；7—伺服活塞；8—起调压力调节螺钉；9—变量活塞；10—变量活塞下端大腔；11—配油盘

4. 分功率控制原理

分功率控制是指双联泵带有两个独立装置进行恒功率控制的方式，即每一套旋转组件独立控制。这是一种与压力有关的先导控制，两个泵可以根据系统的要求无级调节泵的倾角，以实现从 V_{gmax} 到 V_{gmin} 范围内调节泵的排量，输出流量与系统压力成反比，以达到液压功率恒定，但两泵功率的调定之和不得超过原动机功率，如图3-25所示。

现以单泵为例，液压泵起始工作时在大排量，负载压力 p_1 通过单向阀1进入先导阀芯腔5和变量活塞小腔11，即变量活塞小腔常通高压；当负载压力逐渐升高，作用在先导阀芯6上的液压力克服调压弹簧8和功率弹簧9的合力，推动恒功率控制伺服阀7向上移动，当负载压力升高至液压泵变量起始压力18MPa时，恒功率控制伺服阀将处于中位，变量活塞的大腔不通压力油，变量活塞使斜盘处于最大摆角位置，液压泵排量最大。如负载压力继续升高，伺服阀7将进一步上移，伺服阀处于下位机能，负载压力油经伺服阀进入变量活塞大腔13。由于变量活塞12两端面积不相等，当两端都受压力油作用时，变量活塞将向下运动，固定在变量活塞上的拨杆10将带动配油盘及缸体摆动，使缸体与主轴之间的夹角减小，从而使液压泵排量减小。同时，拨杆将压缩功率弹簧，功率弹簧作用在伺服阀阀芯上的力将增大，迫使阀芯向下移动直到伺服阀回到中位，变量缸大腔的油道被封闭，液压泵停止变量，此时，液压泵将处于一个与负载压力相对应的排量位置。

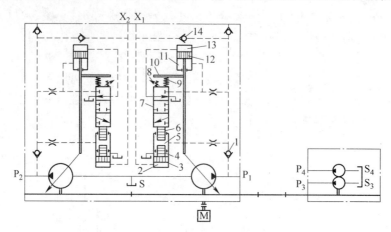

图 3-25 A8V107ER 工作主泵分功率控制调节器的工作原理

S—主泵进油口；P_1，P_2—主泵出油口；X_1，X_2—外控油口；S_3，S_4—齿轮泵进油口；P_3，P_4—双联齿轮泵出油口

1，14—单向阀；2—负流量控制阀芯腔；3—负流量控制阀芯；4—随动阀芯；5—先导阀芯腔；6—先导阀芯；7—伺服阀（活塞）；8—调压弹簧；9—功率弹簧；10—拨杆；11—变量活塞小腔；12—变量活塞；13—变量活塞大腔

当负载压力降低，伺服阀芯上的力平衡被打破，弹簧力大于液压力，伺服阀将由中位机能变为上位机能，变量活塞大腔变为低压，在小腔压力油的作用下，变量活塞将向上运动，固定在变量活塞上的拨杆将带动配油盘及缸体摆动，使缸体与主轴之间的夹角增大，从而使液压泵排量增大。同时，由于拨杆随变量活塞向上移动，功率弹簧压缩量将减少，功率弹簧作用在伺服阀阀芯上的力将减小，伺服阀芯向上移动直到伺服阀处于中位，变量缸大腔的油道被封闭，液压泵停止变量。综上所述，当负载压力在变量起始压力和变量终止压力之间变化时，液压泵排量将在最大和最小之间相应变化。另一个泵的控制方式也相同。

5. 液压行程限制器（负流量控制）原理

液压行程限制器（负流量控制）可以根据需要将最大排量限制或进行无级变化，控制范围从 V_{gmax} 到 V_{gmin}，液压泵排量通过加在油口 X_1 处的外控压力来控制设定。液压行程限制器可被恒功率控制所取代，即在功率曲线以下，排量通过外控压力调整。如果设定流量和负载压力值超过发动机额定功率，则恒功率控制取代行程限制器而减小泵的排量，直到恢复发动机额定功率为止。外控压力升高时，泵朝小排量方向摆动。

同样以单泵为例，如图 3-25 所示，当由 X_1 口接进来的控制油进入负流量控制阀芯腔 2 后推动负流量控制阀芯 3 向上移动，同时也推动随动阀芯 4 向上运动并与先导阀芯 6 接触，随着控制压力的不断升高，恒功率控制伺服阀 7 向上移动，经过中位并到达下位，负载的压力油就可以进入变量活塞大腔 13，变量活塞 12 将向下运动，从而使液压泵排量减小。同样，拨杆 10 将压缩功率弹簧 9，功率弹簧作用在伺服阀 7 阀芯上的力将增大，迫使阀芯向下移动直到伺服阀回到中位，变量活塞大腔的油道被封闭，液压泵停止变量。当控制压力减小，会使泵的摆角增大，也会在某一排量下产生力的平衡，使泵停止变量，与分功率控制的原理相同。另外，当负载压力低于外控压力时，外控压力油在进入控制阀芯腔的同时，也将通过单向阀 14 进入恒功率控制油路中，进行泵的变量控制；而当负载压力高于外控压力时，外控压力油只进入控制阀芯腔。

第五节　液压泵的使用与维修

任何装备的液压元件如果使用不当、维修不及时，都不可能使机械保持良好的工作性能和较高的工作效率。液压泵是液压系统的心脏，它一旦发生故障就会立即影响系统的正常工作。

一、液压泵的使用

液压泵的正确使用包括使用条件、安装、启动前的准备、正常运行等几个环节。

（一）使用条件

各种泵的使用范围（即各种技术性能指标）在说明书中均有明确规定，在选用或更换液压泵时，应根据其技术资料，注意以下几点：

（1）转速、压力在使用中不能超过规定值 n_{max}、p_{max}，但也不可过低，最好接近额定值 n_H、p_H。

（2）泵的旋转方向应按出厂时的规定使用，即使可以反转组装的泵（如 CB-G2），在非特殊情况时，也不要轻易将新泵拆开重新进行反转组装，否则将使容积效率下降。

（3）液压油的黏度要合适，使用液压油应根据机械使用说明书规定或根据液压油的选用原则来确定。

（4）吸油真空度应尽量小，吸油高度（油箱的最低油面与吸油口的垂直距离）一般小于 0.5m。吸油管直径要大于排油管直径，并应尽量减少油管的长度和弯曲。当吸油管进油口设滤油器时，其通油能力一定要满足泵的最大流量。

（二）安装要求

液压泵安装要求包括：

（1）泵的安装基础、支架及法兰等要有足够的刚度，以防产生过大的振动。在机械上安装时，连接螺钉要牢固。

（2）泵轴上不得直接装齿轮或皮带轮，以免使泵的轴承承受过大的径向力。

（3）泵轴与动力传动轴对接要保证较高的同轴度。有条件的要尽量采用弹性联轴节，也可采用轴套联结。两轴的同轴度误差前者小于 0.1mm，后者小于 0.05mm。装好后用手径向晃动泵轴，以松动不别劲为佳。

（4）液压泵的泄漏油口，应直接与油箱连通，以免产生较高背压，损坏泵的低压油封。

（5）安装前要从吸油口注入清洁的液压油，接头要拧紧，特别要注意吸油管接头，因为吸油管路漏气不易被发现。

（三）运转前的准备

液压泵在运转前应做好准备，包括：

（1）检查泵的安装是否正确，连接是否牢靠。

（2）从泄漏油口注入液压油，接好泄漏油管，检查油箱油面高度是否符合要求。

（3）泵的排油路上如有溢流阀，应将其调压螺钉完全松开，启动后再调到工作压力。

（4）试启动，检查泵轴转向与泵的进、出油口是否对应。

（5）如用供油泵供油，应先开供油泵；如采用闭式系统，应先开补油泵，并把油路中空气排除干净。

（6）新泵应先在低压条件下运转 10min 左右，如果油温太低，应待油温上升到一定值后再加大负荷，检查有无外漏，噪声是否过大，如果有应予以排除。

（四）泵正常运转时的维护保养

液压泵在正常运转时仍要随时维护和保养：

（1）应经常检查液压油的质量和油箱油面的高度，及时更换和添加液压油。

（2）注意油温变化情况，如果油温不能稳定在规定值，且一直升高，应停车检查分析其原因，最高油温不能超过机械说明书中的规定值。技术革新中固定式机械的油温应限制在 65℃ 以下。

（3）保持液压油的清洁，并按要求及时清洗滤油器，必要时更换液压油。

（4）经常检查系统压力是否符合要求，机械作业中，当较长时间不用油泵时，应使泵与发动机动力分离。

二、液压泵的维修

（一）造成液压泵故障的原因

工作中造成液压泵出现故障的原因主要分为以下两个方面。

1. 由液压泵本身的原因引起的故障

从液压泵的工作原理可知，液压泵的吸油和压油是依靠密封容积做周期变化实现的。要想实现这个过程，要求液压泵在制造的过程中满足足够的加工精度，尺寸公差、形位公差、表面粗糙度、配合间隙以及接触刚度都要符合技术条件。泵经过一段时间的使用后，有些质量问题会暴露出来，突出的表现是技术要求遭到破坏，液压泵不能正常工作。这种故障对于一般用户而言，是不易排除的。在进行液压泵故障分析时，这个原因要放到最后来考虑。在尚未明确故障原因之前，不要轻易拆泵。

2. 由外界因素引起的故障

（1）油液。油液黏度过高或过低都会影响液压泵正常工作。黏度过高，会增加吸油阻力，使泵吸油腔真空度过大，出现气穴和气蚀现象；黏度过低，会加大泄漏，降低容积效率，并容易吸入空气，造成泵运转过程中的冲击和爬行。同时，油液的清洁也是非常重要的。液压油受到污染，如水分、空气、铁屑、灰尘等进入油液，对液压泵的运行会产生严重的影响。铁屑、灰尘等固体颗粒会堵塞过滤器，使液压泵吸油阻力增加，产生噪声，还会加速零件磨损，擦伤密封件，使泄漏增加，对那些对油液污染敏感的泵而言，危害就更大。

（2）液压泵的安装。泵轴与驱动电机轴的连接应有足够的同轴度。若同轴度误差过大，就会引起噪声和运动的不平稳，严重时还会损坏零件。同时安装时要注意液压泵的转向，应合理选择液压泵的转速，同时要保证吸油管与排油管道管接头处的密封。

（3）油箱。油箱容量小，散热条件差，会使油温过高，油液黏度减小，带来许多问题；油箱容量过大，油面过低以及液压泵吸油口高度不合适，吸油管道直径过细等都会影响泵正常工作。

（二）液压泵的检修

液压泵一旦发生故障就要及时进行检修，检修前后应注意如下问题。

（1）主机在进行周期性维修时，不要轻易将液压泵拆开。当系统发生故障时，要首先分析原因，只有确认泵有问题，有必要拆下时，才能动手去拆。可能的条件下，应先通过试验，通过检验结果，初步分析出故障的种类和原因。

（2）拆泵前应掌握泵的有关技术资料。拆装泵时，要注意工具和场地的清洁，严防污物进入；应严防碰伤各零件的主要工作表面，分解后零件的放置要有秩序。

（三）液压泵常见故障及排除方法

1. 泵不排油

泵不排油的故障，表现为当操纵换向阀在工作位置时，机构不动作，主油路无压力；拧松排油管接头，无压力油涌出，即可判定为泵不排油。泵不排油有下面几种情况。

（1）对于正在工作的机械，若在出现故障前未发现动作明显缓慢，泵的温度也不特别高，则可能是机械传动部分有问题，大多为键被切断或挤坏，也可能是传动系的其他零件损坏。对此，应先将泵拆下来，认真检查机械传动部分。

（2）对于拆装后又未工作过的机械，一开始工作就出现泵不排油的情况，原因一般是：

1）油泵转向不对。

2）进、排油口接反。

3）装配不正确，如单向离合器装反或漏装了零件等。

4）油箱油面过低。

（3）发生泵不排油的故障前，若已发现工作机构的动作明显变慢，原因可能有如下几个方面：

1）油箱的油面太低或进油管的滤油器堵塞，对于压力供油或闭式传动系统，可能是供油泵不工作。

2）吸油管损坏，接头螺钉松脱。

3）油温太高使油液黏度降低，或因磨损严重，泵的内部泄漏量太大。

4）对于叶片泵可能是启动转速过低，使叶片未能顶紧定子，也可能是泵放置时间过久，油液污染严重，叶片有粘卡现象。

5）对于变量泵来说，可能是调节部分处于排量为零的位置。

6）对于通过超越离合器传动的泵，可能是超越离合器失灵。

2. 流量不足或压力升不到要求值

流量不足表现为动作缓慢，压力升不上去，不能克服大负荷。对于泵来说，流量与压力联系紧密，往往出于同一种原因。

（1）泵磨损严重或者漏装了某些密封元件，使容积效率 η_V 大大降低，严重时，外负荷稍增加，泄漏量明显增大，故压力也就升不上去。

（2）吸油管太长、直径太细、弯曲严重、滤油器堵塞、油温太低、油液黏度过高等均可造成泵吸油困难，发生比较严重的空穴现象。

（3）泵的转速太低，造成流量不足。

（4）油箱油面太低，吸油管密封不严。

3. 噪声过大

液压传动的机械设备其噪声通常不超过 80dB。若机械噪声过大，说明工作不正常，应找出原因及时予以排除。其原因可能是：

（1）吸油不足，吸油管路进气（同时表现为泵的流量不足，排油压力脉动大）。

（2）泵的固定连接（连接螺栓）部分松动，传动部分（如齿轮、轴承）配合表面磨损严重，产生机械冲击，传动轴同轴度差。

（3）泵转速过高或装配关系不对。

（4）若突然噪声过高，则可能是某些零件遭突然损坏，应立即停车检修。

4. 油温过高

液压传动油温在 50℃ 左右比较理想，一般情况下应限制在 80℃ 以下。如果系统油温连续升高，除环境温度高及系统压力损失大等原因外，对泵来说，主要是泄漏量太大、容积效率 η_V 太低造成的。若油温不高，而泵体温度高，则可能是在装配时某些地方连接过紧（如叶片泵螺钉拧得过紧）或有较大的硬质点及铁屑卡在缝隙中，使零件剧烈摩擦产生泵内温度升高。

三、A8V107ER 型变量柱塞泵修理

某型高速轮式挖掘机的日常维护保养，一般不需要拆卸变量泵，更不准随意拧调节螺钉。变量泵的参数在挖掘机出厂时已调好，在没有测量调试手段的情况下，变量泵上铅封处不能乱动，否则直接影响变量泵的性能，甚至造成严重事故。属于下列情况之一者，可以拆卸、检查变量泵（在无测试调整手段情况下，不能分解调节器或拧动调节螺钉）：

（1）出油口的高压软管一根或两根振动严重，甚至伴有一定的噪音（将泵体和调节器分开，检查泵体内部，不需分解调节器）。

（2）当负载加大时，发动机转速下降严重，而发动机和其余有关部件确定无故障。

（3）挖掘机需要大修，或液压油污染严重，或花键轴严重拉毛（不需分解调节器）。

（一）A8V107ER 变量泵的拆卸与分解

A8V107ER 变量泵是将机械能转换为液压能的转换元件。主要由主从动轴、转子组件、配油盘、调节器组件、壳体等组成，如图 3-26 所示。

1. 变量泵的拆卸

变量泵拆卸顺序为：

（1）关上变量泵进油总开关。

（2）拆下变量泵进出油管，同时还应拆下先导泵和转向泵的进出油管。

（3）拆下变量泵固定在发动机的固定螺栓，吊起变量泵并水平拉出。

（4）将拆下的变量泵外表面用清洁柴油或汽油清洗干净，放在铺有橡皮的工作台上。

2. 变量泵的分解

（1）调节器：

1）分别拆下调节器上 12 条内六角螺钉。

2）用木柄锤或紫铜棒，小心且对称地敲击调节器外壳，避免撞坏调节器与泵体之间的密封垫。

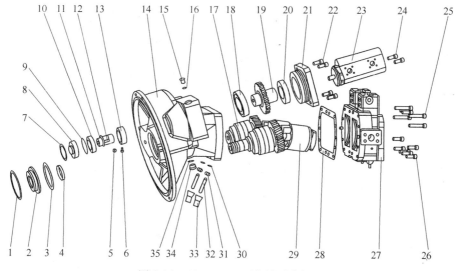

图 3-26　A8V107ER 型变量泵分解图

1，7—孔用弹性挡圈；2，8—端盖；3，9—密封圈；4—骨架油封；5，15，34—螺堵；

6，16，35—矩形密封圈；10，13—圆柱滚子轴承；11—过渡齿轮轴；12—平键；14—壳体；

17—从动轴转子组合件；18，20—球轴承；19—齿轮；21—辅泵连接板；22，24~26—内六角螺栓；

23—齿轮泵；27—调节器组合件；28—石棉垫；29—主动轴转子组合件；

30—塑料圈；31—锁紧螺母；32—内六角调整螺钉；33—保护盖

3）当调节器与泵体间已有明显缝隙时，将调节器总成一边抬起 20~30mm，观察配油盘是否随调节器总成一起抬起，若一起抬起，可用一竹片将配油盘托住，以防调节器总成抬高时配油盘掉下。

4）抬起调节器，使有配油盘的一面朝上，放在干净且垫有橡皮的工作台上。

5）取下调节器与泵体之间的密封垫。

6）分解调节器如图 3-27 所示，一般情况下，不需将恒功率调节器分解，必须分解时，可按下述步骤进行：

① 分别拆下调节器盖上的内六角螺栓，取下调节器盖。

拆下调节器盖上负流量反馈的螺堵，用铣子顶住负流量反馈柱塞，铣出柱塞套，然后分别取出先导阶梯柱塞、随动柱塞和负流量反馈柱塞。拆下调节器盖上单向阀螺栓，取出弹簧和阀芯。

② 用专用工具压下大功率弹簧座，取出开口垫圈，慢慢松开压具，分别取出弹簧座、大功率弹簧、调整垫、被套、小功率弹簧、弹簧套筒和下弹簧座。

③ 拧下调压螺套组件，取出调压弹簧座、调压弹簧、活门阀芯。

④ 拧下变量活塞大端螺堵，再用内六角扳手拧下变量活塞大端孔内的压紧螺钉。

⑤ 用铣子铣出导杆上的弹性圆柱销，分别取出导杆、拨杆和变量活塞。

7）用套筒扳手拧下出油口单向阀的单向阀活门座，取出单向阀钢球。

（2）柱塞及柱塞缸体组合件如图 3-28 所示。

1）分别取下配油盘和柱塞缸体，但要注意：

① 在取下柱塞缸前应标记好柱塞与柱塞缸体的位置记号。

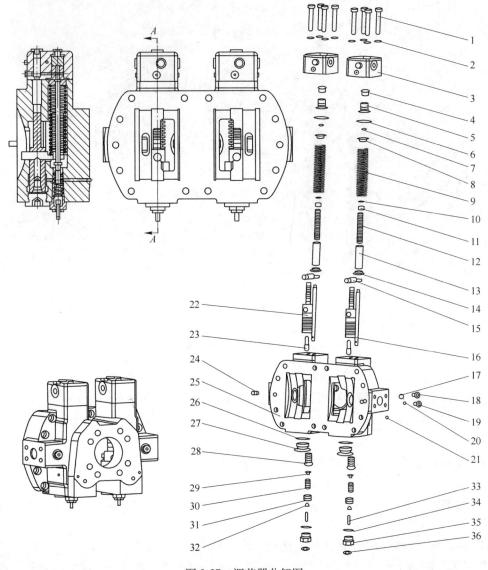

图 3-27　调节器分解图

1—螺栓；2—弹簧垫；3—调节器盖；4—负流量柱塞；5—先导柱塞组件；6—密封圈；7—开口垫圈；

8，14，29，32—弹簧座；9—大功率弹簧；10—调整垫圈；11—被套；12—小功率弹簧；13—弹簧套筒；

15—拨杆；16—导杆组件；17，26—矩形密封圈；18，27—螺堵；19—单向活门座；20—钢球；21—双头螺堵；

22—流量活塞；23—压紧螺栓；24—定位销；25—调节器壳体；28—伺服活门组件；30—调压小弹簧；

31—调压大弹簧；33—调压螺钉；34—垫圈；35—螺套；36—密封锁紧螺母

② 柱塞缸体与配油盘应按原配对放置。

③ 主、从柱塞缸体要分别做记号。

2) 分别取下碟形弹簧、弹簧座、调整垫圈和卡圈。

3) 用一字起子分别拧下压板上的固定螺钉，一道取出压板、柱塞和中心杆。

(3) 主从动轴组件。首先，要通过外观分析检查确定，是否需要全部分解主、从动轴组合件，还是只需部分分解。通常应尽量不进行全部分解，只有出现轴承损坏、花键轴严

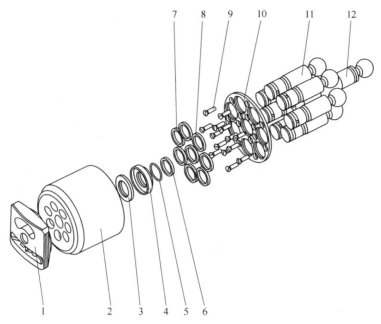

图 3-28　柱塞及柱塞缸体组合件图

1—配油盘；2—柱塞缸体；3—碟形弹簧；4—弹簧座；5—调整垫圈；6—卡圈；
7，8—球面圈；9—螺钉；10—压板；11—柱塞；12—中心杆

重拉毛或传动齿打坏等故障时，才需全部分解。以下介绍分解的方法与步骤。

1）主动轴组件：

① 将前盖弹性挡圈用孔用卡簧钳取出，再用塑料胶带将花键轴头缠三层左右或装上引导套筒，以防止在拆卸前盖时花键轴头将前轴盖密封圈碰坏。接着用两把 10 寸木柄起子、对称地用力将前盖撬开。撬时两把起子应对称地沿四周移动位置。前盖稍撬开后，应在起子下面各垫一块垫板再撬，直到前盖取出。

② 将专用拉具的圆盘用螺钉固定在轴体的齿轮盘上，再将组装好的拉具固定在泵体上，螺杆旋进圆盘中心螺孔，再转动把手，即可拉出主动轴组合件（如图 3-29 所示）。

③ 拧松轴端锁紧螺母，用拉力器分别拉出圆锥滚子轴承和推力轴承。

2）从动轴组件：

① 用内六角扳手拧下从动轴端螺塞，以便拆卸从传动部件。

② 将冲杆插入螺塞的孔内，用手锤敲击冲杆，直至取下从动轴为止。

③ 拧松轴端锁紧螺母，用拉力器分别拉出圆锥滚子轴承和推力轴承。

（二）A8V107ER 变量泵的检修

1. 调节器的检修

（1）调节器盖的检修。主要检查调节器盖内的负流量柱塞、随动柱塞和先导阶梯柱塞

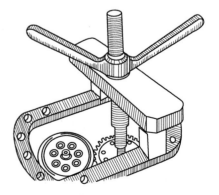

图 3-29　使用专用拉具拆卸传动轴示意图

在柱塞套内是否皆活动自如。若柱塞活动自如，将柱塞、柱塞套及调节器盖清洗干净，再将柱塞蘸少量液压油后装入其孔内；若柱塞移动不灵活，会引起发动机转速大幅度下降，不能正常工作，这是由于液压油严重污染，污物堵塞了柱塞和柱塞套的间隙，使恒功率调节器失去作用引起的。对此可拆卸、清洗和检查柱塞，必要时应进行研磨，直到柱塞活动自如为止。

（2）流量活塞的检修。主要检查流量活塞是否擦伤，在对应孔内是否活动自如，若移动不灵活，也会产生恒功率失调现象。这主要是由于液压油污染严重所致。

（3）活门组件的检修。主要检查活门的阀芯在阀套里是否活动自如，若移动不灵活，也会产生恒功率失调现象，应进行研磨，直到阀芯在阀套里是否活动自如为止。

（4）大小功率弹簧和调压弹簧的检修。检查大小功率弹簧和调压弹簧是否弹性减弱或折断，若是应进行更换。

2. 配油盘与柱塞组件的检修

（1）弧形导轨槽、配油盘与缸体的检修。先直观检查配油盘、弧形导轨槽、缸体和柱塞等有无局部剥落现象，配油盘与缸体的配合面有无辐射状严重擦痕，若有则应更换对应的零件。在更换时，要测量新件与原件的尺寸，以便决定调整垫片的厚度，保证新件与其余组件配合一致。若配油盘与缸体配合面有圆弧形擦痕，而配合接触面大于95%，原件可继续使用；若配合表面接触面积小于95%，可采取下述研磨配油盘与缸体之间配油面的方法修复补救：

1）测量并记录配油盘与缸体原始总高度。

2）加工一中心杆，并将中心杆垂直夹在台虎钳上和垂直插入缸体中心孔。

3）在配油面表面涂薄薄一层研磨膏。

4）用力下压且小幅度旋转配油盘进行研磨。

5）研磨约2min后，将研磨膏擦净，在配油盘的配油面上涂薄薄一层机油，再按上述方法研磨并旋转约2周，此时检查缸体与配油盘接触面积，若大于95%，可停止研磨，若小于总面积的95%，须再按上述方法研磨，直至接触面大于总面积的95%为止。

6）最后，应再次检查缸体与配油盘总高度，研磨后总高度与原总高度之差，可用增加调整垫片的厚度来调整。

当缸体球面严重拉伤一般采用换件的方法，即更换缸体。对于配件购买不方便，也可采取下述方法进行修理：

1）清洗缸体的油污。

2）用抛光砂纸轻轻地将球面的氧化膜等杂物打磨掉。

3）将缸体柱塞孔一头置于水中（水的深度和缸体柱塞孔铜套高度相同，以防止堆焊时破坏铜套）。

4）用氧炔焰使锡铝青铜和缸体的球面一起加温预热至约400~500℃。

5）将锡铝青铜堆焊于拉伤处，堆焊面要高出原球面2~3mm作加工余量。

6）用适当直径的杯形砂轮按球面要求扳至一定角度，磨削堆焊面，如图3-30所示。

7）按上述的方法和要求对研缸体和配油盘的接触球面。

（2）缸体与柱塞的检修。检查缸体的柱塞孔与柱塞的配合间隙。其标准配合间隙为

0.015~0.035mm。若间隙过小，由于液压油的清洁度无法保证，会使柱塞与缸体卡住，而且柱塞的温度会上升得很快、很高；若配合间隙过大，泄漏量相应增大，液压泵的容积效率降低，使挖掘机的性能降低。

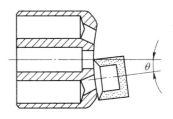

图 3-30 磨削缸体堆焊面的方法

缸体与柱塞一般采用换件的方法进行修理，即缸体和柱塞同时更换。配件购买不方便时，也可采取下述方法进行修理：

1）单配缸体或柱塞。根据缸体柱塞孔的直径，选择合适直径的柱塞装入卡盘，单配使用；也可根据柱塞的直径选配缸体，单配使用。更换新缸体或柱塞后，必须要保证其间隙在标准范围内。

2）磨削柱塞外径，重新镀铬使用。在磨床上将原柱塞圆周上的镀铬层磨削掉，再重新镀铬。新镀铬层的厚度应根据缸体柱塞孔直径而定，既要保证新镀铬柱塞与缸体柱塞孔的配合间隙符合要求，同时还要使缸体柱塞孔与柱塞外圆的圆柱度不大于 0.005mm。若缸体柱塞孔的圆柱度不符合要求，可以将柱塞镀铬，使其直径经镀铬加大后再进行研磨，直到配合间隙、圆柱度均符合要求为止。

3. 主、从动轴组件的检修

检查主、从动轴的支撑轴承若出现损坏、主动轴的花键轴严重拉毛或传动齿轮的轮齿打坏时，应更换新件。

4. 检查调节器与泵体之间的密封垫

在检查的时候，若发现密封垫已损坏，可按下面方法更换：

（1）用丝绸等将泵体内部覆盖好，以防铲去的碎片或碎末掉入泵体内，再用铲刀等工具将泵体和调节器上的密封垫铲去。铲密封垫时，不能破坏泵体和调节器的接触面。

（2）将 0.4~0.5mm 厚的石棉垫或弹性纸垫平放在调节器上并且压平，用手指轻压，找出 4 个对称的螺钉孔位置，用紫铜棒轻敲其对称孔边，使孔露出，将 4 个螺钉插上定位，然后轻敲调节器外周边和内周边，最后敲击其余 8 个螺钉孔，即可以做成一个新的密封垫。

5. 油封和密封圈的检修

（1）骨架油封。检查前盖上的骨架油封，若有自然变形或严重磨损，应予以更换。在使用中，若轴头前盖处严重漏油，拆下前盖，检查骨架油封唇口时也未发现严重磨损，弹簧束缚圈如有弹性，则可能是弹簧弹性减弱而使束缚力减弱造成的。此时可将弹簧束缚圈取出，截去 3~5mm 再接上。这样，由于预紧力加大，加上唇口受泵体内油压的作用，密封会更好。

（2）检查 O 形密封圈是否老化或变形，必要时更换。

（三）A8V107ER 变量泵的装配与调整

变量泵的零件经检查合格后，应先对其零件进行清洗，清洗干净后应整齐摆放在清洁的工作台上，等待装配。

1. 主、从传动转子的装配

主、从动轴转子的组合件分别如图 3-31 和图 3-32 所示。

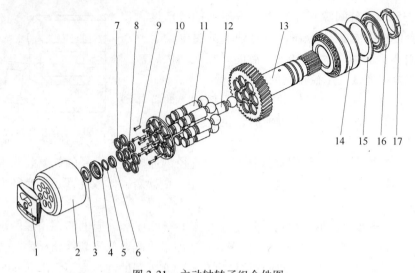

图 3-31　主动轴转子组合件图

1—配油盘；2—柱塞缸体；3—碟形弹簧；4—弹簧座；5—调整垫圈；6—卡圈；

7，8—球面圈；9—螺钉；10—压板；11—柱塞；12—中心杆；13—主轴；

14—轴承组合件；15—垫圈；16—圆锥轴承；17—锁紧螺母

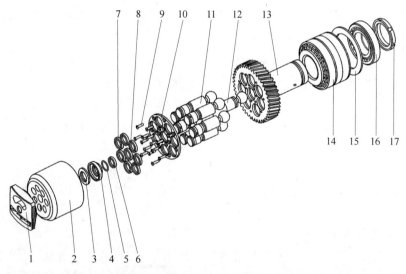

图 3-32　从动轴转子组合件图

1—配油盘；2—柱塞缸体；3—碟形弹簧；4—弹簧座；5—调整垫圈；6—卡圈；

7，8—球面圈；9—螺钉；10—压板；11—柱塞；12—中心杆；13—从动轴；

14—轴承组合件；15—垫圈；16—圆锥轴承；17—锁紧螺母

下面介绍其装配方法与步骤：

（1）选择适合的推力轴承、调整垫片、圆锥轴承等，并将其分别压到主、从传动轴上。

（2）将主、从传动轴分别连同其轴前组合件一并压入泵体。

（3）用丙酮清洗压板、压板紧固螺钉以及主、从传动轴与压板接触的表面。其中压板的紧固螺钉孔尤其需要清洗干净。

（4）将球面圈分别装入柱塞、中心杆的球头上，注意球面圈的方向，有锥面的一端朝向球头；再分别将柱塞、中心杆穿入压板的对应孔中，再放到齿轴球窝中。

（5）将压板的紧固螺钉蘸适量厌氧胶（即螺纹锁固胶）后，拧紧压板。

（6）检查柱塞、中心杆的球头（应转动灵活）。

（7）选合适的中心杆调整垫片 5，缸体、柱塞、配油盘、调节器导轨槽等磨损经修复后，在重新装配前，都应进行如下测量，以便选配合适的中心杆垫片。

1）加工两个如图 3-33 所示的弹簧座圈（图中尺寸均按 A8V107 型泵设计的）。

2）加工如图 3-34 所示的量具支架。

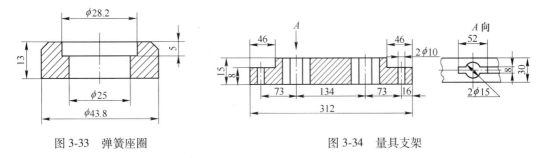

图 3-33　弹簧座圈　　　　　　　　　　　　　　图 3-34　量具支架

3）分别将半卡圈放入两个中心杆的槽内，再将加工的弹簧座圈压入半卡圈。

4）将两根中心杆插入量具支架中间两中心孔内，并将泵壳体与调节器壳体连接处的两个定位销穿入量具支架的边孔内，如图 3-35 所示。

5）测量弹簧座圈至测量支架上平面的高度 h_1，并记录其测量值，支架基准面至测量面厚度为 h_4。

6）测量导轨槽至调节器安装面高度 h_2，并记录所测结果，如图 3-36 所示。

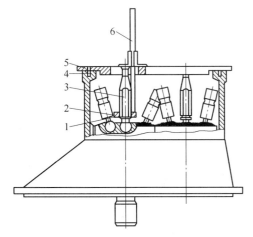

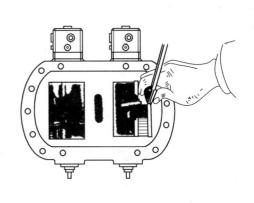

图 3-35　中心杆垫片测试方法示意图　　　　　　图 3-36　测量弧形导轨槽深度示意图

1—半卡圈；2—弹簧座圈；3—中心杆；4—定位销；

5—量具支架；6—深度尺

7）将柱塞缸体放在平板上，再把配油盘放在柱塞缸体球面上，按图 3-37 测量柱塞缸体加配油盘的总高度 h_3，并记录所测结果。

8）参照图 3-35 计算中心杆调垫片的厚度：$d = h_1 + h_2 - h_3 - h_4$。

（8）分别将半卡圈、调整垫片、弹簧座、碟形弹簧装入对应中心杆（碟形弹簧应碟口对碟口成对装入）。

（9）装柱塞缸体时，应注意将中心杆外圆的轴向切平面对准柱塞缸体中心孔的轴向平面，否则无法装入。

图 3-37　用深度尺测量配油盘加柱塞缸体总高度的示意图

2. 调节器的装配

（1）调节器的组装。调节器分解如图 3-27 所示。下面介绍其装配方法与步骤。

1）将变量活塞上涂上少量的液压油，然后将其插入调节器孔内。

2）将拨杆插入变量活塞的孔内，再将导杆插入拨杆孔内，旋转导杆装上弹性圆柱销。

3）在变量活塞大端孔内，拧入拨杆的内六角压紧螺钉，再拧上变量活塞大端螺堵。

4）分别装上下弹簧座、小功率弹簧、弹簧套筒、被套、调整垫、大功率弹簧和弹簧座，然后用专用工具压下大功率弹簧座，装上开口垫圈。

5）将活门阀芯蘸上少许液压油后插入活门阀套内，注意活门阀芯安装方向，有凹坑的一端朝向导杆。然后再分别装上弹簧座、调压大小弹簧和弹簧座，最后拧上调压螺套组件。

6）先将负流量反馈柱塞蘸上少许液压油后装入调节器盖内，注意负流量反馈柱塞安装方向，有孔的一端朝向下（即朝向负流量反馈的螺堵端）。再将柱塞套压入，然后将随动柱塞和先导阶梯柱塞蘸上少许液压油后，分别插入柱塞套内，同时也应注意先导阶梯柱塞的安装方向，有两个切口的一端朝向下（即朝向随动柱塞端）。装上调节器盖上单向阀阀芯和弹簧并拧紧螺栓。最后在调节器盖上装上密封圈，将其装到调节器上并用内六角螺栓固定。

7）装上出油口单向阀钢球，拧上单向阀活门座。

8）将配油盘装复到调节器总成时，要认真检查配油盘在弧形导轨槽中的安放位置。配油盘的正确安放准则是：

① 左右配油盘不能互换，拆卸时要记下配油盘与调节器体的对应位置，安装时要对号入座。

② 配油盘放入调节器壳体弧形槽中的方向不能颠倒，两只配油盘吸油腔（腰形通孔）应靠近，两个压油腔（两圆孔）应远离。

下面通过图 3-38~图 3-41 说明如何判断配油盘安装得是否正确。

图 3-38 所示为两个配油盘的高低压油口均安放颠倒的情况，笔示位置为出油口的卸荷槽。图 3-39 所示为右边配油盘的高、低压油口放置颠倒的情况，笔示位置为高压出油口的卸荷槽。图 3-40 所示为左右配油盘错误互换后的情况，这样，会产生异常响声。图 3-41 所示为配油盘正确的安装位置。

在配油盘上有两个卸荷槽，一大一小，大的为高压腔卸荷槽，小的为低压口卸荷槽。安装配油盘时，应使大的卸荷槽即高压腔卸荷槽靠近压力起调螺钉一侧；若将大小卸荷槽安放错了如图 3-40 所示会产生严重噪声。

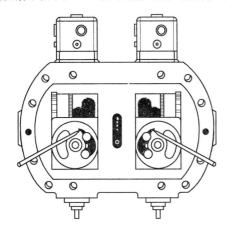

图 3-38　两个配油盘高低压油口装倒示意图

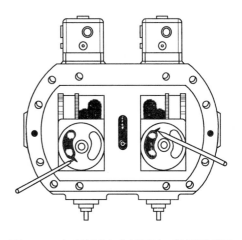

图 3-39　右边配油盘高低压油口装倒示意图

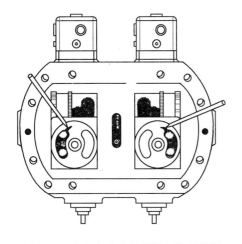

图 3-40　左右边配油盘错误互换示意图

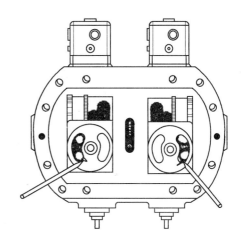

图 3-41　配油盘正确安装示意图

9）当配油盘被正确地放置在调节器壳体导轨槽中后，应分别将配油盘提起，在配油盘靠导轨槽的表面涂上薄薄一层黄油，再把配油盘按正确的位置放好。

（2）调节器的安装顺序如下：

1）将定位销插在泵壳体上对应孔内，在泵壳体与调节器接触面上涂少量黄油，再将石棉垫贴在泵壳体上，并使对应孔对齐。

2）搬起调节器（即变量泵盖总成），将两个定位销一一对应插入调节器定位孔，再使转子中心杆对应穿入配油盘中心孔。若周边缝隙小于 1mm，则表明装复正确无误，否则应稍提起调节器，用一竹片轻拨缝隙较大一边的中心杆，使其轴头进入配油盘孔内。

3）均匀对称地拧紧调节器的 12 条内六角紧固螺栓。

3. 主传动轴前组合件的装配

在主传动轴前组合件装配之前，应进行测量确定调整垫片的厚度。

（1）主传动轴调整垫片的选配：

1）用紫铜棒对着调节器方向敲击轴承外座圈一两次，以便减小调节器、配油盘、缸体、中心杆、球头、轴承等接合面之间的间隙。

2）测量轴头端盖厚度 d_1。

3）测量孔用卡簧厚度 d_2。

4）按图 3-42 所示用深度尺测量壳体的轴口平面到传动轴承外座圈的高度 h_1。

5）按图 3-43 所示测量壳体的轴口平面到孔用卡簧上平面的高度 h_2。

6）参照图 3-44 所示计算主传动轴头调整垫片厚度（mm）：

$$d = h_1 - h_2 - d_1 - d_2$$

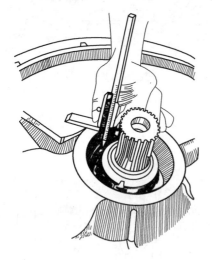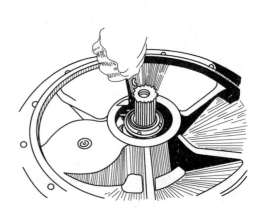

图 3-42　用深度尺测量轴口平面至轴承　　　　图 3-43　测量轴口平面至孔用卡簧上
　　　　外座圈高度的示意图　　　　　　　　　　　　　平面高度示意图

（2）主传动轴前组合件的装配。主、从传动转子和调节器装配完成后，应选择适合的主轴头调整垫片，为装配轴前组合件做准备。具体装配如下：

1）按图 3-45 加工一个导向套，将导向套套入主轴头。

2）选配好的调整垫圈和 O 形圈装入主轴头。

3）主轴前盖对称地用力压入主轴头（压到主轴头锥面处），用一把薄而不尖的起子沿轴周轻划，检查轴前唇口（骨架油封）是否翻边；若未翻边，可稍加压力压入，再用两把小木锤对称地轻敲主轴头前盖，使主传动轴前盖复位。

4）用孔用卡簧钳将轴前卡簧放入槽内。若在野外修理，手边没有合适卡簧钳，可用一根合适的铁丝穿入卡簧两孔之中，并收缩卡簧，直至能放入孔中为止，再剪断、取出铁丝，轻敲卡簧的两头（如图 3-46 所示），此时卡簧应可进入槽内。

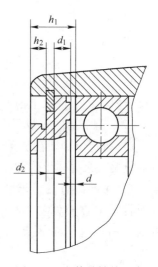

图 3-44　主传动轴前组合
　　　　件剖视图

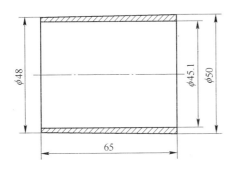

图 3-45　导向套

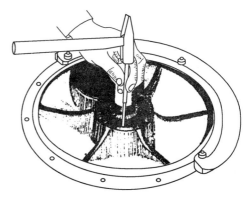

图 3-46　安装孔用卡簧示意图

 复 习 题

3-1　容积式液压泵工作的基本条件是什么?

3-2　什么是液压泵的额定压力,额定压力受什么因素限制?

3-3　什么是液压泵的额定转速,液压泵转速的高低取决于什么?

3-4　什么是液压泵的排量和流量,代表字母和单位分别是什么? 泵的理论流量和实际流量是什么关系?

3-5　写出液压泵的容积效率表达式。试分析在实际使用中,压力、转速和液压油黏度怎样影响泵的容积效率?

3-6　CBJ-E、CB-G2、CBF-E(F) 系列齿轮泵结构上各有何特点?

3-7　CBJ-E、CB-G2、CBF-E(F) 系列齿轮泵各采用了什么方式减少轴向间隙泄漏,其原理是什么?

3-8　CB-G2 系列齿轮泵如何实现反转组装?

3-9　拆装 CBJ-E、CB-G2、CBF-E(F) 系列齿轮泵时各应注意些什么?

3-10　双作用叶片泵(定量叶片泵)主要由哪些零件组成,其工作原理怎样?

3-11　双作用叶片泵在结构上具有哪些特点?

3-12　单作用叶片泵主要由哪些零件组成,其工作原理怎样?

3-13　单作用叶片泵如何改变其排量?

3-14　ZBD40 泵主要由哪些零件组成,其工作原理怎样?

3-15　简要说明 SCY14-1 泵和 YCY14-1 泵的变量原理。

3-16　A2F 斜轴泵主要由哪些零件组成,其工作原理怎样?

3-17　GW111 型挖掘机 A8V107ER 泵主要由哪些零件组成,其工作原理怎样?

3-18　简要说明 A8V107ER 泵怎样实现变量调节?

3-19　液压泵流量不足的表现和原因各是什么?

3-20　A8V107ER 泵的配油盘在装配时有哪些要求?

3-21　A8V107ER 泵中心杆的调整垫片是如何选配的?

第四章　液压马达

液压系统中执行元件的功用是将液压系统中的压力能转化为机械能，以驱动外部工作部件。常用的液压执行元件有液压缸和液压马达，它们的区别是：液压缸是将液压能转换成直线运动（或往复直线运动）的机械能，而液压马达则是将液压能转换成旋转运动的机械能。

第一节　液压马达概述

在液压系统中，液压泵和液压马达都是能量转换元件，从工作原理讲，泵与马达有可逆性，它们都是靠密封工作腔容积的变化来工作的，所以一般来说液压泵可以作为液压马达使用，反之也一样。但是，由于液压泵和液压马达的使用目的和性能要求不同，同类型的液压泵和液压马达在结构上还会存在差异，在实际使用中，大多都不能互换。

一、液压马达基本工作原理及其分类

液压马达同液压泵一样是容积式的，它们都是靠密封工作容腔的交替变化来实现能量转换的，同时都有配油机构。当向液压马达的工作容腔输入液压油时，在液压油的作用下，工作容腔的容积增大，驱动转动部件旋转，输出转矩和转速，其回油腔的容腔随之减小而回油；当连续不断地输入液压油时，就可以使马达的驱动转动部件连续不断地旋转。液压马达的转向取决于输入油液的方向，因而马达在工作过程中可以根据需要随时改变输入油液的方向，从而控制其转向，这也正是液压马达与液压泵在使用上的不同点。

液压马达的分类与液压泵相同，按其结构形式可分为齿轮马达、叶片马达和柱塞马达；按排量可变与否可分为定量马达和变量马达。转速高于 500r/min 的为高速小转矩液压马达；转速低于 500r/min 的为低速大转矩液压马达。高速小转矩液压马达的结构形式有：齿轮马达、叶片马达和柱塞马达。它们的主要特点是：转速较高、转动惯量小、便于启动和制动、调节（调速和换向）灵敏度高，但输出转矩小。低速大转矩液压马达的结构形式是径向柱塞式，常用的有曲轴连杆单作用式，无连杆静力平衡单作用式和内曲线多作用式等，其主要特点为：排量大、输出转矩大、转速低，可以直接与工作机连接，而不需要减速器，但体积大。本章重点介绍工程装备液压系统常用的柱塞马达。

二、液压马达的主要性能参数

在液压马达的各项性能参数中，压力、排量、流量等参数与液压泵同类参数有相似的含义，其原则差别在于：在泵中它们是输出参数，在马达中则是输入参数。

下面对液压马达的输出转速、转矩和效率参数做必要的了解。

（一）液压马达的容积效率和转速

因为液压马达存在泄漏，所以输入马达的实际流量 q 必然大于理论流量 q_t，为 $q = q_t + \Delta q$，故液压马达的容积效率为：

$$\eta_V = \frac{q_t}{q} = \frac{q_t}{q_t + \Delta q} = \frac{1}{1 + \dfrac{\Delta q}{q_t}} \tag{4-1}$$

将 $q_t = Vn$ 代入式（4-1），可得液压马达的转速公式为：

$$n = \frac{q}{V}\eta_V \tag{4-2}$$

衡量液压马达转速性能的一个重要指标是最低稳定转速，它是指液压马达在额定负载下不出现爬行（抖动或时转时停）现象的最低转速。液压马达的结构形式不同，最低稳定转速也不同。实际工作中，一般都希望最低稳定转速越小越好，这样就可以扩大马达的变速范围。

（二）液压马达的机械效率和转矩

因为液压马达工作时存在摩擦，所以它的实际输出转矩 T 必然小于理论转矩 T_t，故液压马达的机械效率为：

$$\eta_m = \frac{T}{T_t} \tag{4-3}$$

设马达进、出口间的工作压差为 Δp，则马达理论功率（当忽略能量损失时）表达式为 $P_t = 2\pi n T_t = \Delta p q_t = \Delta p Vn$，因而有：

$$T_t = \frac{\Delta p V}{2\pi} \tag{4-4}$$

将式（4-4）代入式（4-3），可得液压马达的输出转矩公式为：

$$T = \frac{\Delta p V}{2\pi}\eta_m \tag{4-5}$$

（三）液压马达的总效率

马达的输入功率为 $P_i = pq$，输出功率为 $P_o = 2\pi nT$，而马达的总效率为输出功率与输入功率的比值，即

$$\eta_{总} = \frac{P_o}{P_i} = \frac{2\pi nT}{\Delta p q} = \frac{2\pi nT}{\Delta p \dfrac{nV}{\eta_V}} = \frac{T}{\dfrac{\Delta p V}{2\pi \eta_V}} = \eta_V \eta_m \tag{4-6}$$

由式（4-6）可见，液压马达的总效率亦同于液压泵的总效率，等于机械效率与容积效率的乘积。

液压马达用以驱动各种工作机构，因此最重要的输出工作参数是输出转矩和转速。从式（4-2）和式（4-5）可以看出，对于定量马达，V 为定值，在 q 和 Δp 不变的情况下，输出转速 n 和转矩 T 皆不变；对于变量马达，V 的大小可以调节，因而其输出转速 n 和转矩 T 是可以改变的，在 q 和 Δp 不变的情况下，若使 V 增大，则 n 减小，T 增大。

（四）马达的特性曲线

图 4-1 所示为液压马达的特性曲线。与泵的特性曲线相比较，其容积效率、机械效

率、总效率的变化规律相同。主要差别是：泵的实际输出流量随着压力增加而减小，而马达的实际输入流量随着压力的增加则需要增加。

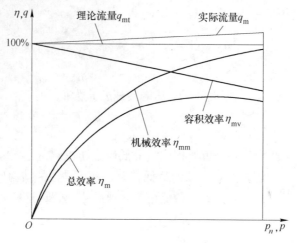

图 4-1 液压马达的特性曲线

三、液压马达的图形符号

液压马达的图形符号如图 4-2 所示。

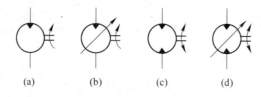

  (a)   (b)   (c)   (d)

图 4-2 液压马达图形符号

（a）单向定量液压马达；（b）单向变量液压马达；（c）双向定量液压马达；
（d）双向变量液压马达

第二节 液压马达结构与工作原理

一、齿轮马达

  齿轮马达的工作原理如图 4-3 所示。当高压油输入进油腔（由轮齿 1、2、3 和 1′、2′、3′的表面以及壳体和端盖内表面组成）时，由于圆心 O、$O′$ 到啮合点 A 的距离 OA 和 $O′A$ 小于齿顶圆半径，因而在轮齿 3 和 3′的齿面上便产生如箭头所示不能平衡的液压作用力。该液压作用力便对 O 和 $O′$ 产生力矩，齿轮在此力矩的作用下旋转，带动外负载做功。随着齿轮的旋转，轮齿 3 和 3′扫过的容积比轮齿 1 和 1′扫过的容积大，因而进油腔的容积增加，于是高压油便不断供入，带动齿轮连续旋转，供入的高压油工作完毕也被带到排油腔而排至马达外；如果高压油从下方油口输入，则马达输出反方向的扭矩。

  齿轮马达的结构与齿轮泵的结构基本相同。图 4-4 就是型号为 CM-F40 的齿轮马达结构图，它与该系列齿轮泵结构基本相同。由于马达需要带负荷启动，而且要能正反转，而泵只需单方向回转，所以它们的实际结构还是有所差别的。

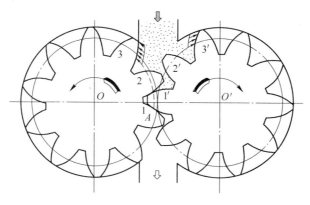

图 4-3　齿轮马达工作原理

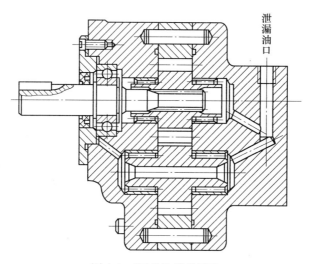

图 4-4　CM-F40 齿轮马达

与齿轮泵相比，齿轮马达的结构特征是：

（1）进、出油口孔径相同。以使其正、反转时性能一样。

（2）有外泄油口。因为齿轮泵只需单方向回转，吸油口总是吸油口，油压低，所以泵内的泄漏油可以引到吸油口；而马达的两个油口都可能是高压，所以泄漏油不能引到任何一个口，必须单独引出，以免冲坏密封圈。

（3）去掉左右不对称的轴向间隙补偿结构。以适应正、反转的需要，并且可以减小摩擦以增大有效启动力矩。CM-F 齿轮马达就没有 CB-F 齿轮泵的两侧板，前后泵盖的端面上也未开"弓"形槽。

二、叶片马达

叶片马达与叶片泵相似，从原理上讲，叶片马达也可以做成单作用的变量叶片马达或双作用的定量叶片马达。但由于变量叶片马达结构复杂，相对运动部件多，泄漏量大，而且调节也不方便，所以叶片马达通常只制成定量的，即常用的叶片马达都是双作用叶片马达。

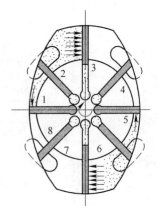

双作用叶片马达的工作原理如图 4-5 所示。通入高压油后，位于高压腔和低压腔之间的叶片 1、3、5、7 的两面所受油压不等，而且由于叶片 3、7 比 1、5 伸出的面积大，便对转子产生顺时针方向的扭矩，以克服外载而使转子旋转。

叶片马达的结构与叶片泵相比，有它的特点：

（1）为适应马达的正反转，叶片槽沿转子径向开置。

（2）为保证顺利启动，叶片槽底部装有弹簧，将叶片压紧在定子内表面上。

（3）叶片槽底部通压力油，以提高其容积效率。同时，通往叶片底部的压力油路上装有两个单向阀，以保证马达换向时（高压油的入口和低压油的出口互换），叶片底部始终是高压油。

图 4-5　叶片马达工作原理

叶片马达体积小，转动惯量小，动作灵敏，可适用于换向频率较高的场合，但泄漏量较大，低速工作时不稳定。因此叶片马达一般用于转速高、转矩小和动作要求灵敏的场合。如图 4-6 所示为 YM 型叶片马达。该马达工作压力为 5.9MPa，排量为 19~93mL/r，共七种规格，最小转速为 100r/min，最大转速为 2000r/min。

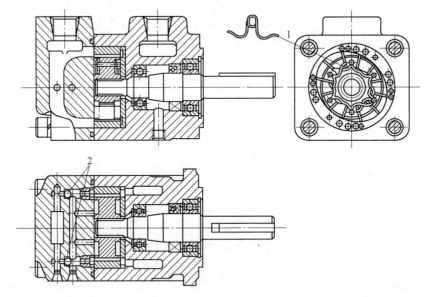

图 4-6　YM 型叶片马达

1—弹簧；2—单向阀

三、柱塞马达

柱塞马达同柱塞泵相同，也是靠柱塞在缸体中的往复运动形成密封工作容积变化来进行工作的。柱塞马达同样可分为轴向式和径向式，轴向柱塞马达又可分为斜盘式和斜轴式两类，其性能特点与同类型的柱塞泵相似，它们的工作原理也相似。

（一）斜盘式轴向柱塞马达

图 4-7 为某型高速挖掘机回转马达结构图，该马达为斜盘式双向定量柱塞马达，其型号为 MF151KF，最大工作压力为 24MPa，排量为 151mL/r。它与减速器连成一体，减速器采用二级行星齿轮式，减速比为 15.899，马达内部还装有常闭式制动器。

该马达主要由马达壳体、主轴、柱塞缸体、柱塞组件、配油盘、常闭式制动器组合件、马达盖、马达安全阀、马达补油阀、回转制动解除控制阀等组成。

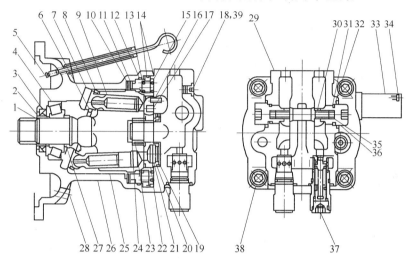

图 4-7　回转马达

1, 24—卡簧；2—轴承内圈；3—油封；4—锥轴承；5—油尺；6—球铰；7—斜盘；8—压盘；9—柱塞；
10, 11—内外摩擦片；12, 14, 31, 39—O 形密封圈；13—制动活塞；15—制动弹簧；16—定位销；
17—推力柱塞；18, 28—螺塞；19—碟形弹簧；20—密封圈；21—环柱塞；22—配油盘；23—滚针轴承；
25—柱塞缸体；26—马达壳体；27—隔套；29—马达盖；30—阀芯；32—垫圈；
33—制动解除控制阀；34, 38—螺钉；35—弹簧；36—补油单向阀；37—马达安全阀

马达壳体 26 和马达盖 29 用 4 个螺钉连成一整体，马达盖上开有进出油口、泄漏油口和补油油口并插装有马达安全阀 37 和补油单向阀 36；马达盖内开有四个圆形座孔并与进出油口相通，座孔内装有碟形弹簧 19 和环柱塞 21，环柱塞上装有密封圈 20；配油盘 22 通过定位销 16 与马达盖配合，其上装有推力柱塞 17 可使配油盘与马达盖有合适的间隙；柱塞缸体 25 与传动轴制成一体，通过锥轴承 4 和滚针轴承 23 支撑，滚针轴承装在泵盖的中心短轴上，锥轴承则安装在泵体轴承孔当中；柱塞缸体圆周方向均匀分布有柱塞孔，柱塞 9 插入孔内，柱塞头部有滑靴并被压盘 8 压在斜盘 7 上滑动；柱塞缸体与马达体之间装有内外摩擦片，制动弹簧 15 压迫制动活塞 13 使内外摩擦片压紧，柱塞缸体常处于机械制动状态，马达体一侧安装有制动解除控制阀 33，用来控制缸体的制动解除。

当从马达的一个口通入高压油，另一口接入低压油时，马达即可带动负载旋转。以图 4-8 说明斜盘式轴向柱塞马达的工作原理，当向马达输入压力为 p 的液压油时，位于马达进油腔的柱塞（图中左侧柱塞），在压力油作用下外伸压在斜盘上，而倾斜盘则对柱塞产生反向的作用力 N，方向垂直于斜盘，力 N 可分解为沿柱塞轴线方向的力 F 和垂直于柱塞直线方向的力 T，分力 F 与液压力平衡，分力 T 通过柱塞作用于缸体产生转矩，使缸体旋转，从而使输出轴输出转矩和转速。

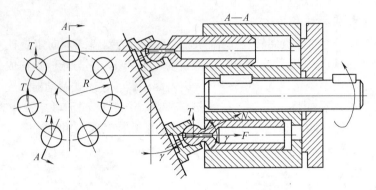

图4-8　斜盘式轴向柱塞马达工作原理

若向马达反向输入压力油，则马达反向旋转。若改变倾斜盘倾角，则马达的排量改变，从而可以调节马达的转速和转矩。

（二）斜轴式轴向柱塞马达

图4-9所示为某型高速挖掘机的行走马达结构，该马达为斜轴式轴向柱塞马达，其型号为LY-A6V160HA，由贵州力源液压股份有限公司生产，最大排量160mL/r，最高工作压力32MPa，输出扭矩680N·m。型号中HA表示该马达的变量方式为：压力到达调定值，马达随负荷变化而调节摆角的恒压变量。

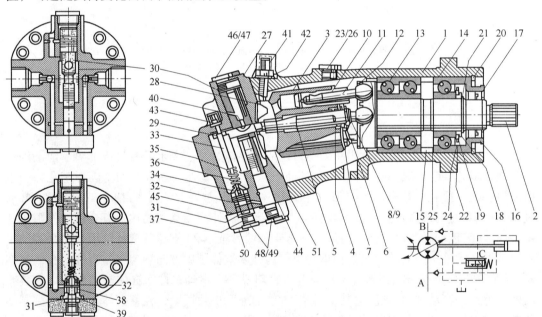

图4-9　行走马达结构及工作原理图

1—壳体；2—主轴；3—柱塞缸体；4—套；5—中心杆；6, 18, 34, 35—弹簧座；7, 19—碟形弹簧；8, 20, 21—卡环；
9—调整垫；10—柱塞；11—连杆；12—卡盘；13—斜滚动轴承；14—向心球轴承；15—隔套；16—端盖；17—油封；
22, 39, 44, 45—O形密封圈；23, 46, 48—堵头；24, 25—调整垫片；26, 47, 49—密封圈；
27—调节器壳体；28—配油盘；29—拨杆；30—变量活塞；31—控制活塞；32—活塞套；
33—调压导杆；36—弹簧；37—调节器盖；38—矩形圈；40—螺钉；
41—最小流量调节螺栓；42, 43—锁紧螺母；50—螺栓；51—密封垫该马达主要由马达壳体、主轴、卡盘、柱塞组件、中心杆、柱塞缸体、配油盘、最小流量调节螺栓、调节器壳体、变量活塞、弹簧、拨杆、控制活塞、活塞套、调压导杆轴承、密封件等组成。

主轴 2 由三个轴承 13、14 支撑在马达壳体 1 上；柱塞组件均布在柱塞缸体 3 的圆周上，由连杆 11 和柱塞 10 两个零件滚压连接在一起，连杆的大球头放置在主轴传动盘的球窝内，并由卡盘 12 作为压盖使其铰接在一起，卡盘通过螺钉与传动盘连接，小球头与柱塞内的球窝铰接；中心杆 5 与缸体的中心孔配合，形成缸体的旋转轴，其一端为球头放置在传动盘的球窝内，另一端插入配油盘 28 的中心孔内；配油盘一面与调节器的弧形滑道配合，另一面与缸体底面配合；缸体连同配油盘通过拨叉，沿调节器弧形导槽作摆动，中心杆和球面配油盘使柱塞缸体自行定心；中心杆的内环槽上装有半圆卡环、弹簧座和碟形弹簧，并与缸体端面配合；碟形弹簧一方面用以防止主轴在转动时产生轴向窜动，另一方面使缸体压向配油盘，产生预紧力，起配油密封作用，缸体与配油盘之间运动副的磨损，可由碟形弹簧自动进行补偿，以保证密封性能；马达壳体上还装有最小流量调节螺栓，用于限制缸体的最小摆角。

马达盖就是调节器壳体 27，其内装有变量活塞 30、弹簧 36、拨杆 29、控制活塞 31、活塞套 32 和调压导杆 33 等。拨杆插入变量活塞并通过螺钉压紧在一起，而拨杆头部插入配油盘的中心孔内，变量活塞移动就带动缸体、柱塞组件等一同移动。

斜轴式柱塞马达的工作原理如图 4-10 所示。高压油经马达进油口进入，经过配油盘上的腰形配油槽进入缸体的柱塞孔中。由于缸体上的孔有一半对于高压腔是打开的（另一半对于回油腔是打开的），因而压力油可以通过缸体上的孔作用在柱塞端面上。柱塞对传动齿轮端面的作用力 F_H 可分解成水平方向的轴承力 F_L 和垂直方向的分力，垂直分力作用于传动齿轮中心使其产生旋转力矩 M_2，形成马达的驱动力矩。柱塞加给缸体的横向力很小，这对于减少磨损、效率和启动力矩都是

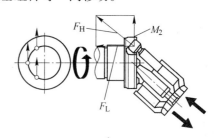

图 4-10　斜轴式轴向柱塞马达工作原理
M_2—扭矩（输出力）；F_L—轴承力（支承力）；
F_H—柱塞力（高压）

有利的。由于配油盘为球面体，因而作用在缸体上的力都与球心相交，而不承受倾覆力矩。

该马达会自动随负荷的变化而发生排量改变，当其工作压力达到调定值时，通过单向阀和调节器壳体中的油道，参见图 4-9 原理图可知，A、B 侧的压力油将作用在控制活塞的小活塞面上，从而将控制活塞顶在最小流量调节螺栓上。控制活塞小腔通过横向孔与活塞套相连，这样，A、B 侧的工作压力也可以作用在控制活塞的小环形面上，只要工作压力在控制活塞上的作用力小于控制弹簧的预紧力，控制活塞就始终处于图示位置。当压力上升超过控制弹簧的调定压力时，控制活塞将克服弹簧的作用力而移动，从而通过控制活塞和活塞套之间的控制边打开了通往控制活塞大腔的内部通道，使控制活塞的大腔受到现有工作压力的作用。由于面积差的关系，控制活塞离开最小流量限位螺钉，并通过拨杆，使缸体向大摆角方向调节，因此柱塞的运动行程加大，马达的驱动力矩加大，排量加大，转速降低，相应的工作速度也降低。如果工作阻力减小，系统的压力也减小，控制活塞环形面上的压力下降，并且通过控制边使 C 通道（图 4-9）节流。这样就减小了控制活塞大

腔的压力，使其向小摆角方向移动。

液压变量马达由"高压"调节其"变量"，调节器根据 A、B 油口处的工作压力，达到开调压力 25MPa（即变量起点压力）后，在最小到最大摆角（12°~25°）之间摆动。即摆角小时，马达输出小力矩、高转速；摆角大时，马达输出大力矩、低转速。

第三节　液压马达的使用与维修

一、液压马达的使用与维护

液压马达的可靠性和寿命很大程度上取决于正确地使用和维护，为此使用时要注意以下几点。

（1）液压马达通常允许在短时间内以超过额定压力 20%~50% 的压力下工作，但瞬时最高压力不能和最高转速同时出现。对液压马达的回油路背压有一定限制，且在背压较大时，必须设置泄漏油管。

（2）一般情况下，不应使液压马达的最大转矩和最高转速同时出现。实际转速不应低于液压马达的最低转速，否则将出现爬行现象。当系统要求的转速较低，而低速液压马达在转速、转矩等性能参数不易满足工作要求时，可采用高速液压马达并增设减速机构。

（3）安装液压马达的底座、支架必须具有足够的刚性。安装时要注意检查液压马达输出轴与工作机构传动轴的同轴度，否则将加剧液压马达的磨损，增加泄漏，降低容积效率，并严重影响使用寿命。对于不能承受额外的轴向力和径向力的液压马达以及液压马达虽然可以承受额外的轴向力和径向力，但负载的实际轴向力或径向力大于液压马达允许的轴向力或径向力时，应考虑采用弹性联轴器连接液压马达轴和工作机构。

（4）液压马达在使用中应注意油液的种类和黏度、油液使用中的温度、系统滤油精度等均应符合产品样本的规定。

（5）运转前注意事项：

1）液压马达使用前必须在壳体内灌满清洁液压油，使各运动副表面得到润滑，以防咬死或烧伤。

2）检查系统中是否有卸荷回路和溢流阀的调整压力。

3）在无负载状态下以不同的转速运转一段时间（10~20min），进行排气。油箱中有泡沫，系统中有噪声，以及液压马达或液压缸有滞进（颤动）等现象都证明系统中有空气。

4）建议在系统中临时接入一个过滤精度较高的过滤器，在无负载状态下运行 30min，以便清除系统中的污垢。

5）只有当系统充分洗净和排气，才能给液压马达逐渐增加负载。为了提高液压马达的寿命，通常在低负载下运转一段时间（如 1h），同时检查系统的动作、外泄、噪声等，如果一切正常，就可正常工作。

（6）通常第一次加的油，应在运转较短的时间（如 2~3 月或更短）内进行更换；以后定期检查油液污染程度，1~2 年换一次油；定期检查和清洗过滤器；定期检查油箱油面高度。这些措施都能有效地提高液压马达的寿命。另外，液压马达在使用中若发现其入口处有压力不正常的颤动、冲击声或外泄严重以及系统压力突然升高，应停车及时检查，以防液压马达损坏。

二、MF151 型回转马达的修理

（一）回转马达的分解

回转马达分解如图 4-11 所示。分解过程如下。

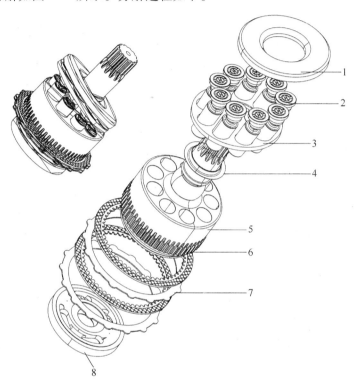

图 4-11 回转马达分解图

1—止推板；2—柱塞滑靴；3—回程盘；4—球铰；5—柱塞缸体；6—内摩擦片；7—外摩擦片；8—配油盘

（1）拆下马达盖固定螺栓，抬下马达盖。注意：盖与壳体分开前要分别做上记号。马达盖拆下后，还应进行下面分解：

1）拆下卡簧，用拉力器拉出配油盘及轴承内圈（如图 4-12 所示），在配油盘上拆下推力柱塞。

2）在马达盖上拔出环柱塞及密封环，然后取出碟形弹簧。

3）分别拆下马达安全阀和补油单向阀。

（2）取下马达回转制动弹簧。

（3）拧入两个工装螺栓，取出回转制动解除活塞。

（4）取下回转制动内、外摩擦片。

（5）取出柱塞与柱塞缸体总成。将其总成取出后，还应进行下面分解：

图 4-12 配油盘的拆卸

1）拆下卡簧和密封环后，拉出滚锥轴承。

2）分别取下隔套、止推板、柱塞及回程盘。注意：柱塞取出前，柱塞与柱塞缸体孔应分别做上相应记号，便于原位装复。

（6）拆下回转制动解除先导控制阀。

（二）回转马达的检修

1．配油盘

（1）与柱塞缸体接触的平面：

1）配油盘与柱塞缸体接触平面的面积不小于 95%。

2）如有轻微磨痕可研磨，严重时应光磨。

（2）与环柱塞接触的平面。配油盘与马达盖上环柱塞接触的环面应无划痕，如有轻微划痕可修磨，严重应光磨整个平面。

（3）配油盘上的柱塞与孔。配油盘上的节流小孔应畅通，柱塞在配油盘的孔里移动灵活无卡滞，且间隙不应过大。

2．环柱塞组件

（1）环柱塞。环柱塞平面应无划痕，如有轻微划痕可修磨，严重时应光磨；小孔应畅通。

（2）密封环。密封环应完好，否则应更换。

3．柱塞组件

（1）柱塞缸体：

1）与柱塞的间隙。如间隙过大或接触面拉伤，应修理或更换新件。

2）与配油盘接触平面。与配油盘的接触面平面光洁无划痕，如有轻微划痕可与配油盘进行对研；若有不平或沟槽时，应在磨床同时光磨配油盘和柱塞缸体平面。

（2）柱塞。柱塞表面与柱塞滑靴磨损严重或接触面拉伤，应修理或更换新件。

4．制动内外摩擦片

回转制动器内、外摩擦片磨损严重、烧蚀、变形，应更换新品。

5．滚珠锥轴承

滚珠锥轴承有滚道及滚动体磨损、疲劳剥落、出现麻点、保持架损坏等，均应更换新品。

6．安全阀

（1）阀座。与马达盖接触密封面和与主阀芯配合的密封环带，均应光洁无划痕，如有轻微划痕可进行研磨。

（2）主阀芯。主阀芯密封环带应完好，否则应研磨；尾部与增压柱塞应移动灵活且密封良好，否则应修理；节流小孔应畅通。

（3）增压柱塞组件：

1）增压柱塞。增压柱塞的节流小孔应畅通；与柱塞套的配合面和与主阀芯尾部的配合面，均应移动灵活且密封良好，否则应研磨。

2）增压柱塞套。增压柱塞套与柱塞的配合面和与阀座上的配合面，均应移动灵活且密封良好，否则应研磨。

7. 补油单向阀

（1）阀芯。补油单向阀阀芯的密封环带应完好，否则应研磨。

（2）弹簧。弹簧若有弯曲、自由长度变短、弹簧折断等均应进行更换。

8. 制动解除控制阀

（1）阀芯。制动解除控制阀的阀芯与阀孔的配合面应完好，且移动应灵活无卡滞，否则应研磨，节流小孔应畅通。

（2）弹簧。弹簧若有弯曲、自由长度变短、弹簧折断均应进行更换。

9. 密封件

马达在大修时，密封件一般应更换新品。

（三）回转马达的装配与调整

1. 总装前的组装

（1）柱塞组件的组装：

1）将柱塞依次插入回程盘孔内。

2）将柱塞表面涂上液压油，装入柱塞缸体孔内。注意：应按所做的记号原位装复。

3）分别装上止推板、隔套、滚锥轴承、密封环及卡簧。

（2）马达盖组装。

1）安全阀组装：

① 主阀芯装上弹簧。

② 装上调整垫片。注意：厚调整垫片朝向弹簧。

③ 将增压柱塞装入柱塞套里。

④ 将增压柱塞组件装入主阀芯组件。

⑤ 将组装好的主阀芯与增压柱塞装入安全阀套内，拧入内六角螺母。

⑥ 将装好的安全阀装入马达盖。

2）补油阀组装。在马达盖上，依次装上补油单向阀阀芯、弹簧、内六角螺帽并拧紧。

3）配油盘组装：

① 将密封坏装入环柱塞上。

② 在环柱塞孔内装上碟形弹簧。注意：盘口朝向马达盖。

③ 装上密封环的环柱塞装入柱塞孔内。

④ 在配油盘上装上推力柱塞。注意：柱塞有导角的一端朝向配油盘。

⑤ 将配油盘装入马达盖。注意：配油盘上大的卸荷槽朝向安全阀（如图 4-13 所示）。

⑥ 最后装上轴承内圈和卡簧。

（3）制动解除控制阀组装。

1）换向阀组装。在换向阀阀芯涂上液压油，依次装上阀芯、弹簧座圈和弹簧。

2）节流阀组装。依次装上节流阀阀芯和弹簧。

图 4-13　配油盘正确装配位置
1—马达安全阀；2—配油盘大卸荷槽；
3—配油盘

2. 总装

组装后进行总装：

（1）装上唇口油封、滚珠轴承外圈。

（2）将柱塞组件装入马达壳体。

（3）计算碟形弹簧的预压量：

1）测量柱塞缸体上平面至壳体上平面的距离 h_1（如图 4-14 所示）。

2）测量配油盘平面至马达盖平面的距离 h_2（如图 4-15 所示）。

图 4-14 测量柱塞缸体上平面
至壳体上平面的距离

图 4-15 测量配油盘平面至
马达盖平面的距离

3）碟形弹簧预压量：

$$h = h_2 - h_1$$

4）碟形弹簧预压量一般应为 0.2~0.3mm。若预压量不合适，可通过增减锥轴承与马达轴之间的调整垫片来进行。若预压量过小增加垫片，过大减少垫片。

（4）内、外摩擦片装配。首先装上一片内摩擦片，其余三片内、外摩擦片间隔装复。

（5）制动解除活塞装配。首先将密封圈装入马达壳体和活塞上，然后将活塞平正装入，防止密封圈被切坏。

（6）制动弹簧装配。在活塞工装螺孔两侧各装上 9 个弹簧。

（7）安装马达盖。马达盖上的进出油口与马达壳体上的加强筋应在同一侧（如图 4-16 所示）。

（8）制动解除控制阀装配。最后将组装好的制动解除控制阀装入马达壳体。

图 4-16 马达盖正确装配位置
1—进出油口；2—加强筋

三、A6V160HA 型行走马达的修理

（一）行走马达的拆卸与分解

GY-A6V160HA 行走马达是将液压能转换为机械能的转换元件。主要由主从动轴、转子组件、配油盘、调节器组件、壳体等组成，如图 4-17 所示。

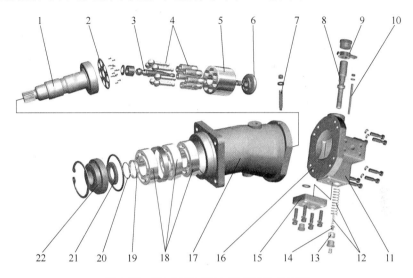

图 4-17　GY-A6V160HA 行走马达分解图

1—输出轴；2—卡盘；3—中心杆；4—柱塞组件；5—柱塞缸体；6—配油盘；7—最小排量限位螺钉；
8—变量活塞；9—拨杆；10—调压导杆；11—调速器壳体；12—弹簧；13—柱塞套；14—柱塞；
15—调速器端盖；16—连接法兰；17—马达壳体；18—支撑轴承；19—环套；20—卡环；21—油封；22—端盖

1. 行走马达的拆卸

行走马达拆卸的顺序如下：

（1）拆下行走马达进出油管及回油管。

（2）拆下行走马达固定在变速器上的固定螺栓，取下行走马达。

（3）将拆下的行走马达外表面清洗干净，放在铺有橡皮的工作台上。

2. 行走马达的分解

（1）调节器分解：

1）分别拆下调节器上 8 条内六角螺栓。

2）用木柄锤或紫铜棒，小心对称敲击调节器外壳，尽量避免撞坏调节器与泵体之间的密封垫。

3）当调节器与泵体间已有明显缝隙时，将调节器总成一边抬起 20~30mm，观察配油盘是否随调节器总成一起抬起，若一起抬起，可用一竹片将配油盘托住，以防调节器总成抬高时配油盘掉下。

4）抬起调节器，使有配油盘面朝上，放在干净且垫有橡皮的工作台上。

5）取下调节器与泵体之间的密封垫。

6）分解调节器。一般情况下，不需将调节器分解，在必须分解时，可按下述步骤进行：

① 分别拆下调节器端盖上的内六角螺栓，取下调节器盖。

② 用专用工具拉出柱塞及柱塞套，分别取出弹簧座、调压弹簧及弹簧座、大弹簧和大弹簧套管。

③ 拧松调压导杆锁紧螺母，拧出调压导杆（若变量活塞和拨杆不拆卸，就不需拆卸调压导杆）。

④ 拧下变量活塞大端螺堵，再用内六角扳手拧下变量活塞大端孔内的压紧螺钉，然后取出拨杆，抽出变量活塞。

7）用套筒扳手拧下进、出油口单向阀的单向阀活门座，取出单向阀钢球。

（2）柱塞及柱塞缸体组件：

1）分别取下配油盘和柱塞缸体，注意：在取下柱塞缸前应作上柱塞与柱塞缸体的位置记号。

2）分别取下碟形弹簧、弹簧座、调整垫圈和卡圈。

3）用一字起子分别拧下卡盘上的固定螺钉，一道取出卡盘、柱塞和中心杆。

（3）输出轴组件。首先，要通过外观分析检查确定，是否需要分解输出轴组合件。通常只有出现轴承损坏、花键轴严重拉毛等故障时，才需分解。以下介绍分解的方法与步骤。

1）用孔用卡簧钳将前盖弹性挡圈取出，需用塑料胶带将花键轴头缠三层左右或装上引导套筒，防止在拆卸前盖时，花键轴头将前轴盖密封圈碰坏。接着用两把 10 寸木柄起子、对称地用力将前盖撬开。撬时两把起子应对称地沿四周移动位置。前盖稍撬开后，应在起子下面各垫一块垫板再撬，直到前盖取出。

2）将专用拉具的圆盘用螺钉固定在轴体的齿轮盘上，再将组装好的拉具固定在泵体上，螺杆旋进圆盘中心螺孔，再转动把手，即可拉出主动轴组合件。也可在输出轴端中心垫上紫铜棒将其打出。

3）拧松轴端锁紧螺母，用拉力器分别拉出圆锥滚子轴承和推力轴承。

（二）行走马达的检修

1. 调节器的检修

（1）柱塞与柱塞套的检修。主要检查柱塞在柱塞套里是否活动自如，若移动不灵活，也会产生输出扭矩变小现象，应进行研磨，直到柱塞在柱塞套里能够活动自如为止。

（2）变量活塞的检修。主要检查变量活塞是否擦伤，在对应孔内是否活动自如，若移动不灵活，也会产生输出力矩变小现象。这主要是由于液压油污染严重所致。

（3）大小弹簧的检修。检查大小弹簧是否弹性减弱或折断，若是应进行更换。

2. 配油盘与柱塞组件的检修

（1）弧形导轨槽、配油盘与缸体的检修。先直观检查配油盘、弧形导轨槽、缸体和柱塞等有无局部剥落现象，配油盘与缸体的配合面有无辐射形状严重擦痕，若有则应更换对应的零件。在更换时，要测量新件与原件的尺寸，以便决定调整垫片的厚度，保证新件与其余组件配合一致。若配油盘与缸体配合面有圆弧形擦痕，而配合接触面大于 95%，原件可继续使用；若配合表面接触面积小于 95%，可采取下述研磨配油盘与缸体之间配油面的方法修复补救：

1）测量并记录配油盘与缸体原始总高度。

2）加工一中心杆，并将中心杆垂直夹在台虎钳上和垂直插入缸体中心孔。

3）在配油面表面涂薄薄的一层研磨膏。

4）用力下压且小幅度旋转配油盘进行研磨。

5）研磨约2min后，将研磨膏擦净，在配油盘的配油面上涂薄薄一层机油，再按上述方法研磨并旋转约2周；此时检查缸体与配油盘接触面积，若大于总面积的95%，可停止研磨，若小于总面积的95%，须再按上述方法研磨，直至接触面大于总面积的95%为止。

6）最后，应再次检查缸体与配油盘总高度，研磨后总高度与原总高度之差，可用增加调整垫片的厚度来调整。

当缸体球面严重拉伤时，一般采用换件的方法进行修复，即更换缸体。对于配件购买不方便，也可采取下述方法进行修理：

1）清洗缸体的油污。

2）用抛光砂纸轻轻地将球面的氧化膜等杂物打磨掉。

3）将缸体柱塞孔一头置于水中（水的深度和缸体柱塞孔铜套高度相同，以防止堆焊时破坏铜套）。

4）用氧炔焰使锡铝青铜和缸体的球面一起加温预热至约400~500℃。

5）将锡铝青铜堆焊于拉伤处，堆焊面要高出原球面2~3mm作加工余量。

6）用适当直径的杯形砂轮按球面要求扳至一定角度，磨削堆焊面。

7）按上述的方法和要求对研缸体和配油盘的接触球面。

（2）缸体与柱塞的检修。检查缸体的柱塞孔与柱塞的配合间隙。其标准配合间隙为0.015~0.035mm。若间隙过小，由于液压油的清洁度无法保证，会使柱塞与缸体卡住，而且柱塞的温度会上升得很快、很高；若配合间隙过大，泄漏量相应增大，泵的容职效率降低，挖掘机的性能降低。缸体与柱塞的修理一般采用换件的方法进行，即缸体和柱塞同时更换。若配件购买不方便，也可采取下述方法进行修理：

1）单配缸体或柱塞。根据缸体柱塞孔的直径，选择合适直径的柱塞装入卡盘，单配使用；也可根据柱塞的直径选配缸体，单配使用。更换新缸体或柱塞后，必须要保证其间隙在标准范围内。

2）磨削柱塞外径，重新镀铬使用。在磨床上将原柱塞圆周上的镀铬层磨削掉，再重新镀铬。新镀铬层的厚度应根据缸体柱塞孔直径而定，既要保证新镀铬柱塞与缸体柱塞孔的配合间隙符合要求，同时还要使缸体柱塞孔与柱塞外圆的圆柱度不大于0.005mm。若缸体柱塞孔的圆柱度不符合要求，可以将柱塞镀铬，使其直径经镀铬加人后再进行研磨，直到配合间隙、圆柱度均符合要求为止。

3. 输出轴组件的检修

检查主、从动轴的支撑轴承若出现损坏、主动轴的花键轴严重拉毛或传动齿轮的轮齿打坏时，应进行更换新件。

4. 检查调节器与泵体之间的密封垫

在检查的时候，若发现密封垫已损坏，可按下面方法补制。

（1）小心铲去旧密封垫：用丝绸等将泵体内部覆盖好，以防铲去的碎片或碎沫掉入泵体内，再用铲刀等工具将泵体和调节器上的密封垫铲去。铲密封垫时，不能破坏泵体和调节器的接触面。

（2）将0.4~0.5mm厚的石棉垫或弹性纸垫平放在调节器上并且压平，用手指轻压，找出4个对称的螺钉孔位置，用紫铜棒轻敲其对称孔边，使孔露出，将4个螺钉插上定位，然后轻敲调节器外周边和内周边，最后敲击其余8个螺钉孔，即可以做成一个新的密封垫。

5. 油封和密封圈的检修

（1）骨架油封。检查前盖上的骨架油封，若有自然变形或严重磨损，则应更换。若在使用中，若轴头前盖处严重漏油，拆下前盖，检查骨架油封唇口时也未发现严重磨损，弹簧束缚圈如有弹性，则可能是弹簧弹性减弱而使束缚力减弱造成的。此时可将弹簧束缚圈取出，截去3~5mm再接上。这样，由于预紧力加大，加上唇口受泵体内油压的作用，密封会更好。

（2）检查O形密封圈是否老化或变形，必要时更换之。

（三）行走马达的装配与调整

行走马达需要装配的零件经检查合格后，应先对其零件进行清洗，清洗干净后应整齐摆放在清洁的工作台上，等待装配。

1. 输出轴组件的装配

（1）选择适合的推力轴承、调整垫片、圆锥轴承等，并将其分别压到主、从传动轴上。

（2）将输出轴组合件一并压入马达壳体。

（3）将调整垫圈装入输出轴轴头。

（4）把输出轴前盖对称地用力压入主轴头（压到轴头锥面处），用一把薄而不尖的起子沿轴周轻划，检查轴前唇口（骨架油封）是否翻边；若未翻边，可稍加压力压入，再用两把小木锤对称地轻敲主轴头前盖，使主传动轴前盖复位。

（5）用孔用卡簧钳将轴前卡簧放入槽内。若在野外修理，手边没有合适卡簧钳，可用一根合适的铁丝穿入卡簧两孔之中，并收缩卡簧，直至能放入孔中为止，再剪断、取出铁丝，轻敲卡簧的两头，此时卡簧应可进入槽内。

（6）此时转动输出轴，应转动灵活无卡滞现象。

2. 柱塞及柱塞缸体组件

（1）用丙酮清洗卡盘、卡盘的紧固螺钉以及主、从传动轴与卡盘接触到的表面。其中卡盘的紧固螺钉孔尤其需要清洗干净。

（2）将球面圈分别装入柱塞、中心杆的球头上，注意球面圈的方向，有锥面的一端朝向球头；再分别将柱塞、中心杆穿入卡盘的对应孔中，再放到输出轴球窝中。

（3）将卡盘的紧固螺钉粘着适量厌氧胶（即螺纹锁固胶）后，拧紧卡盘。

（4）检查柱塞、中心杆的球头（应转动灵活）。

（5）选配合适的中心杆调整垫片（方法同变量泵，这里就不再叙述）。

（6）分别装上中心杆调整垫片、弹簧座、碟形弹簧、柱塞缸体和配油盘。

3. 调节器的装配

（1）调节器的组装。下面介绍调节器组装方法与步骤：

1）将变量活塞上涂上少量的液压油，然后将其插入调节器孔内。

2）将拨杆插入变量活塞的孔内，在变量活塞大端孔内，拧入拨杆的内六角压紧螺钉，再拧上变量活塞大端螺堵。

3）将调压导杆拧入调速器壳体内，分别装上大弹簧套管、大弹簧、调压弹簧及弹簧座，将柱塞涂上少量的液压油插入柱塞套内，然后将其装入，最后装上调速器端盖。

4）装上出油口单向阀钢球，拧上单向阀活门座。

（2）调节器的安装。以下是调节器的安装步骤：

1）将定位销插在泵壳体上对应孔内，在泵壳体与调节器接触面上涂少量黄油，再将石棉垫贴在泵壳体上，并使对应孔对齐。

2）搬起调节器（即行走马达盖总成），将两个定位销一一对应插入调节器定位孔，再使转子中心杆对应穿入配油盘中心孔。装配调速器时应注意方向，有调压导杆一端应朝向最小排量限位螺钉。

3）均匀对称地拧紧调节器的 8 条内六角紧固螺栓。

至此行走马达装配完毕（如图 4-18 所示），即可装车。

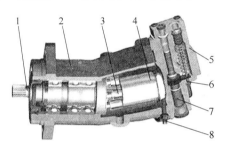

图 4-18　行走马达装配剖视图

1—输出轴；2—马达壳体；3—柱塞；4—柱塞缸体；5—调速器壳体；
6—调压导杆；7—变量活塞；8—最小排量限位螺钉

 复 习 题

4-1　液压马达和液压泵有什么异同，液压马达的基本工作原理是怎样的？

4-2　什么是液压马达的最低稳定转速，液压马达转速的高低取决于什么？

4-3　齿轮马达与齿轮泵结构上有哪些区别？

4-4　叶片马达的结构与叶片泵相比，有什么特点？

4-5　斜盘式轴向柱塞马达是如何工作的？

4-6　某型高速挖掘机的行走马达 LY-A6V160HA 是如何改变其输出扭矩和转速的？

4-7　液压马达使用和维护时要注意的事项有哪些？

4-8　某型高速挖掘机的行走马达 LY-A6V160HA 主要检修哪些零件？

第五章 液 压 缸

液压缸是液压系统的执行元件之一，在液压传动系统中，利用液压缸可以将液体的压力能转换成机械能，实现往复直线运动或往复摆动。由于液压缸结构简单，工作可靠，制造容易，因而被广泛应用于各种液压机械设备中。

第一节 基本类型和工作原理

液压缸的种类繁多。按照结构不同，液压缸可分为活塞缸、柱塞缸、摆动缸和组合缸四类。活塞缸、柱塞缸实现往复直线运动，输出力和速度；摆动缸实现小于360°的往复摆动，输出扭矩和角速度；组合缸具有较特殊的结构和功用。

液压缸按液体压力的作用方式不同可分为单作用液压缸和双作用液压缸。单作用液压缸是利用液压油的压力产生推力推动活塞或缸体向一个方向运动，反方向的运动则靠重力、弹簧力或其他外力来实现。双作用液压缸则是利用液压油的压力产生推力推动活塞或缸体作正反两个方向的运动。

一、活塞缸

活塞缸可分为单杆活塞缸和双杆活塞缸两种。

（一）单杆活塞缸

活塞只有一端带活塞杆的液压缸，称为单杆活塞缸。单活塞杆液压缸有单作用和双作用之分。

图5-1所示为单作用液压缸。工作行程中，活塞由液压力推动外伸，在返回行程无杆腔卸压，外力或弹簧力使活塞杆缩回。

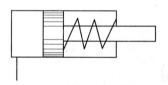

图5-1 单杆单作用活塞缸

图5-2所示为双作用液压缸。这种液压缸应用比较普遍，其往复运动都是靠作用于活塞上的液压力实现的。如图5-2（a）、（b）所示。单杆活塞缸左右腔工作面积 A_1、A_2 不相等，因此，当压力油以相同的压力和流量分别输入液压缸的无杆腔和有杆腔时，其活塞的左右运动速度和牵引力并不相等，其计算公式如下：

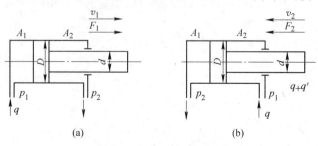

图5-2 单杆双作用活塞缸

1. 无杆腔进油时

$$v_1 = \frac{4q}{\pi D^2} \tag{5-1}$$

$$F_1 = p_1 \frac{\pi}{4} D^2 - p_2 \frac{\pi}{4}(D^2 - d^2) \tag{5-2}$$

2. 有杆腔进油时

$$v_2 = \frac{4q}{\pi D^2 - \pi d^2} \tag{5-3}$$

$$F_2 = p_1 \frac{\pi}{4}(D^2 - d^2) - p_2 \frac{\pi}{4} D^2 \tag{5-4}$$

式中　q——输入到液压缸的流量；

　　　D——液压缸缸筒的内径；

　　　d——活塞杆的直径；

　　　p_1——液压缸进油腔压力；

　　　p_2——液压缸回油腔压力；

　　　v_1——活塞杆外伸的速度；

　　　v_2——活塞杆缩回的速度；

　　　F_1——活塞向外产生的推力；

　　　F_2——活塞向内产生的拉力。

显然当系统的压力 p 和流量 q 不变时，对于同一个液压缸来说 $F_1 > F_2$、$v_1 < v_2$。图 5-2 所示的液压缸为普通型液压缸，工程实用中通常都采用此种结构的液压缸，此种液压缸的推、拉力比值 $\frac{F_1}{F_2}$ 和双向速度比值即速比 $\frac{v_2}{v_1}$ 一般取为 2、1.46、1.33 或 1.25 几个值。

3. 差动连接

单活塞杆液压缸在其左右两腔都接通压力油时称为差动连接，或称差动连接缸，如图 5-3 所示。差动连接缸左右两腔的油液压力相同，但是由于左腔（无杆腔）的有效面积大于右腔（有杆腔），故活塞向右运动，同时使右腔中排出的油液（流量为 q'）也进入左腔，加大了流入左腔的流量（$q+q'$），从而也加快了活塞移动的速度。实际上活塞在运动时，由于差动连接时两腔间的管路中有压力损失，所以右腔中的油液压力稍大于左腔油液压力，而这个差值一般较小，可以忽略不计，则差动连接时活塞推力 F_3 和运动速度 v_3 分别为：

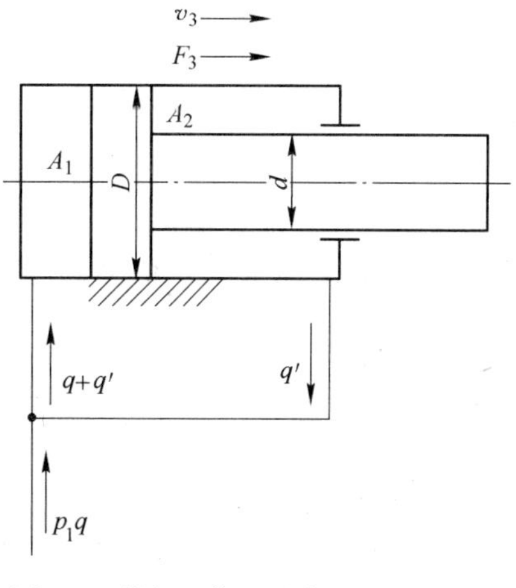

图 5-3　单杆双作用活塞缸的差动连接

$$F_3 = p_1 \frac{\pi}{4} D^2 - \frac{\pi}{4}(D^2 - d^2) = p_1 \frac{\pi}{4} d^2 \tag{5-5}$$

进入无杆腔的流量 $q_1 = q + q'$，即 $v_3 \frac{\pi}{4} D^2 = q + v_3 \frac{\pi}{4}(D^2 - d^2)$，则 $q = v_3 \frac{\pi}{4} d^2$。

即：

$$v_3 = \frac{q}{\frac{\pi}{4}d^2} \tag{5-6}$$

差动连接和非差动连接无杆腔进油时的情况相比，同样是活塞杆向右运动，但推力变小，速度变大，正好利用这一点，可使液压缸在不加大油源流量的情况下得到较快的运动速度，这种连接方式已被广泛应用于组合机床的液压动力系统和其他机械设备的快速运动中。

单杆活塞缸有缸筒固定、活塞杆移动和活塞杆固定、缸筒移动两种安装形式，其运动部件的移动范围相同，都是活塞有效行程 1 的两倍。如图 5-4 所示。

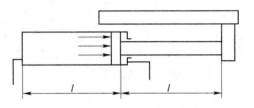

图 5-4　单杆活塞缸移动范围

（二）双杆活塞缸

双杆活塞缸是活塞两端都带活塞杆的液压缸。它有两种安装形式，图 5-5（a）所示是缸筒固定、活塞杆移动的安装形式。在这种安装形式中，运动部件移动范围约为活塞有效行程 l 的三倍，其占地面积较大。图 5-5（b）所示是活塞杆固定、缸筒移动的安装形式。在这种安装形式中，运动部件移动范围约为活塞有效行程 l 的两倍，因而占地面积较小。

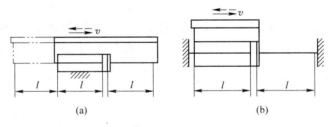

(a)　　　　　　　　　　　(b)

图 5-5　双杆活塞缸

双杆活塞缸的两个活塞杆一般直径相等，因此其左右两腔的有效工作面积相等。在活塞杆（或缸体）两个运动方向上，如果供油压力和流量相等，则双向运动速度及推力均相等，这种液压缸多应用于机床上，驱动工作台往复运动。

二、柱塞缸

上述活塞缸中，缸的内孔与活塞有配合要求，所以要有较高的精度，当缸体较长时，加工就很困难，为了解决这个矛盾，可采用柱塞式液压缸，如图 5-6 所示。

从图 5-6 看出，柱塞液压缸的内壁与柱塞并不接触，没有配合要求，故缸孔不需要精加工，柱塞仅与缸盖导向孔间有配合要求，这就大大简化了缸体加工和装配的工艺性。因此，柱塞缸特别适用于行程很长的场合。为了减轻柱塞的重量，减少柱塞的弯曲变形，柱塞一般被做成空心的。行程特别长的柱塞液压缸，还可以在缸筒内设置辅助支撑，以增强刚性。如图 5-6（a）所示为单柱塞液压缸，柱塞和工作台连在一起，缸体固定不动。当压力油进入缸内时，柱塞在液压力作用下带动工作台向右移动；柱塞的返回要靠外力（如弹簧力或立式部件的重力等）来实现。图 5-6（b）所示为双柱塞液压缸，它是由两个单柱塞液压缸组合而成，因而可以实现两个方向的液压驱动。

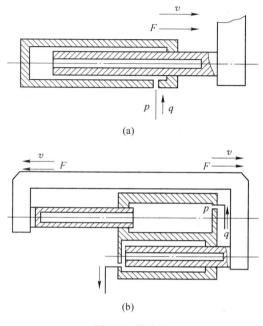

图 5-6　柱塞缸

柱塞液压缸的推力 F 和运动速度 v 的计算式为：

$$F = p_1 \frac{\pi}{4} d^2 \tag{5-7}$$

$$v = \frac{q}{\frac{\pi}{4} d^2} \tag{5-8}$$

式中　q——输入到液压缸的流量；

　　　d——柱塞的直径；

　　　p_1——缸内油液压力。

三、摆动液压缸

摆动液压缸主要用来驱动做间歇回转运动的工作机构，例如回转夹具、分度机构、送料、夹紧等机床辅助装置，也有用在需要周期性进给的系统中。摆动液压缸的工作原理与叶片式液压马达相似，两者的主要区别是：摆动缸没有配油功能，高、低压腔之间有隔板，不能做整周回转。

如图 5-7（a）所示为单叶片摆动液压缸，叶片 1 固定在轴上，隔板 2 固定在缸体上，隔板 2 的槽中嵌有密封块 4，密封块 4 在弹簧片 3 的作用下紧压在轴的表面上，起密封作用。当压力油进入摆动缸时，在油压作用下，叶片带动轴回转，摆动角度小于 300°。单叶片摆动缸结构较简单，摆动角度大。但它有两个缺点：一是输出的转矩小；二是液压心轴受单向径向液压力大。图 5-7（b）所示为双叶片摆动液压缸，心轴上固定着两个叶片，因此在同样大小的结构尺寸下，所产生的转矩比单叶片摆动缸增大 1 倍，而且径向液压力得到平衡，但双叶片摆动缸的转角较小（小于 150°），且在相同流量下，转速也减小了。

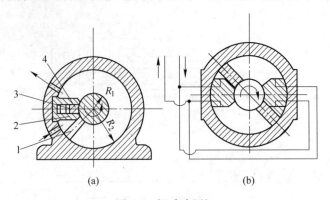

(a) (b)

图 5-7　摆动液压缸

1—叶片；2—隔板；3—弹簧片；4—密封块

四、组合液压缸

（一）伸缩式套筒液压缸

图 5-8 为伸缩式套筒缸，各种自卸车的翻斗缸多采用这种结构形式。柱塞是靠机构的重力缩回，这种结构形式的液压缸由于柱塞不必与缸筒直接接触，所以对缸筒内壁的加工精度要求不高，因而制造简单，维修方便。对伸缩式套筒缸，若第一、二、三级缸筒柱塞的直径分别为 d_1、d_2、d_3，在通入液压油的压力 p 为一定值的情况下，三级柱塞产生的总推力大于第二、三级产生的推力，因而在克服较大的外负载动作时，总先是第一级（带着第二、三级一起）伸出，然后是第二级（带着第三级）伸出，最后是第三级伸出。在外力作用下各级柱塞缩回时，顺序相反。由此可见伸缩式套筒缸的工作特点是：通入压力油时，启动推力很大，移动速度很低，随着行程的增加，推力逐渐减小，速度逐渐增大，相当于一个三级变速箱。这种情况与自卸车车厢倾翻时翻斗缸的负载阻力变化正相适应。实际上液压系统的实际工作压力是由负载决定的，因而自卸车用伸缩式套筒缸作翻斗缸，在整个工作过程中，供油压力不会变化太大，即始终较充分地利用液压泵的工作能力。此外这种缸工作时行程可以很长，而不工作时整个液压缸可以缩得很短，所以伸缩式套筒缸在结构上具有行程长、结构紧凑的特点。

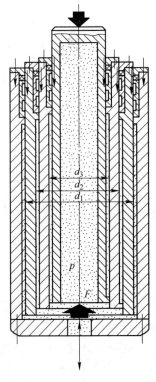

图 5-8　伸缩式套筒液压缸

（二）齿条活塞液压缸

齿条活塞液压缸由两个活塞和一套齿条齿轮传动装置组成，如图 5-9 所示。压力油进入液压缸后，推动具有齿条的活塞做直线运动，齿条带动齿轮旋转，用来实现工作部件的往复摆动。这种液压缸常用在机床的回转工作台、液压机械手等机械设备上。齿条活塞液压缸又称为无杆液压缸。

（三）增压缸

图 5-10 所示为一种由活塞缸和柱塞缸组合而成的增压缸，用以使低压系统中的局部区域获得高压。在这里，活塞缸中活塞的有效作用面积大于柱塞的有效作用面积，所以向活塞缸无杆腔送入低压油 p_a 时，可以在柱塞缸里得到高压油 p_b。其中，$K=D^2/d^2$，称为增压比，它表示增压缸的增压能力。不难看出，增压能力是在降低有效流量的基础上得到的（$q_b=q_a/K$）。需要说明的是，增压缸不是将液压能转换为机械能的执行元件，而是传递液压能、使之增压的器具。

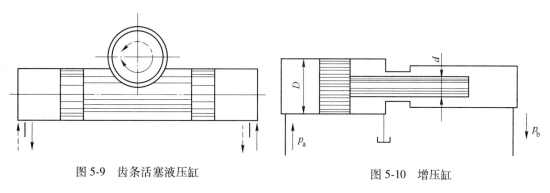

图 5-9　齿条活塞液压缸　　　　　　　　　图 5-10　增压缸

第二节　典型液压缸的结构

液压缸的种类很多，各种类型液压缸的细部结构更是多种多样。图 5-11 所示为一常用的双作用单活塞杆液压缸。它是由缸底 20、缸筒 10、缸盖兼导向套 9、活塞 11 和活塞杆 18 组成。缸筒一端与缸底焊接，另一端缸盖（导向套）与缸筒用卡键 6、套 5 和弹簧挡圈 4 固定，以便拆装检修，两端设有油口 A 和 B。活塞 11 与活塞杆 18 利用卡键 15、卡键帽 16 和弹簧挡圈 17 连在一起。活塞与缸孔的密封采用的是一对 Y 形聚氨酯密封圈 12，由于活塞与缸孔有一定间隙，采用由尼龙制成的耐磨环（又叫支撑环）13 定心导向。杆18 和活塞 11 的内孔由 O 形密封圈 14 密封。较长的导向套 9 则可保证活塞杆不偏离中心，导向套外径由 O 形密封圈 7 密封，而其内孔则由 Y 形密封圈 8 和防尘圈 3 分别防止油外漏和灰尘带入缸内。缸由杆端销孔与外界连接，销孔内有尼龙衬套抗磨。

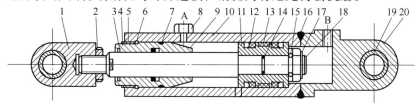

图 5-11　双作用单活塞杆液压缸

1—耳环；2—螺母；3—防尘圈；4，17—弹簧挡圈；5—套；6，15—卡键；7，14—O 形密封圈；8，12—Y 形密封圈；9—缸盖兼导向套；10—缸筒；11—活塞；13—耐磨环；16—卡键帽；18—活塞杆；19—衬套；20—缸底根据图 5-11 所示液压缸各部分的结构特点及功用，可将其划分为缸体组件、活塞组件、液压缸的密封装置、液压缸的制动缓冲装置和排气装置等几个部件，其他种类的液压缸也不外乎是由这几个部件组成。

一、缸体组件

由缸筒及缸盖组成缸体组件。除拉杆连接方式外，其他几种常用连接方式如图 5-12 所示。缸体组件在设计时，主要应根据液压缸的工作压力，缸体材料和具体工作条件来选用不同的结构。

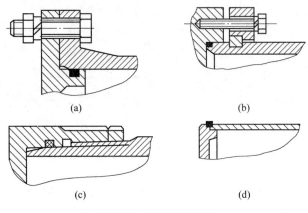

图 5-12　缸体组件结构

一般工作压力低的地方，常采用铸铁缸体，它的端盖多采用法兰连接，如图 5-12（a）所示，这种结构易于加工和装拆，但外形尺寸大。工作压力较高时，可采用无缝钢管的缸体，它与端盖的连接方式如图 5-12（b）～（d）所示。图 5-12（b）采用半环连接，装拆方便，但缸壁上开了槽，会减弱缸体的强度。图 5-12（c）采用螺纹连接，外形尺寸小，但是缸体端部需加工螺纹，使结构复杂，加工和拆装不方便。图 5-12（d）所示为焊接结构，构造简单，容易加工，尺寸小，缺点是易产生焊接变形。图5-11 中的缸体和端盖的连接是采用四根拉杆固紧的方法，缸体的加工和装拆都方便，只是尺寸较大。

二、活塞组件

活塞组件由活塞、活塞杆和连接件组成。最简单的形式是把活塞和活塞杆做成一体，这种结构虽然简单，工作可靠，但是当活塞直径大，活塞杆较长时，加工较费事。图 5-13 所示为几种常用的活塞组件结构形式，其中图 5-13（a）所示为活塞和活塞杆之间采用螺纹连接的方式，它适用于负载较小、受力较平稳的液压缸中。当液压缸工作压力较高或负载较大时，由于活塞杆上车有螺纹，强度有所削弱；另外工作机构振动较大时，因必须设置螺母防松装置而使结构复杂，这时可采用非螺纹连接的方式，如图 5-13（b）、（c）、（d）所示。其中，图 5-13（b）中活塞杆 5 上开有一个环形槽，槽内装有两个半圆环 3 以夹紧活塞 4，半圆环 3 用轴套 2 套住，弹簧圈 1 用来轴向固定轴套 2；图 5-13（c）中的活塞杆 6 使用了两个半圆环 9，它们分别由两个密封圈座 7 套住，然后在两个密封圈座之间塞入两个半圆环形的活塞 8；图 5-13（d）中，则是用锥销 10 把活塞 11 固定在活塞杆 12 上，结构简单，但承载能力小，且需有防止锥销脱落的措施。

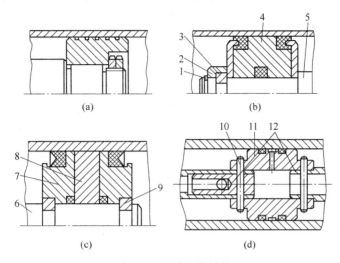

图 5-13　活塞组件结构

（a）螺纹连接；（b）半环连接；（c）双半环连接；（d）销连接

1—弹簧挡圈；2—轴套；3，9—半圆环；4，8，11—活塞；5，6，12—活塞杆；

7—密封圈座；10—锥销

活塞组件的结构形式应根据工作压力、安装形式和工作条件等选用。活塞组件在液压缸中是一个支撑件，必须有足够的耐磨性能，所以活塞一般都是铸铁的，而活塞杆通常都是用钢做的。

三、液压缸的密封

液压缸的密封是指活塞、活塞杆和端盖等处的密封，是用来防止液压缸内部（活塞与缸筒内孔的配合面）和外部的泄漏，下面简要介绍液压缸中常见的密封形式。

活塞密封有间隙密封、活塞环密封和橡胶密封圈密封等形式。

图 5-14 所示的间隙密封是一种简单的密封形式，它依靠相对运动副配合面之间的微小间隙来防止泄漏。为了提高密封性能，活塞上常开有几条深 0.3~0.5mm 的三角形环形槽或矩形槽，以增大油液从高压腔向低压腔泄漏时的阻力，并使活塞能自动对中。间隙密封结构简单，摩擦力小，寿命长，但对配合面的加工精度及表明粗糙度要求高，仅应用于直径较小、运动速度快的低压液压缸中。

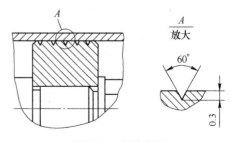

图 5-14　间隙密封

活塞环密封是通过在活塞的环形槽中安装具有切口的金属环来防止泄漏的密封形式，如图 5-15 所示。金属环依靠其弹性变形所产生的张力贴紧缸筒内壁来实现密封。该密封装置密封性能较好，耐高温，使用寿命较长，易于维修保养；缺点是制造和装配工艺复杂。适用于高压、高速且不要求保压的液压缸密封。

图 5-16（a）、（b）、（c）分别表示了用 O 形、V 形和 Y 形橡胶密封圈在活塞杆和端盖密封处的应用。为了防止污染物被活塞杆带进液压缸污染油液、加速密封件的磨损，通常要在活塞杆密封处设置防尘圈。防尘圈的唇边应朝向活塞杆外伸的那一端，如图 5-16（d）所示。

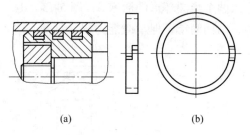

图 5-15　活塞环密封

（a）活塞环纵剖面图；（b）活塞环正侧向图

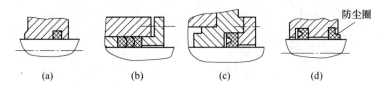

图 5-16　活塞杆与端盖的密封

（a）采用 O 形圈密封；（b）采用 V 形圈密封；（c）采用 Y 形圈密封；（d）采用 Y 形圈和防尘圈的密封

四、缓冲装置

当液压缸所驱动的工作部件质量较大，移动速度较快时，由于具有的动量大，致使在行程终了时，活塞与端盖发生撞击，造成液压冲击和噪声，甚至严重影响工作精度或发生破坏性事故，因此在大型、高速且要求较高的液压缸中往往设置有缓冲装置。

尽管液压缸中的缓冲装置结构形式很多，但它的工作原理都是相同的。当活塞接近端盖时，增大液压缸的回油阻力，使缓冲油腔内产生足够的缓冲压力，使活塞减速，从而防止活塞撞击端盖。

常用的缓冲结构如图 5-17 所示，它是由活塞凸台（圆锥或带槽圆柱）和缸盖凹槽（内圆柱面）构成。当活塞移近缸盖时，凸台逐渐进入凹槽，将凹槽内的油液经凸台和凹槽之间的缝隙挤出，增大了回油阻力，产生制动作用，从而实现缓冲。

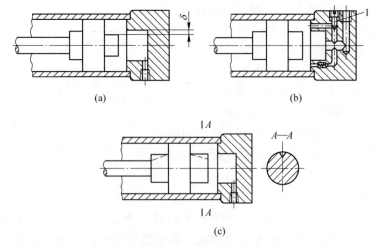

图 5-17　液压缸的缓冲装置

如图 5-17（a）所示，当缓冲柱塞进入与其相配的缸盖上的内孔时，孔中的液压油只能通过间隙 δ 排出，使活塞速度降低。由于配合间隙不变，故随着活塞运动速度的降低起到缓冲作用。当缓冲柱塞进入配合孔之后，油腔中的油只能经节流阀 1 排出，如图 5-17（b）所示。由于节流阀 1 是可调的，因此缓冲作用也可调节，但仍不能解决速度减低后缓冲作用减弱的缺点，如图 5-17（c）所示，在缓冲柱塞上开有三角槽，随着柱塞逐渐进入配合孔中，其节流面积越来越小，解决了在行程最后阶段缓冲作用过弱的问题。

五、排气装置

当液压系统长时间停止工作，系统中的油液由于本身重量的作用和其他原因而流出时，易将空气吸入系统，如果液压缸中有空气或油液中混入空气，都会使液压缸运动不平稳。因此一般在设备工作前应使系统中的空气排出，为此可在液压缸的最高部位（那里往往是空气聚积的地方）设置排气装置。排气装置通常有两种：一种是在液压缸的最高部位处开排气孔，如图 5-18（a），并用管道连接排气阀进行排气，当系统工作时该阀应关闭；另一种是在液压缸的最高部位处装排气塞，见图 5-18（b）、（c）。

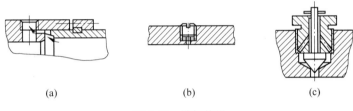

　　　　　（a）　　　　　　　　　（b）　　　　　　　　　（c）

图 5-18　排气装置

六、工程装备常用单杆活塞缸

图 5-19 为工程装备常用液压缸，此液压缸为双作用单杆活塞缸，它由缸底 2、缸筒 11、缸盖 15、活塞 8 和活塞杆 12 等主要零件组成。

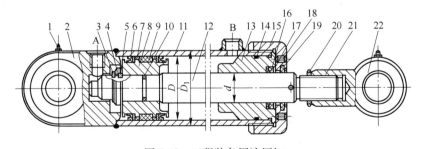

图 5-19　工程装备用液压缸

1—油嘴；2—缸底；3，7，17—挡圈；4—卡键帽；5—卡键；6，16—小 Y 型密封圈；8—活塞；9—支撑环；
10—O 形密封圈；11—缸筒；12—活塞杆；13—导向套；14—O 形密封圈；15—缸盖；
18—螺塞；19—防尘圈；20—螺母；21—耳环；22—衬套

缸筒一端与缸底焊接，另一端则与缸盖采用螺纹连接，以便拆装检修，两端设有油口 A 和 B。利用卡键 5、卡键帽 4 和挡圈 3 使活塞与活塞杆构成卡键连接，结构紧凑便于拆装。缸筒内壁表面粗糙度 $Ra=0.4\mu m$，为了避免与活塞直接发生摩擦造成拉缸事故，活塞上套有支撑环 9，它通常是由聚四氟乙烯或尼龙等耐磨材料制成，不起密封作用。缸内两腔之间的密封是靠活塞内孔的 O 形密封圈以及外缘两组背靠背安置的小 Y 形密封圈 6 和挡圈 7 来保证，当工作腔油压升高时，小 Y 形密封圈的唇边就会张开贴紧活塞和缸筒内表面，压力越高贴得越紧，从而防止内漏。活塞杆表面同样具有较小的表面粗糙度，即 $Ra=0.4\mu m$。为了确保活塞杆的一端不偏离中轴线，以免损伤缸壁和密封件，并改善活塞杆与缸盖孔的摩擦，特在缸盖一端设置导向套 13。它是用青铜或铸铁等耐磨材料制成。导向套外缘有 O 形密封圈 14，内孔则有防止油液外漏的小 Y 形密封圈 16 和挡圈 17。考虑到活塞杆外露部分会粘附尘土，故缸盖孔口处设有防尘圈 19。缸底和活塞杆顶端的耳环 21 上，有供安装用或与工作机构连接用的销轴孔，销轴孔必须保证液压缸为中心受压。销轴孔由油嘴 1 供给润滑油。此外，为了减轻活塞在行程终了时对缸底或缸盖的撞击，两端设有缝隙节流缓冲装置，当活塞快速运行临近缸底时（如图 5-19 所示位置），活塞杆端部的缓冲柱塞将回油口堵住，迫使剩余的油只能从柱塞周围的缝隙挤出，于是速度迅速减慢实现缓冲，回程也以同样原理获得缓冲。

图 5-20 为 TY220 和 TY160C 型推土机工作装置液压系统中的铲刀升降液压缸结构图。此液压缸也是双作用单杆活塞缸，在它的活塞 8 上设置有缓冲装置，也称为活塞阀，用它来减少活塞运动到两端时的冲撞。其局部结构如图 5-21 所示。

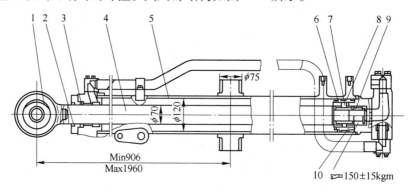

图 5-20　铲刀升降液压缸

1—球轴承；2—防尘圈；3—活塞杆油封；4—活塞杆；5—缸体；6—活塞油封；
7—活塞阀芯；8—活塞；9—锁紧螺母；10—活塞阀座

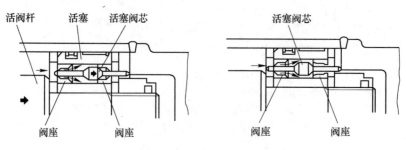

图 5-21　活塞阀工作原理

工作泵来油进入液压缸的有杆腔，推动活塞和活塞杆向右运动，活塞阀芯也被压在其右端阀座上一起向右运动，当活塞将要运动到终点，活塞阀芯右端与缸底部接触，活塞阀芯停止移动，但活塞仍向右移，打开活塞阀右端阀口，油缸左侧高压油经此阀口间隙进入油缸低压腔，防止活塞运动到端部时产生压力冲击。如果输入到液压缸的油较多，活塞运动到缸底突然停止，会造成油缸内的压力急剧上升，甚至将系统安全阀打开溢流，采用活塞阀结构，可利用活塞阀的开启，将高压油流向低压腔，防止系统通过安全阀泄放。活塞及活塞杆向左运动时，活塞阀工作情况相同。

图 5-22 为车辆用液压缸，工作油压为 13.7MPa，缸筒内径 40~50mm 多种规格，行程小于 2m。目前这种液压缸在工程装备上应用相当普遍，轮式挖掘机和某些装载机的工作装置都采用了这类液压缸。

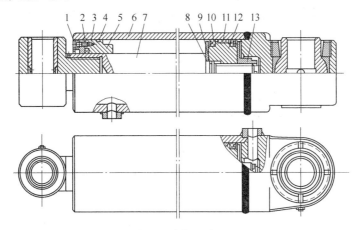

图 5-22　车辆用液压缸

1—防尘圈；2—弹簧卡圈；3，10—U 形密封圈；4，9—O 形密封圈；5—导向套；6—缸筒；
7—活塞杆；8—挡圈；11—尼龙支撑环；12—活塞；13—带槽圆螺母

此液压缸缸筒 6 与缸底为焊接连接，缸底安装铰轴为球铰，活塞杆外端与单耳环以螺纹连接并用螺钉固定，活塞 12 靠带槽圆螺母 13 固紧并用开口销锁住。活塞上装有尼龙支撑环 11，液压缸两腔之间靠 O 形密封圈 9 和两个 U 形密封圈 10 密封，两 U 形密封圈的唇口朝两侧并用挡片 8 和圆螺母 13 挡住。当活塞某一侧通高压油时，靠活塞上同一侧的 U 形密封圈唇边张开，贴紧缸筒内壁实现密封。缸体端部导向套 5 靠弹簧卡圈 2 以及压盖和螺钉固定，U 形密封圈 3 和 O 形密封圈 4 防止外漏，防尘圈 1 防止外部污物进入液压缸。

第三节　液压缸的使用与维修

液压缸在工程装备上有非常广泛的应用，因而对于它的正确使用和维修应该予以足够的重视。

一、液压缸的安装

1. 安装液压缸时应注意的问题

安装液压缸时，应注意不使其受侧向力，应尽量使其承受的拉力和压力的方向与缸的轴线重合。为此，要考虑到缸的自重、热胀、基座的刚度、固定螺钉的松紧度等因素的影响。

2. 安装后应做的工作

安装后的液压缸，运行前应先进行排气。如果液压缸的缓冲装置是可调的，应在液压缸承受正常工作负荷的情况下将缓冲装置调好。还应观察液压缸是否有漏油现象，检查螺钉有无松动，并向各润滑部位加润滑油。

二、液压缸的修理

（一）分解

如图 5-23 所示为某型高速挖掘机动臂液压缸。其分解步骤如下：

（1）拧下缸盖固定螺栓，取出缸盖。或抽出活塞杆及活塞将缸盖顶出；

（2）拧下活塞杆端头活塞固定螺母，依次取出活塞和缸盖总成；

（3）分别取出活塞和缸盖上的密封件。

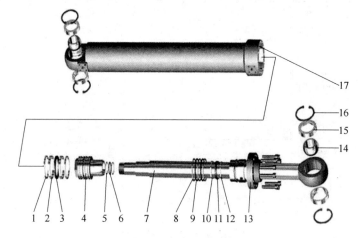

图 5-23　液压油缸分解图

1, 10—导向环；2—支撑环；3—组合密封圈；4—活塞；5, 8—保护圈；6, 9—O 形密封圈；

7—活塞杆；11—密封圈；12—防尘圈；13—缸盖；14—球形套；

15—球形衬套；16—卡环；17—缸筒

（二）检修

液压缸维修时应对各零件配合表面进行检查。

（1）缸筒。缸筒内表面如发现有纵向拉痕时，若只是有小面积擦伤或点状伤痕，对使用影响不大，则可不必管它；若伤痕较浅可用极细的油石或砂纸修磨；若伤痕严重，即使更换了密封圈也不能解决漏油问题时，应更换缸筒。

（2）活塞杆。对活塞杆摩擦面和缸筒内表面质量的判断和处理方法基本相同。但因活塞杆摩擦面是镀铬的，如果由于镀层剥落形成纵向伤痕时，对缸的外漏影响较大，这时应除去旧层重镀或更换新活塞杆。

（3）活塞杆导向套。活塞杆导向套内表面的一般伤痕不影响使用，但如果是单边磨损量达 0.2mm 以上时，密封圈便起不到密封作用，此时应更换新导向套。

（4）活塞。活塞表面一般伤痕不影响使用，如单边磨损量过大时，将影响密封圈的密封效果，则应更换活塞。此外还应检查活塞是否有裂纹，密封槽是否受伤等。

（5）密封圈。液压油缸主要损伤一般是密封圈磨损，O形密封圈老化变质和弹性减弱而失去密封性能，造成泄漏，发现密封圈的任何部分损伤或失去弹性都应更换新的密封件。

（三）装配

液压缸装配步骤与注意事项包括：

（1）在缸盖上分别装上密封圈和防尘圈，同时应注意密封圈和防尘圈的方向；

（2）在活塞上分别装上密封圈和O形密封圈。在装密封圈时，最好用专用工具加热装入，静止将密封圈开斜切口装入；

（3）在活塞杆上依次装入缸盖和活塞，并拧紧活塞固定螺母；

（4）将活塞的密封圈用锥套或卡箍将其收紧，再将活塞与活塞杆组合件装入缸筒，然后将缸盖装入缸筒，最后拧紧缸盖固定螺栓。

（四）拆装液压缸应注意的问题

拆装液压缸时应特别注意密封圈有无过度磨损、老化，从而失去弹性，唇边有无损伤等，如有应及时更换。装配液压缸时，首先要检查零件是否有毛刺，以免将密封圈刮伤；还要注意密封圈的安装方向；装配过程中应特别注意不要将密封圈挤出和扭曲。通常为了便于安装，可在密封圈上涂润滑油，必要时可制作密封圈安装专用胎具。

三、液压缸的故障分析及排除

液压缸的故障是各种各样的，常见的故障有：动作失灵，主要表现为运动无规律，如爬行现象（动作迟缓，同时有停顿现象）；冲击现象；推力不足；工作速度逐渐下降；液压缸漏油；缸盖破损等故障。

（一）动作失灵

动作失灵的原因及排除方法见表5-1。

表 5-1　液压缸动作失灵原因及排除方法

现象	产 生 原 因	排 除 方 法
冲击	采用间隙密封的液压缸，活塞与缸筒的间隙过大、节流阀失去节流效果	按要求更换活塞，恢复正常配合间隙并修理节流阀
	缓冲单向阀失灵	修正研配单向阀
爬行	有空气侵入	排气，若无排气阀可操纵液压缸反复快速往返运动，将气体排出
	缸盖V形密封圈压得过紧或过松	调整密封圈松紧度，对中小型液压缸活塞杆用手拉动且不漏油为宜
	活塞杆与活塞同轴度差	校正活塞杆与活塞同轴度
	活塞杆弯曲	校直
	双出杆活塞缸两端螺母拧得太紧，同轴度不好	螺母用手旋紧即可，活塞杆处于自然状态

（二）速度逐渐下降

该故障就液压缸本身的原因来说有如下几个方面：

（1）对于活塞与缸筒之间为间隙密封的液压缸，主要是间隙过大。解决的办法是更换活塞。

（2）对于活塞与缸筒之间用密封件密封的液压缸，主要是密封圈失效或者缸筒向外鼓胀，使高低压腔串通。解决的办法是更换密封圈。

（3）缸盖与活塞杆间密封圈挤压过紧或活塞杆弯曲，阻力增大，使系统压力升高，容积效率下降。克服办法是校直活塞杆，或放松密封圈，拧松压盖螺钉，以不漏油为宜。

（4）活塞杆与活塞连接部位的 O 形密封圈失效，应更换密封圈。

（5）缸壁拉伤严重。

（6）有异物卡在滑动部位，引起烧结现象，使阻力增大，应及时排除异物，并用 0 号砂纸打磨烧结部位。

（7）液压油中气体较多，应检查系统进气原因（此故障并伴随有明显噪声），及时予以排除。

另外，油温过高或油的黏度太小，应从整个系统找出发热原因或更换黏度高的液压油。

（三）液压油外漏

正常情况是允许液压油沿活塞杆有微量渗漏，以减少摩擦阻力，但在不工作时仍有油液向外不断泄漏，则应视为故障。其原因有：

（1）缸盖与缸筒之间的 O 形密封圈损坏或失效。

（2）导向套有裂纹。

（3）导向套与活塞杆间的 Yx 型密封损坏。

（4）活塞杆碰伤。

以上零件均应更换或修复。

（四）液压缸活塞杆自行下沉

若铲刀悬空停放，活塞杆明显下沉，或铲刀切入土时无力，则说明液压缸有自动下沉故障，仅液压缸本身的原因有：

（1）活塞上的 U 形密封圈损坏。

（2）缸壁严重拉伤。

（3）活塞杆上的 O 形密封圈损坏。

（4）导向套上的 O 形密封圈损坏。

（5）导向套与活塞杆之间的密封圈损坏。

（6）导向套有裂纹。

（7）活塞杆有碰（擦）伤等。

以上原因，前三条是主要的，这是因为若密封圈损坏或缸体拉伤，将造成液压缸两腔窜油，因此液压缸将不能克服较大负荷，而外部却不易察觉。其余原因引起的漏油，从外部可直接发现，排除也容易。总之，当遇到液压缸自行下沉时，应先外后内逐步查明原因，分别予以排除。

复 习 题

5-1　按液体压力的作用方式不同，液压缸分哪些类型，它们的作用方式有何不同？

5-2　单杆双作用液压缸缸体固定时，分别画图计算压力油进入无杆腔和有杆腔时产生的作用力和速度的大小，并标出方向。（其中：活塞直径 D，活塞杆直径 d，压力油以 p_1、q 进入、以 p_2 流出。）

5-3　画出缸体固定的单杆双作用液压缸差动连接时的局部系统图。若高压油输入参数为 p 和 q，计算此时活塞杆产生的作用力和速度的大小，并标出方向。（其中：活塞直径 D，活塞杆直径 d。）

5-4　液压缸采用差动连接和非差动连接工作时，其作用力和速度有什么变化？

5-5　伸缩式套筒缸的工作特点是什么？

5-6　液压缸是怎样实现缓冲的，常用的缓冲装置是怎样的结构形式？

5-7　双杆活塞缸有哪两种安装形式，二者有何不同？

5-8　液压缸主要检修哪些零件配合面，在拆装时应注意什么？

5-9　液压缸出现爬行现象的原因是什么，怎样排除？

5-10　液压缸活塞杆自行下沉的原因是什么，怎样排除？

第六章　控制阀及控制回路

控制阀在液压系统中的作用是控制液体的压力、流量和方向，从而限制和调节系统的工作压力、控制执行元件的作用力、动作顺序、运动速度和运动方向。

控制阀的品种规格繁多，按用途不同可分为方向控制阀、压力控制阀和流量控制阀三大类；按结构形式不同可分为：滑阀式、锥阀式、球阀式、截止式、膜片式、喷嘴挡板式等；按连接方式不同有螺纹连接、板式连接和法兰连接三种。为了减少液压系统中元件的数目和缩短管道尺寸，有时常将两个或两个以上的阀类元件安装在同一个阀体内，制成结构紧凑的独立单元，如单向顺序阀、单向节流阀等，这些则称为组合阀。

液压回路是能实现某种规定功能的液压元件的组合，按完成的功能不同可分为方向控制回路、压力控制回路和速度控制回路等。

第一节　换向阀与换向回路

方向控制阀在液压系统中被用于控制液体的流动方向，从而改变执行元件的运动方向。根据其作用不同，方向控制阀分为单向阀和换向阀两类。

一、单向阀

单向阀根据其结构和工作原理的不同分为普通型和液控型两种。

（一）普通型单向阀

普通型单向阀的作用是控制液体只能向一个方向流动，反向则不通。图 6-1 所示为液压系统中常用的普通型单向阀。它由阀体 1、阀芯 2 和弹簧 3 等零件构成。阀芯分钢球式和锥阀式两种。钢球式阀芯结构简单，但密封性能不如锥阀式好，如图 6-1（a），一般只在低压小流量情况下使用。锥式单向阀又有直通式（图 6-1（b）、（c））和直角式（图 6-1（d）。图 6-1（a）、（b）、（d）均为管式单向阀。如图 6-1（b）所示，压力油从进油口 P_1 流入，作用于锥芯 2 上，顶开阀芯，经阀芯 2 上四个径向孔及中心孔从出油口 P_2 流出。当液流反向时，在弹簧和压力油的作用下，阀芯锥面紧压在阀体 1 的阀座上，油液不能通过。图 6-1（c）是 I-63B 型板式单向阀，其进、出油口开在底平面上，用螺钉（图中未标示）将阀体固定在连接板上，其工作原理和管式单向阀相同。液体流经直角单向阀时，仅从阀口通过，而流经直通单向阀时，除通过阀口还需通过阀芯的径向及轴向孔，故直角式比直通式单向阀的液流阻力小。锥式单向阀与钢球式单向阀比较，正向液流阻力小，密封性能好，因而目前应用很广，尤其多用在高压大流量的系统中，我国高压阀系列产品中的单向阀均采用锥形阀芯。图 6-1（e）为普通型单向阀的图形符号。

单向阀中的弹簧主要用来克服阀芯运动时的摩擦力和惯性力。为了使单向阀工作灵敏、可靠，应采用刚度较小的弹簧，以免液流产生过大的压力降。有的单向阀阀芯没有回

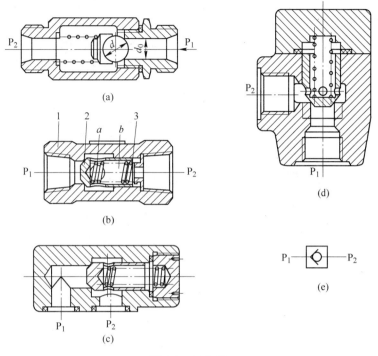

图 6-1　单向阀

1—阀体；2—阀芯；3—弹簧

位弹簧，这样可减少正向液流阻力，当液体反向时，阀芯依靠液体流经阀口时形成的压力差作用而关闭。一般单向阀的开启压力为 0.035~0.05MPa，全部流量通过时的压力损失一般不超过 0.1~0.3MPa。当将单向阀用作背压阀时，应换上刚度较大的弹簧，使回油保持一定的背压力。各种背压阀的背压力一般为 0.2~1.6MPa。

在液压系统中，单向阀的应用很广，常用在下列场合：

（1）用于液压泵的出口，防止液压油倒流。特别是高低压泵供油的双泵系统，为防止系统升压时高压泵液压油倒灌到低压泵中，可以在两泵出口各连接一个单向阀。

（2）用于隔开油路之间的联系，防止油路互相干扰。

（3）作背压阀用，使回油路保持一定的压力，保证执行元件的运动平稳性。单向阀作背压阀使用时，应将弹簧更换成刚度较大的弹簧，通常回油背压为 0.2~0.6MPa。

（4）作旁通阀用，单向阀常与顺序阀、减压阀、节流阀和调速阀并联组成单向复合阀。如单向顺序阀（平衡阀）、单向减压阀、单向节流阀等。

（二）液控型单向阀

液控单向阀除进出油口 P_1、P_2 外，还有一个控制油口 P_c（图 6-2）。当控制油口不通压力油而通回油箱时，液控单向阀的作用与普通单向阀一样，油液只能从 P_1 到 P_2，不能反向流动。当控制油口通压力油 P_c 时，就有一个向上的液压作用力克服单向阀阀芯上端的弹簧力顶开单向阀阀芯使阀口开启，这样正、反向的液流均可自由通过。

液控单向阀按控制活塞上腔的泄油方式不同分为内泄式（又称简式，如图 6-2（a）所示）和外泄式（又称卸载式，如图 6-2（b）所示）。前者泄油通单向阀进油口 P_1，后者直接引回油箱。图 6-2（b）所示卸载式单向阀在单向阀阀芯内装有卸载小阀芯。控制活塞上行时先顶开小阀芯使主油路卸压，然后再顶开单向阀阀芯，其控制压力仅为工作压力的 4.5%。没有卸载小阀芯的液控单向阀其控制压力为工作压力的 40%~50%。

需要指出的是，控制压力油油口不工作时，应使其接通油箱，否则控制活塞难以复位，单向阀反向不能截止液流。

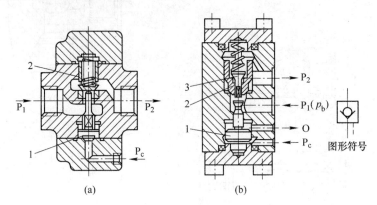

图 6-2 液控单向阀

（a）简式；（b）卸载式

1—控制活塞；2—单向阀阀芯；3—卸载阀小阀芯

液控单向阀既可以对反向液流起截止作用且密封性好，又可以在一定条件下允许正、反向液流自由通过，因此多用在液压系统的保压或锁紧回路。

图 6-3（a）为挖掘机的支腿油缸使用的液控单向阀，俗称液压锁。该液压锁主要由单向阀阀芯 1、阀套 2、控制活塞 4 和阀体等组成。阀体上的 A、B 口经换向阀分别与液压泵或油箱连通，A′、B′口分别与支腿液压缸的有杆腔和无杆腔连通。阀套 2 镶在阀体内并被螺盖压紧，套内装有单向阀阀芯 1。A、B 口的油可经阀套 2 上的 4 个径向孔通到单向阀前腔，单向阀开启后，压力油通过单向阀阀口，再经阀套 2 上的缺口槽 S，通到 A′或 B′口，阀套 2 的外缘装有密封圈，以保证 A 与 A′以及 B 与 B′腔之间的密封。单向阀阀芯外缘铣有两个小平面 ε，其弹簧腔经这两个小平面与阀套之间的缝隙与 A′、B′口相通。阀套 2 兼作单向阀的阀座，其材料为 45 钢，阀芯的材料为铸造铝合金，其硬度比阀座低，这样有利于密封，磨损后也易修复，但由于控制活塞 4 的顶推会使其变形，因而在阀芯上又加制了 45 钢销钉，以避免阀芯顶端的变形与过度磨损。

图 6-3（b）为支腿油缸的锁紧回路。扳动换向阀，使液压锁的 A 口进油时，压力油便打开左边单向阀从 A′口进入支腿液压缸的有杆腔，压力油同时把控制活塞向右推，打开右边的单向阀，使液压缸无杆腔的压力油通过该单向阀和换向阀回油箱，这是收起支腿的动作；当需要放下支腿时，扳动换向阀，使液压锁的 B 口进油，压力油便打开右边单向阀，从 B′口进入液压缸的无杆腔，同时把控制活塞向左推，打开左边单向阀，从而沟通液压缸的回油路。从以上的工作过程可以看出，液压锁实际上是由两个液控单向阀组合而成。

当挖掘机放下支腿进行作业时，换向阀应放在中间位置，A、B 口都被换向阀封闭，由于挖掘机重力的作用使支腿液压缸无杆腔内的油压升高，该腔的高压油把锥形单向阀阀芯压紧在阀座上，油压越高压得越紧，可以使液压油一点都不会漏回油箱，从而避免了液

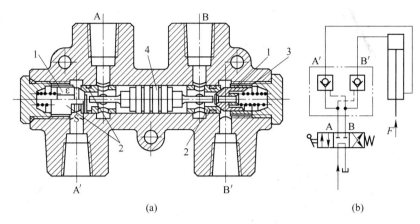

图 6-3　挖掘机支腿液压锁

1—单向阀阀芯；2—阀套；3—销钉；4—控制活塞

压缸活塞杆自动缩回的现象；当挖掘机收起支腿行驶时，其锁紧原理与挖掘机作业时相似。这样液压锁就真正起到了"锁"的作用。因此液压锁的作用是：在挖掘机行走时，可防止支腿自行伸出；在挖掘机作业时，可防止支腿自行缩回。

二、换向阀与换向控制回路

换向阀是利用阀芯和阀体的相对位置来改变液流的方向，以实现液压缸或液压马达的起动、换向、停止等动作。换向阀的应用广泛、种类繁多。

（一）基本结构和工作原理

换向阀主要由阀体及阀杆等组成，如图 6-4 所示。阀体内壁有若干条环形凹槽与外部油路相通，阀杆上则有若干个台肩与之相配合，以使一些环槽连通，而另一些环槽被封闭。当阀杆在阀体内作轴向移动时，可改变各环槽之间的连通关系，从而改变液流的方向。

如图 6-4 (d) 所示，图中的阀杆有三个台肩，阀体有五个环槽，这种形式的换向阀也称为三台肩五槽式。每个环槽都通过相应的孔道与外部油口相连通，外部油口常用字母 P、O、A、B 标识。当阀杆在图示位置时，P 口通 A 口，B 口通 O 口；当阀杆向右移动到另一位置（C 位置）时，P 口通 B 口，A 口通 O 口。通过移动阀杆改变了 A、B、P、O 油口的连通关系，从而改变了液流的流动方向。

（二）换向阀的分类与图形符号

换向阀的工作状态和连通情况可用职能符号较形象地表示，也就是我们通常所说的"几位几通"。其职能符号的基本含义是：

（1）阀杆相对于阀体的不同工作位置数称作位。符号中用方格数表示阀的工作位置数，有几个方格就表示几"位"。图 6-4 中的 (a)、(b)、(d) 是两位阀，(c)、(e) 是三位阀。

（2）通常将阀与液压系统中油路相通的油口数叫通。在一个方格内，箭头或堵塞符号"⊥"及"⊤"与方格的交点数为油口通路数，几通就表示有几根主油管与阀相通。通常箭头表示两油口相通，但不一定表示实际油液流向，"⊥"及"⊤"表示此油口截止。图

6-4 中的（a）为两通阀，（b）、（c）为三通阀，（d）、（e）为四通阀。

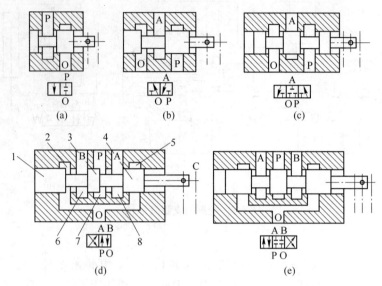

图 6-4 换向阀的结构原理图

1，3，4—阀杆上的凸肩；2，5~8—阀体上的凹槽

（3）图形符号中油口的标注字母含义：P 表示压力油的进口，通常接油泵，O 或 T 表示回油口，通常接油箱，A 和 B 表示连接执行元件或其他工作油路的油口。

一个换向阀完整的图形符号除了表示其职能外，还应表示出其操纵方式、复位方式和定位方式等内容。根据换向阀的操纵方式不同，换向阀可分为手动、机动、电磁动、液动、电液动换向阀等。换向阀通常采用弹簧复位和钢球定位等控制方式。而控制方式和复位弹簧的符号通常画在职能符号的两侧，符号中可能有的泄油口、控制油口，通常用虚线表示。如图 6-5 所示。

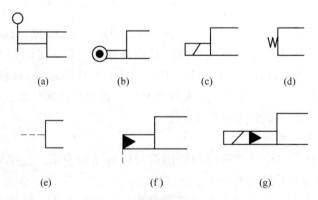

图 6-5 换向阀的操纵方式符号

（a）手动；（b）机动；（c）电磁动；（d）弹簧复位；（e）液动；（f）液动外控；（g）电液动

换向阀的常态位就是阀杆在原始（静止）状态下的位置。在液压系统图中，油路连接一般应画在换向阀图形符号的常态位上。二位阀中靠近弹簧一侧的那一位为常态位，三位阀的中间格为常态位。

（三）换向阀的中位机能

三位换向阀的阀杆在中间（中立）位置时，各油口的连通方式称为它的中位机能。中位机能通常用英文大写字母 O、H、Y、P、M、K、C、X、J、N 等"形象"表示。三位阀中位机能不同，中位时对系统的控制性能也不同。在分析和选择时要根据不同工作要求，考虑阀在中位时执行元件的换向精度、换向与启动的平稳性；是否需要保压和卸荷；是否需要浮动、差动或可在任意位置停止等因素综合确定。中位机能不同的同规格三位阀，虽阀体通用，但阀杆台肩的结构尺寸不同，内部通油情况也不同。表 6-1 列举了几种三位阀中位机能的结构、符号及其特点。

表 6-1　三位四（五）通滑阀机能及特点

代号	结构原理图	中位图形符号		机能特点
		三位四通	三位五通	
O		A B P T	A B T₁ P T₂	各油口全部封闭，缸两腔封闭，系统不卸荷；液压缸充满油，从静止到启动平稳；制动时运动惯性引起液压冲击较大；换向位置精度高
H		A B P T	A B T₁ P T₂	各油口全部连通，系统卸荷，缸成浮动状态；液压缸两腔接油箱，从静止到启动有冲击；制动时油口互通，故制动较 O 型平稳，但换向位置变化大
P		A B P T	A B T₁ P T₂	压力油口 P 与缸两腔连通，可形成差动回路，回油口封闭；从静止到启动较平稳；制动时缸两腔均通压力油，故制动平稳；换向位置变化比 H 型小，应用广泛
Y		A B P T	A B T₁ P T₂	油泵不卸荷，缸两腔通回油，缸成浮动状态；由于缸两腔接油箱，从静止到启动有冲击，制动性能介于 O 型与 H 型之间
K		A B P T	A B T₁ P T₂	油泵卸荷，液压缸一腔封闭一腔接回油箱；两个方向换向时性能不同
M		A B P T	A B T₁ P T₂	油泵卸荷，缸两腔封闭，从静止到启动较平稳；制动性能与 O 型相同；可用于油泵卸荷液压缸锁紧的液压回路中

代号	结构原理图	中位图形符号		机能特点
		三位四通	三位五通	
X		A B P T	A B T₁ P T₂	各油口半开启接通，P口保持一定的压力；换向性能介于O型和H型之间

（四）几种常用的换向阀

1. 机动换向阀

机动换向阀也称行程阀，它是以安装在工作台上的挡铁或凸轮来迫使阀杆移动，从而控制油液流动方向的换向阀。机动换向阀通常为两位阀，它有两通、三通、四通等几种。两位两通阀又有常闭和常通两种形式。

图6-6为两位三通机动换向阀的结构图。图示位置，阀芯2被弹簧3压向左端，压力油口P和工作油口A连通，工作油口B被封闭。当挡铁压迫滚轮1使阀芯移动到右端位置时，P口、B口连通，A口封闭，液压油改变流动方向，实现换向。

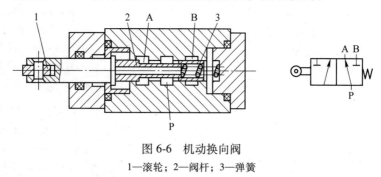

图6-6 机动换向阀
1—滚轮；2—阀杆；3—弹簧

2. 电磁换向阀

利用电磁铁的电磁推力使换向阀杆移动，改变油液的流动方向，从而控制执行元件的运动方向。这种换向阀叫电磁换向阀，简称电磁阀。它操纵方便，便于布置，有利于实现自动化，特别适合于机床和实验台使用，近年来也逐步应用到工程装备上，以实现远控操纵。

该类换向阀分电磁铁和换向滑阀两大部分，一般有两位两通、两位三通、两位四通、两位五通和三位四通、三位五通等各种形式。图6-7所示为二位三通电磁换向阀。当电磁铁断电时，阀芯5被弹簧9推向左端（常态位），使P与A接通，B口关断；当电磁铁通电时，铁芯通过推杆1将阀芯推向右端，使P与B接通，A口关断。

图6-8所示是三位四通电磁换向阀。当两端电磁铁均断电时，阀芯靠两端回位弹簧的作用保持在中立位置，P、A、B、T口互不相通；当左端电磁铁通电时，推杆3将阀芯推向右端，使P与B接通、A与T接通；当右端电磁铁得电时，阀芯被推向左端，使P与A接通、B与T接通。

电磁换向阀由于电磁铁额定吸力的限制，阀芯直径不能做得太大，其公称直径不超过

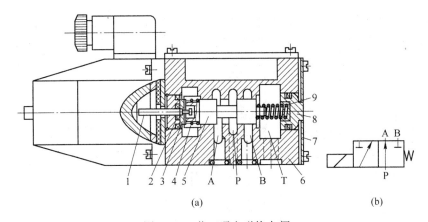

图 6-7 二位三通电磁换向阀

（a）结构图；（b）符号图

1—推杆；2—密封圈；3—弹簧座；4—支撑弹簧；5—阀芯；6—阀体；7—后盖；8—复位弹簧座；9—弹簧

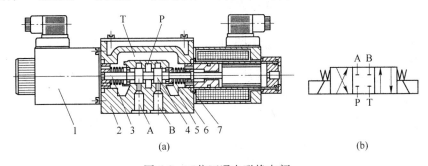

图 6-8 三位四通电磁换向阀

（a）结构图；（b）符号图

1—电磁铁；2—阀体；3—推杆；4—阀芯；5—弹簧座；6—弹簧；7—挡块

10mm，适用于流量不大的场合。当流量较大时应采用液动或电液动换向阀。

电磁换向阀按电源类型可分为交流型和直流型两种。交流型电磁铁吸力大，启动性能好，换向时间短（约为 $0.01 \sim 0.03s$），但换向时冲击力大，当阀芯卡住吸不动时，电磁线圈易烧坏。直流电磁铁换向较慢（一般为 $0.05 \sim 0.08s$），换向冲击力小，寿命长，但启动时吸合力小且需直流电源。

另外根据衔铁工作腔是否有液压油，又可将电磁换向阀分为干式和湿式。干式不允许压力油流入磁路、线圈等部分；湿式允许压力油流入电磁铁的空套内。干式为了防止压力油进入电磁铁中，阀的回流压力不能太高。湿式吸声小，冷却润滑好，温升低，寿命长，应用广泛。

3. 液动换向阀

对于大流量的换向阀，液动力与流量成正比，势必使轴向液动力增大，操作费力，因而出现了用液压作用力推动阀杆轴向移动的换向阀，称之为液动换向阀。

图 6-9（a）为 34Y-25B 型液动换向阀的结构图，图 6-9（b）为其职能符号图。当控制油路的压力油从阀左侧的控制油口 K_1 进入换向阀左腔时，右侧的控制油口 K_2 通油箱回油，于是阀杆被推向右端，这时 P 口与 A 口连通，B 口与 O 口连通，当控制油路的压力油从阀右边的油口 K_2 进入换向阀右腔，阀杆左端油腔通回油时，阀杆左移，这时，油口 P

和 B 相通、A 和 O 相通，于是实现了油路的换向。当两个控制油口都不通压力油时，阀杆在两端回位弹簧的作用下，靠定位套筒恢复到中间位置。型号中的 Y 表示液动，25 表示公称流量为 25L/min，B 表示板式连接。

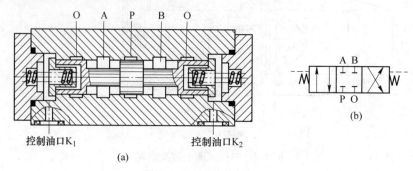

(a)

图 6-9　型号为 34Y-25B 的液动换向阀

4. 电液动换向阀

电液换向阀是由电磁换向阀和液动换向阀组合而成的。其中电磁换向阀用来改变通到液动换向阀两端控制油路的流向，以改变阀芯的工作位置，称其为先导阀。液动换向阀用来控制系统中的执行元件，称其为主阀。这种操纵方式，实现了用较小的电磁铁吸力来控制主油路大流量的换向，适用于大流量的液压系统。

根据阀杆由换向位置回到中立位置动作原理的不同，液动换向阀分为弹簧对中型和液压对中型两类。图 6-10 所示为弹簧对中型的电液换向阀，上面的先导阀为三位四通 Y 形

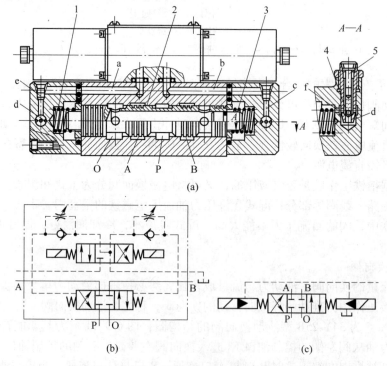

(a)

(b)　　　　　　　　　　(c)

图 6-10　型号为 34EY 的弹簧对中型电液动换向阀

1，3—弹簧；2—主阀阀杆；4—单向阀；5—调整螺钉

电磁换向阀，下面的主阀为三位四通 O 形液动换向阀。当先导阀的电磁铁不通电时，先导阀芯处于中间位置，无压力油进入主阀阀芯两端油腔，主阀在两端弹簧力的作用下处于中位，此时 P、A、B、O 互不连通。当左端电磁铁通电时，先导阀阀芯移到右端，控制油路的压力油经先导阀和单向阀进入主阀芯左腔，推动阀芯移向右端，此时主阀芯右腔的液压油通过节流阀和先导阀回油箱，使主阀的 P 与 A 接通、B 与 O 接通。反之当右端的电磁铁通电时，控制主阀换向。控制油路上的单向节流阀用于调节主阀阀芯的换向速度，避免换向冲击；其中单向阀用来保证进油畅通，节流阀用于阀芯两端油腔的回油节流。图 6-10（b）和图 6-10（c）是电液换向阀的职能符号。

5. 手动换向阀

手动换向阀是利用手动杠杆的作用力来驱动阀芯移动，以实现换向的阀类。手动换向阀特别适用于行走机械之类无电源的场合。

手动换向阀的各工作位置有全定位的，也有弹簧复位的。图 6-11（a）为钢球定位手动三位四通换向阀，操纵手柄可以通过钢球使阀芯在三个不同的工作位置上定位。阀杆一

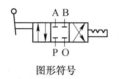

图形符号

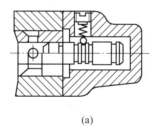

(a)

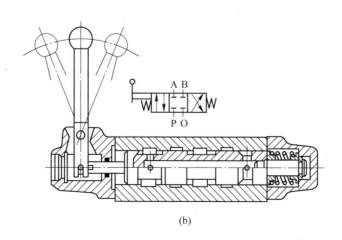

(b)

图 6-11　手动换向阀
（a）弹簧钢球定位结构；（b）弹簧自动复位结构

端开出三道 V 形环槽，端盖内有固定套筒和活动套筒，两套筒端面铣有斜面形成 V 形环槽，在此环槽中放有一排钢球。活动套筒在定位弹簧推动下通过斜面挤压钢球，使其进入阀杆的 V 形环槽中将阀杆轴向固定。图 6-11（b）为弹簧复位的三位四通手动换向阀，这种阀不能在两端工作位置上定位。操纵手柄可以使阀芯左右移动，改变阀芯的工作位置，使油路换向，松开操纵手柄后，阀芯在弹簧力的作用下恢复到中位。

（五）换向控制回路

运动部件的换向，一般可采用各种换向阀来实现。在容积调速的闭式回路中，可采用双向变量泵控制供油方向来实现液压缸（或液压马达）换向。由此可见，几乎在每一个液压系统中都包含有换向回路，在换向回路中要正确选择换向阀。

1. 位数和通路数的选择

对于依靠重力或弹簧力回程的单作用液压缸，可以采用二位三通换向阀使其换向。图 6-12 所示为采用二位三通换向阀使单作用液压缸换向的回路。当电磁铁通电时，液压泵输出的油液经换向阀进入液压缸左腔，活塞向右运动；当电磁铁断电时，液压缸左腔的油液经换向阀回油箱，活塞在弹簧力的作用下向左返回，从而实现了液压缸的换向。

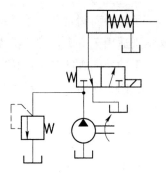

图 6-12　单作用缸换向回路

如果只要求接通或切断油路时，可采用二位二通换向阀。对于双作用液压缸，当执行元件不要求中途停止，可采用二位四通或二位五通换向阀即可实现正、反向运动；当执行元件要求有中途停止或有特殊要求时，则采用三位四通或三位五通换向阀，并注意三位阀中位机能的选择。

2. 换向阀操纵方式的选择

自动化程度要求较高的应选择电磁换向阀或电液换向阀；流量较大、换向平稳性要求较高的系统，可采用手动阀或机动阀作先导阀以液动阀为主阀的换向回路，或采用电液换向阀。

第二节　压力阀与压力调节回路

液压系统中，压力阀是用来控制液体的压力或者控制执行元件或电气元件在某一调定压力下动作的阀。各种压力阀都由阀体、阀芯、弹簧和调压部分组成。其工作原理都是利用阀芯上液压力与弹簧力相平衡的原理来控制阀的开口度大小，调节压力或产生动作。压力阀有溢流阀、减压阀、顺序阀等类型。

压力控制回路是利用压力阀来控制系统整体或某一部分的压力，以满足单泵供油系统中各执行元件对作用力或力矩的要求。这类回路包括调压、减压、增压、卸荷、顺序和平衡等多种回路。

一、溢流阀与调压回路

（一）溢流阀的结构及工作原理

根据结构不同，溢流阀可分为直动型和先导型两类。

1. 直动型溢流阀

图6-13所示为一种低压直动型的溢流阀。其中图（a）、（b）分别为直动型溢流阀的结构图和图形符号。直动型溢流阀是依靠系统中的压力油直接作用在阀芯上与弹簧力相平衡来控制阀芯的开、闭动作的。从压力油进油口P进入阀体，经阀芯4上的径向孔a和阻尼小孔b进入阀芯的下端c腔，当进油压力较小时，阀芯在弹簧2的作用下处于下端位置，将进油口P和与油箱连通的出油口T隔开，即不溢流。当进油压力升高，阀芯所受的压力油作用力 $p \cdot A$（A为阀芯下端的有效面积）超过弹簧的作用力 F_s 时，阀芯抬起，将油口P和T连通，使多余的油液排回油箱，起到了溢流、定压作用。阻尼孔b的作用是减小油压的脉动，提高阀工作的平稳性。弹簧的压紧力可通过调压手柄1进行调节。

当通过溢流阀的流量变化时，阀口的开度也随之改变，但在弹簧压紧力 F_s 调好以后，作用于阀芯上的液压力 $p = F_s/A$ 不变。因此，当不考虑阀芯自重、摩擦力和液动力的影响时，可以认为溢流阀进口处的压力 p 基本保持为定值。故调整弹簧的压紧力 F_s，也就是调整了溢流阀的工作压力 p。

若用直动型溢流阀控制较高压力或较大流量时，需用刚度较大的硬弹簧，结构尺寸也将较大，这将造成调节困难，油液压力和流量波动较大。因此，直动型溢流阀一般只用于低压小流量系统或作为先导阀使用，而中、高压系统常采用先导型溢流阀。

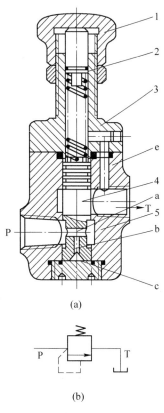

(a)

(b)

图6-13 直动式低压溢流阀
1—调压手柄；2—弹簧；3—上阀体；
4—阀芯；5—下阀体

2. 先导型溢流阀

如图6-14所示为先导型溢流阀。图（a）为图形符号；图（b）为结构图。它由先导阀和主阀两部分组成。其原理为进油腔A的压力油进入阀体，并经孔f进入阀芯下腔，同时经阻尼孔e进入阀芯上腔，而主阀芯上腔压力油由先导型溢流阀来调整并控制。当系统压力低于先导阀调定值时，先导阀关闭，阀内无油液流动，主阀芯上、下腔油压相等，因而它在主阀弹簧作用下使阀口关闭，阀不溢流。当进油腔A的压力升高时，先导阀进油腔油压也升高，直至达到先导阀弹簧的调定压力时，先导阀被打开，主阀芯上腔油液经c孔、b孔、先导阀口及阀体上的孔道a经回油腔B流回油箱，经孔e的油液因流动产生压降，使主阀芯两端产生压力差，当此压差大于主阀弹簧4的作用力时，主阀芯抬起，实现溢流稳压。调节先导阀的手轮，便可调整溢流阀的工作压力。

由于主阀芯开度是靠上、下面压差形成的液压作用力与弹簧力相互作用来调节的，因此弹簧4的刚度很小。这样在阀的开口度随溢流量发生变化时，调定压力的波动很小。当更换先导阀的弹簧（刚度不同）时，便可得到不同的调压范围。

在先导型溢流阀的主阀芯上腔另外开有一油口K（称为远控口），与外界相通，不用

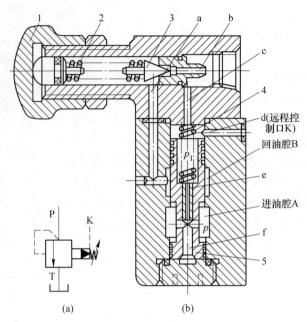

图 6-14 先导型溢流阀
1—调节螺帽；2—调压弹簧；3—先导阀芯；4—主阀弹簧；5—主阀芯

时可用螺塞堵住。这时主阀芯上腔的油压只能由自身的先导阀来控制。但当用油管将远控口 K 与其他压力控制阀相连时，主阀芯上腔的油压就可以由安装在别处的另一个压力阀控制，而不受自身的先导阀调控，从而实现溢流阀的远程控制，但此时，远控阀的调整压力要低于自身先导阀的调整压力。

（二）溢流阀的应用及调压回路

溢流阀在液压系统中能分别起到溢流稳压、安全保护、远程调压与多级调压、使泵卸荷以及使液压缸回油腔形成背压等多种作用。

1. 溢流稳压

图 6-15 为一个简单的节流调速回路，系统采用定量泵供油，定量泵排出的油分成两路，一路经节流阀进入液压缸，一路经溢流阀回油箱。系统中，手动换向阀用来改变液压缸的运动方向，节流阀可方便地改变液压缸的运动速度。溢流阀处于其调定压力的常开状态，可以使液压泵出口压力保持一定，调节弹簧的压紧力，也就调节了系统的工作压力，因此在节流调速系统中，溢流阀的作用即为溢流稳压，用以保证油泵出口压力为常数，又称定压阀。

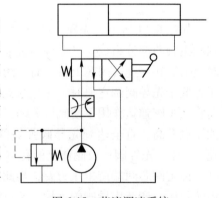

图 6-15 节流调速系统
1—阀芯；2—弹簧；3—节流阀

2. 安全保护

图 6-16 所示系统采用变量泵供油，液压泵供油量随负载大小自动调节至需要值，系统内没有多余的油液需要溢流，其工作压力由负载决定。溢流阀只有在过载时才打开，对系统起安全保护作用，故该系统中的溢流阀又称作安

全阀，且系统正常工作时它是常闭的。

3. 使泵卸荷

图 6-17 所示系统中，当电磁铁 1YA 通电时，先导型溢流阀的远程控制口与油箱连通，相当于先导阀的调定值为零，此时其主阀芯在进油口压力很低时即可迅速抬起，使泵卸荷，以减少能量损耗与泵的磨损。

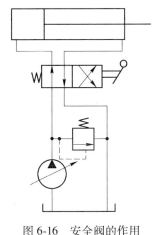

图 6-16　安全阀的作用

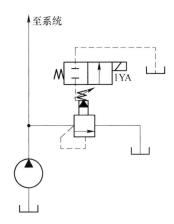

图 6-17　卸荷回路

4. 作背压阀

图 6-18 所示系统中，将溢流阀设置在液压缸的回油路上，这样缸的回油腔只有达到溢流阀的调定压力时，回油路才与油箱连通，使缸的回油腔形成背压，从而避免了当负载突然减小时活塞的前冲现象，提高了运动部件运动的平稳性。因此这种用途的阀称为背压阀。在此可选用直动型低压溢流阀。

5. 远程调压

图 6-19 所示系统中，先导型溢流阀 1 的远程控制口串接一个远程调压阀 3 和二位二通

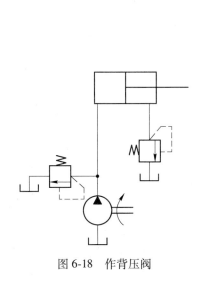

图 6-18　作背压阀

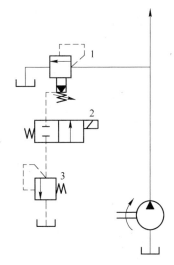

图 6-19　远程调压

1—先导型溢流阀；2—二位二通换向阀；3—调压阀（溢流阀）

换向阀2，当换向阀断电处于图示位置时，系统压力由阀1调定。当换向阀通电处于右位工作时，阀3的出口与油箱接通，系统压力由远程调压阀3调定。应注意的是，该系统应满足：阀3的调定压力小于阀1的调定压力，否则系统不能实现二级远程调压。

6. 多级调压

如图6-20所示，先导式溢流阀1的远程控制口，通过三位四通换向阀2与调压阀3和4相连接。当电磁换向阀不通电处于图示位置时，系统压力由阀1调定，当换向阀的电磁铁1YA通电处于左位工作时，系统压力由阀3调定；当换向阀的电磁铁2YA通电处于右位工作时，系统压力由阀4调定，从而实现三级调压。系统应满足：阀3和阀4的调定压力小于阀1的调定压力，否则远程调压阀3和4不起作用。

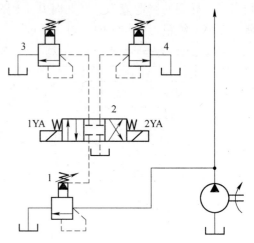

图6-20 多级调压回路
1—先导式溢流阀；2—三位四通换向阀；
3，4—调压阀（先导式溢流阀）

二、减压阀及减压回路

当液压系统中某一部分需要获得一个比液压泵供油压力低的稳定压力时，就可以使用减压阀，减压阀在系统的夹紧、控制、润滑等油路中应用较多。按其调节性能可分为定值减压阀、定比减压阀和定差减压阀三种。定比减压阀和定差减压阀能使阀的进出口压力之间分别保持近似恒定的比值及差值，这两种阀一般不单独使用，而与其他功能的阀一起形成相应的组合阀。定值减压阀应用最广，简称减压阀，能使其出油口压力低于进口压力，并能保持出口压力近似恒定。这里只介绍定压减压阀。

（一）减压阀的结构和工作原理

定压减压阀分为直动型和先导型两类，其中先导型减压阀应用较广。图6-21为先导型的J型减压阀结构图和图形符号，其结构与先导型溢流阀类似，不同的地方是进、出口与先导型溢流阀相反，阀芯形状也不同，减压阀主阀芯中间多一个台肩，由于进、出油口均通压力油，所以泄漏口必须从外部单独引回油箱。

J型减压阀的工作原理如下，高压油从进油口（图中未示出）进入油腔A，低压油从出油腔B引出。低压油由出油腔B通过小孔f与阀芯的底部接通，同时通过阻尼小孔e流入阀芯的上腔，又通过上盖上的通孔c和b作用于先导阀阀芯3上，主阀芯上腔的压力由调压弹簧2调节。当负载较小，出口（B油腔）的压力p_2小于调定压力时，先导阀的锥阀3关闭，主阀芯上下的油压相等，这时阀芯在弹簧力作用下处于最下端位置，滑阀控制口全部打开，减压阀不起减压作用。当负载增大，油腔B的油压达到调定压力时，主阀芯上端的油液便能够将先导阀打开，少量油液经泄油孔a和d流回油箱。由于阻尼孔e的作用，主阀芯下部压力大于上部压力，这个压力差所产生的向上作用力克服了主阀芯的自重、摩擦力和弹簧力而使主阀芯上移，这时控制口开度为h，所控制的出油口压力即为调定值。当出口压力大于调定值时，控制口开度h将减小，压力降增大，出口压力便自动下降，并使作用在阀芯上的液压作用力和弹簧力等在新的位置上又重新达到平衡。出口压力

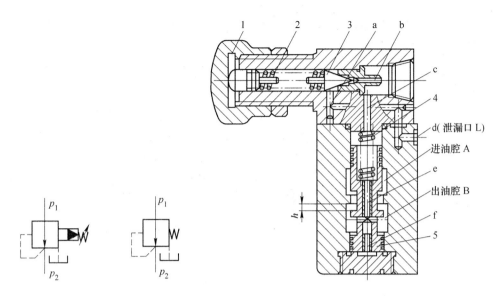

图 6-21　J 型减压阀

1—调压螺帽；2—调压弹簧；3—先导阀阀芯；4—主阀弹簧；5—主阀芯

稍有减小时，控制口开度 h 增大，压力降减小，出口压力又自动回升。减压阀利用自动调节控制口开度 h 的大小，来使出口压力 p_2 保持基本不变。

在减压阀出口油路的油液不再流动的情况下（如所连的夹紧油路油缸运动到底后），由于先导阀泄油仍未停止，减压口仍有油液流动，阀就仍然处于工作状态，出口压力也就保持调定数值不变。

调节螺帽即可调节调压弹簧的预紧力，从而调节减压阀的出口压力。正常使用时 K 口用堵头堵住，必要时也可打开作为遥控口用。

将先导式减压阀和先导式溢流阀进行比较，它们之间有如下几点不同之处：

（1）减压阀保持出口处压力基本不变，而溢流阀保持进口处压力基本不变。

（2）在不工作时，减压阀进出口互通，而溢流阀进出不通。从两阀的职能符号中箭头位置上可体现出来。

（3）减压阀的控制油液取自出油口处，而溢流阀的控制油液取自进油口处。

（4）为保证减压阀出口压力调定值恒定，它的先导阀弹簧腔需通过泄油口单独外接油箱，而溢流阀的出油口是通油箱的，所以它的先导阀弹簧腔的油液经阀的内部通道与出油口相通而无外泄口。

（二）减压阀的应用

减压阀常用于系统的减压及稳压回路。

1. 减压回路

图 6-22（a）为用于机床夹紧油路系统中的原理图。液压泵 1 经减压阀 2、单向阀 3、换向阀 4 供给夹紧液压缸 5 压力油。溢流阀 6 使液压泵出口油压保持高于液压缸所需要的某一定值，向主系统供油。单向阀 3 的作用是当给主系统供油时，使夹紧力不受主系统压力波动的影响。

2. 稳压回路

图 6-22（b）为采用液力传动的工程装备单泵同时向变矩器和变速箱换挡离合器供油的原理图。变速箱换挡离合器需要的油压为 1.2~1.5MPa，由溢流阀 6 保证，变矩器需要油压为 0.6~0.8MPa，由减压阀 2 的出口压力来保证。

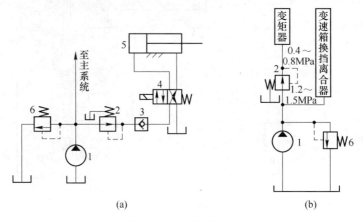

(a)　　　　　　　　　　(b)

图 6-22　减压阀的应用

1—液压泵；2—减压阀；3—单向阀；4—换向阀；5—液压缸；6—溢流阀

三、顺序阀及顺序动作回路

顺序阀是以压力作为控制信号，自动接通或切断某油路的压力阀。在单泵向几个执行元件供油的液压系统中，采用顺序阀可以使各执行元件按预定的顺序动作。顺序阀按结构形式不同分为直动型和先导型两种。

（一）顺序阀的工作原理

图 6-23 为顺序阀的结构原理图。泵或液压缸来油进入顺序阀的一次油入口，并通过下盖 6 的通道作用于阀芯 5 的下端与弹簧 3 相平衡。当一次油压很低时，阀芯在弹簧作用下将阀进、出油口断开。当一次油压升高到一定值时，阀芯向上移动，将一次油入口与二次油出口接通，液压油经顺序阀进入下一个液压缸。拧调压螺钉 1，可以调整阀的开启压力。阀芯向上运动时弹簧腔多余的油从泄油口直接回油箱。

这种由一次油压直接控制其启闭的阀叫直控顺序阀。如果将阀的下盖 6 转过180°，使阀芯 5 下端的油不再通一次油路，而将远控口的螺堵去掉接外部控制油路，便可对顺序阀实现远控，外部控制油压达

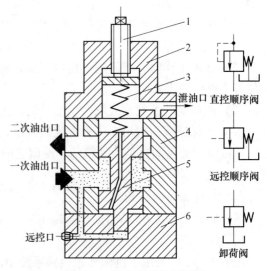

图 6-23　顺序阀结构原理图

1—调压螺钉；2—上盖；3—弹簧；

4—阀体；5—阀芯；6—下盖

一定值时，阀开启。采取这种控制方法的顺序阀叫远控顺序阀。若远控顺序阀的二次油口
接油箱，当外部控制油压达一定值时，阀开启，一
次油便通过顺序阀直接回油箱而卸荷，采取这种用
法的顺序阀叫卸荷阀。由于卸荷阀的二次油出口是
接油箱的，阀的上盖 2 便可以转过 180°安装，使弹
簧腔的油与二次油出口接通，将泄油口堵死，这样
可以省去一根泄油管，称之为内卸，否则称之为
外卸。

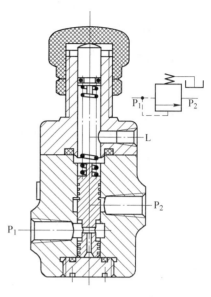

（二）顺序阀的结构

1. 直动型顺序阀

图 6-24 为 X-B 型直动顺序阀。该阀的压力调节
范围是 0.2~2.3MPa，其结构和滑阀式直动型溢流阀
相似。区别是溢流阀出油口接油箱，而顺序阀出油
口（即 P_2 口）接下一个执行元件，泄漏到弹簧腔的
油经泄油口 L 单独回油箱。

2. 先导型顺序阀

图 6-25 为高压系列先导式顺序阀。压力油从进

图 6-24　X-B 型直动顺序阀

油口 P_1 进入，经通道 a、b 进入主阀下端，再经阻尼孔流入主阀上端，当系统压力不高
时，先导阀关闭，主阀芯两端压力相等，复位弹簧将阀芯推向下端，顺序阀进、出油口关
闭；当进油口压力达到调定值时，先导阀打开，主阀上端的压力油经先导阀从外泄油口 L
流回油箱，压力油经阻尼孔时形成节流，在主阀芯两端形成压差，此压力差克服弹簧力，
使主阀芯抬起，进、出油口打开。

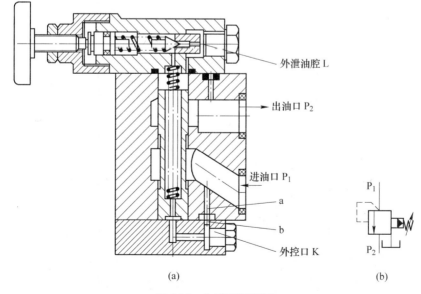

(a)　　　　　　　　　　　　　(b)

图 6-25　先导型顺序阀

（a）结构图；（b）符号图

从上述对顺序阀工作原理的分析，可以看到溢流阀与顺序阀的共性及各自的特点。即共性为阀的开启都是靠阀的进油压力直接控制的；其不同点是，溢流阀的回油通油箱，阀口处的压力降很大，因而功率消耗很大。顺序阀的出口通二次油路，这些油是去做功的，因而阀口处的压力降通常都很小。

（三）顺序阀的应用

顺序阀在液压系统中的应用主要有：

（1）控制多个执行元件的顺序动作。图 6-26 中要求 A 缸先动，B 缸后动，通过顺序阀可以实现。顺序阀在 A 缸动作 1 时处于关闭状态，当 A 缸到位后，油液压力升高，达到顺序阀的调定值后打开通向 B 缸的油路，从而实现 B 缸动作 2。

（2）用外控顺序阀使双泵系统的大流量泵卸荷。图 6-27 所示油路，泵 1 为大流量泵，泵 2 为小流量泵，两泵并联。在液压缸快速进退阶段，泵 1 输出的油经单向阀与泵 2 输出的油汇合一起流向液压缸，使缸获得快速进给；当液压缸转为慢速工进时，缸的进油路压力升高，外控式顺序阀 3 被打开，泵 1 即卸荷，由泵 2 单独向液压缸供油以满足工进的流量要求。在本油路中外控内泄式顺序阀 3 因能使泵卸荷，故又称卸荷阀。

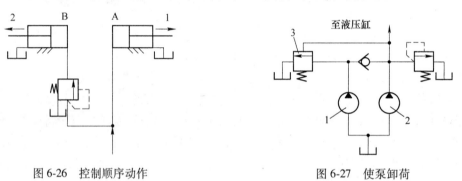

图 6-26　控制顺序动作　　　　　　　　图 6-27　使泵卸荷

（3）顺序阀与单向阀并联并做成一体时叫单向顺序阀或平衡阀，如图 6-28 所示。

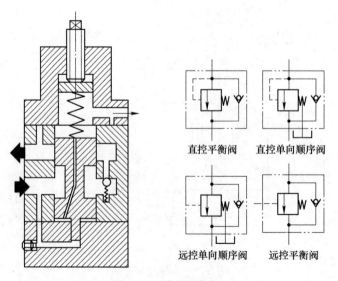

直控平衡阀　　　直控单向顺序阀

远控单向顺序阀　　　远控平衡阀

图 6-28　单向顺序阀

单向顺序阀常用于工程装备前后支腿液压缸的顺序收放动作，见图 6-29。当需要放下支腿时，A 口进油，压力油首先进入后支腿液压缸，该缸的回油经单向顺序阀Ⅱ中的单向阀回油箱。支腿着地后，液压缸内油压升高，当油压升到单向顺序阀Ⅰ中顺序阀的开启压力时，该阀开启，油进入前支腿液压缸。当需要收起支腿时，B 口进油，压力油将首先进入前支腿液压缸，待支腿完全收起后，油压升高打开顺序阀Ⅱ，压力油才进入后支腿液压缸。前后支腿这样的放、收顺序，有利于保持机械的稳定。

平衡阀用于防止因重物的作用使液压缸活塞杆自行缩入或伸出和稳定其运动速度。图 6-30 中起重机动臂起落的液压系统中就采用了远控平衡阀，当需升起动臂时，A 口进油，通过平衡阀中的单向阀进入液压缸无杆腔。A 口停止进油后，由于平衡阀的作用，液压缸内的油不会倒流，即动臂不会在重物作用下自行下落。当需要落下动臂时，B 口进油，因开始时平衡阀未打开，液压缸不能回油，故 B 口油压升高，当 B 口油压升高到一定值时打开平衡阀，液压缸回油路接通，动臂下降。如果动臂在重物作用下下落过快，则液压缸上腔油压降低，从而使平衡阀关小，这样就限制了动臂下落的速度，使之与液压泵的供油流量相适应。在有些防止工作机构自行下滑的液压系统中，不用远控平衡阀，而用直控平衡阀，基本原理是一样的。

比较上述（图 6-29 及图 6-30）两例可知，单向顺序阀与平衡阀的功用是不同的，但它们的结构相同。结构相同而作用不同的原因是阀在液压泵和液压缸之间的安装方向不同：应用平衡阀时，进油通过单向阀；而应用单向顺序阀时，回油经单向阀。至于两种阀的内部泄油和外部泄油之别，是由其不同的使用情况决定的，此不同点不是二者本质的区别。其实拿一个单向顺序阀原封不动，就可以当平衡阀用，其泄油口仍可接回油箱，只是没那个必要，因为作平衡阀用时，阀的出口是通油箱的。

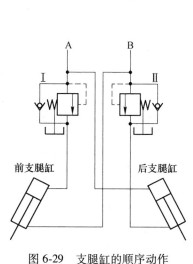

图 6-29　支腿缸的顺序动作

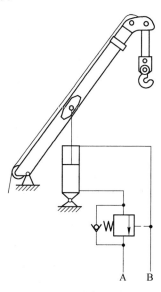

图 6-30　平衡阀的应用

第三节　流量阀与节流调速回路

流量控制阀是靠改变阀口通流面积的大小，来调节通过阀口的流量，从而改变执行元件的运动速度。常用的流量阀有节流阀、调速阀、溢流节流阀等。

液压传动系统中速度控制回路包括调速回路、快速运动回路和速度换接回路等。

一、节流阀

节流阀是流量阀中最简单的一种，其基本原理就是在液流通道上设置一个小孔或缝隙，以形成一定的"阻尼"，达到改变流量的目的。

图 6-31 为 L 型节流阀的结构图和图形符号。该阀的节流口形式是轴向三角槽式。压力油从进油口 P_1 进入节流阀，经孔 a 进入环形槽，再经过阀芯 1 左端狭小的轴向三角槽（节流口），通过孔 b 由出油口 P_2 流出。旋转手柄 3 可使推杆 2 做轴向移动：左移时，节流口关小；右移时，弹簧 4 推阀芯右移，节流口开大，从而调节了通过阀的流量。

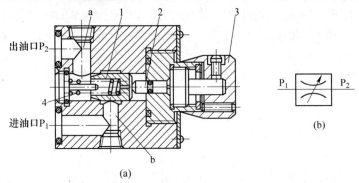

图 6-31 L 型节流阀

（a）结构图；（b）符号图

1—阀芯；2—推杆；3—手柄；4—弹簧

上述节流阀的节流口结构比较简单，制造方便，不易堵塞，但通道较长，易受油液温度影响。除此之外，实际中还有偏心式、周向缝隙式、轴向缝隙式等形式的节流口。由于节流阀没有解决负载与温度变化对流量稳定性的影响等较大的问题，因此，只适用于在速度稳定性要求不高的液压系统中应用。

二、调速阀

图 6-32（a）、（b）、（c）所示分别为调速阀的工作原理图、图形符号及简化图形符号。调速阀是定差减压阀 1 与节流阀 2 串联而成的组合阀，其中定差减压阀的作用是使节流阀前后的压力差在负载变化时能自动保持恒定，从而克服了节流阀压力差随负载而变化的缺点。

调速阀的工作原理如图 6-32 所示。压力为 p_1 的油进入定差减压阀，经减压后压力为 p_2，再经节流阀节流，节流阀后的压力为 p_3。定差减压阀输出压力 p_2，一方面通过孔 d 引到定差减压阀阀芯大端的环形腔 c 中，另一方面经孔 f 通到定差减压阀阀芯小端的底部油腔 e 中。节流阀的出口压力 p_3 则经孔 a 到定差减压阀阀芯大端的 b 腔中，在平衡位置时，定差减压阀阀芯上下两端所受的作用力应相等。如忽略阀芯重量、摩擦力以及液动力的影响，则作用在定差减压阀阀芯上力的平衡方程式为：

$$p_2 \cdot A = p_3 A + F_s$$

即

$$p_2 - p_3 = \Delta p = \frac{F_s}{A} \tag{6-1}$$

式中 A——减压阀阀芯的大端面面积；

      F_s——弹簧力。

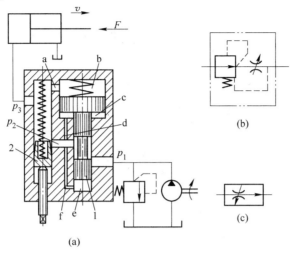

图 6-32   调速阀
1—减压阀阀芯；2—节流阀

由于定差减压阀的弹簧刚度小，故阀芯移动时弹簧力 F_s 数值变化很小。可以认为节流阀前后的压力差基本上是一个定值。这表明通过调速阀的流量只随节流阀开口面积的大小而改变，与负载变化无关。

三、流量控制阀的应用

在定量泵系统中，流量控制阀可以串联在执行元件的进、回油路上，也可以与执行元件并联，实现速度调节与控制。这时必须与起溢流稳压作用的溢流阀配合使用。调速阀也可与变量泵组成容积节流调速回路，在提高速度稳定性的同时，提高系统效率。

图 6-33 所示为进、回油节流调速回路。定量泵输出油压由溢流阀控制，液压缸速度由节流阀调节，泵输出的多余油液经溢流阀流回油箱。

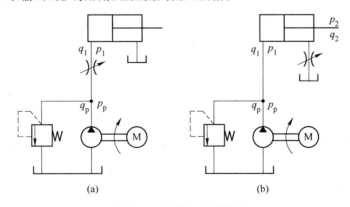

图 6-33   用流量阀进行调速
（a）进油节流调速；（b）回油节流调速

这两种油路在使用中有各自的特点，一般主要从速度稳定性与工作效率这两方面进行比较。在负载较重，速度较高或负载变化较大时，应将节流阀换为调速阀。

第四节　多路换向阀

一、多路阀的形成

每一台机械为完成一定的作业任务，其工作装置要由几个构件组成。例如挖掘机的工作装置一般由铲斗、斗杆、动臂、支腿及回转机构等组成。图 6-34 为某小型轮式液压挖掘机的液压系统图。挖掘机的铲斗、斗杆、动臂及左、右支腿各用一液压缸驱动，这样，每一个执行元件均要由相应的换向阀控制其正、反动作及锁住不动。此外，作业时还要求各机构的动作很协调，因而各换向阀还必须根据要求按相应的油路连接起来。

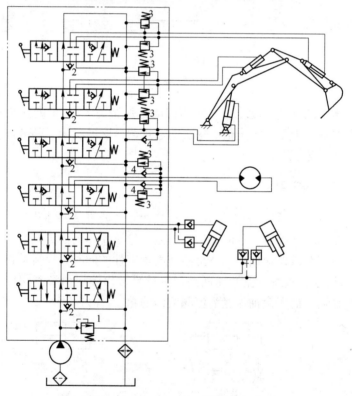

图 6-34　挖掘机液压系统图

1—安全阀；2—单向阀；3—过载阀；4—补油阀

为防止油泵过载，防止出现点头现象和不工作时油缸过载等，在系统中还必须设置安全阀 1、单向阀 2、油缸过载阀 3，同时为了防止油缸内产生真空，还设置了补油单向阀 4。如果将上述各控制阀都用油管连为一个系统不但结构庞大、复杂、难于布置，而且压力损失也会很大。目前工程装备一般都采用以换向阀为主体，将上述各种阀尽量组装成一个整体的阀，这就是多路换向阀，简称多路阀。这样能使管路简化、结构紧凑，在机械上便于布置。

二、多路阀的分类

由于液压机械工作特点的不同，所要求多路阀的形式也不相同，加上制造工艺不断改进，使多路阀型号繁多，其分类方法也就多种多样。

（一）根据多路阀的外形不同分类

按外形不同，多路阀分为整体式和分片式。一组多路阀往往有几个换向阀组成，每个换向阀叫作一联。将各联换向阀制成一体的叫整体式。整体式多路阀结构紧凑、重量轻、压力损失少，但通用性差、报废率较高，只适合于联数较少的多路阀。将每联换向阀制成一片，用螺栓连成一体的叫分片式。分片式多路阀便于制造、维修，应用范围广，但体积大，片与片之间密封困难，连接螺栓拧得过紧可能使阀孔失圆，卡紧阀杆，故阀杆与孔的配合间隙要大，但这又增大了内漏。

（二）根据液压泵的卸荷方式不同分类

当各联换向阀处于中立位置时，泵的卸荷分为有专用中立位置回油道卸荷和卸荷阀卸荷两种方式。

1. 专用中立位置回油道卸荷

图 6-35（a）是利用中立位置回油道卸荷的多路阀。各换向阀当在中立位置时，入口的压力油都会经过一条专用油道流回阀的出口回油箱，这条油道（图中左边有箭头部分）称为中立位置回油道。但当换向阀处于换向位时都会切断该油道，使高压油经换向阀进入执行元件，同时从执行元件回来的油又经换向阀进入回油道。换向阀在移动过程中，中立位置回油道是逐渐减小最后被切断的，所以从此阀口回油箱的流量逐渐减小，并一直减小到零，进入执行元件的流量则从零逐渐增加，并一直增大到泵的供油量。因而这种多路阀使执行元件启动平稳无冲击，而且有一定的调速性能，缺点是中立位置回油的压力损失较大，而且换向阀的联数越多，压力损失也越大。

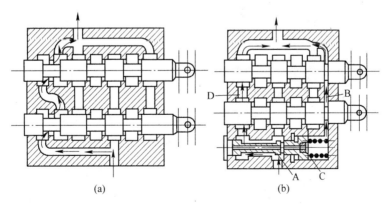

图 6-35 液压泵的卸荷方式

2. 卸荷阀卸荷

图 6-35（b）所示的多路阀入口压力油是经卸荷阀 A 卸荷的。所有换向阀当处于中立位置时，卸荷阀的控制通路 B 与回油路接通，压力油流经卸荷阀上的阻尼孔 C 时产生压力降，使卸荷阀弹簧腔的油压低于阀的进口油压，卸荷阀便在此两腔压力差的作用下克服不

大的弹簧力开启，大部分油便从油道 D 回油。这种回油方式的卸荷压力在换向阀的联数增加时变化不大，始终能保持较小的数值。但是卸荷阀的控制通道 B 被切断的瞬时，卸荷阀是突然关闭的，所以会产生液压冲击。

（三）根据各联换向阀之间的油路连接方式不同分类

按各联换向阀之间油路连通关系，多路阀分为并联、串联、串并联等几种形式。

1. 并联

图 6-36（a）的两联换向阀为并联连接。从进油口来的油可直接通到各联换向阀的进油腔，各阀的回油腔又都直接通到多路阀的总回油口。若采用这种油路连接方式，当同时操作各换向阀时，压力油总是首先进入油压较低的执行元件，所以只有各执行元件进油腔的油压相等时，它们才能同时动作。

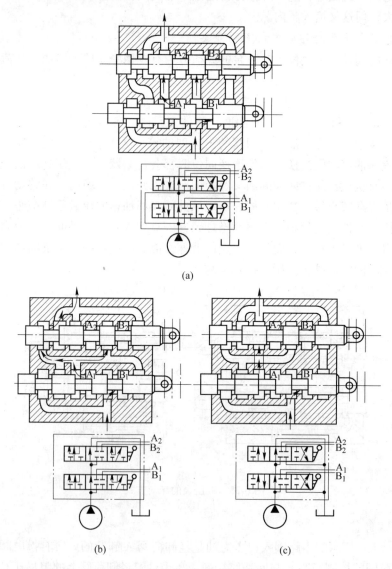

图 6-36 多路阀油路的连接方式

2. 串联

图 6-36（b）的两联换向阀为串联连接。每一联换向阀的进油腔都和该阀之前的中立位置回油道相通，其回油腔又都和该阀之后的中立位置回油道相通。所以，当某一联换向阀处于换向位置时，其进油是从前一联阀的中立位置回油道而来，而其回油又都经中立位置回油道进到后一联的进油腔。如果相邻两联阀都处在换向位置，则前一联的回油经中立位置回油道到后一联的进油腔给它所控制的执行元件供油。采用这种油路的多路阀也可使各联阀所控制的执行元件同时工作，条件是液压泵所能提供的油压要大于所有正在工作的执行元件两腔压差之和。

3. 串并联

图 6-36（c）的两联换向阀为串并联连接。每一联的进油腔均与该阀之前的中立位置回油道相通，而各联阀的回油腔又都直接与总回油口连通，即各阀的进油是串联的，回油是并联的，故称串并联油路。若采用这种连接方式，当某一联阀换向时，其后各联换向阀的进油道就被切断，因而一组多路阀的各换向阀不可能有任何两联同时工作，故这种油路也称互锁油路；又由于同时扳动任意两联换向阀，总是前面（靠近油泵）一联工作，要想使后一联工作，必须使前一联回到中间位置，故又称优先回路，意指排在前面的阀总可优先工作，也有的把这种油路称作"顺序单动油路"。

实际上，当多路阀的联数较多时，还常常采用上述几种油路连接形式的组合，即所谓复合油路。

（四）根据阀内油道的加工方式不同分类

换向阀体内的油道有机械加工和铸造两种形式。

1. 机械加工油道

机械加工油道优点是阀体毛坯易制作，可以锻造，机械强度高，车、铣、刨、磨技术成熟；缺点是在使用中压力损失大。

2. 铸造油道

铸造油道优点是在使用中压力损失小，油道便于布置。缺点是阀体结构复杂，铸造工艺难度大，生产中易出废品，且清砂困难，往往由于清砂不彻底，对液压系统工作危害极大。但随着生产工艺的不断改进，采用了树脂型砂、金属铸型等，使产品质量逐步提高，铸造油道逐渐被广泛采用。

（五）根据换向阀操纵方式不同分类

换向阀的操纵方式有手动操纵和先导操纵两种。

1. 手动操纵

依靠手动杠杆操纵，优点是系统结构简单，工作可靠；缺点是管路布置困难，压力损失大，对于大流量的液压机械，由于换向阀行程大和液动阻力大，所以操纵较为费力。

2. 先导操纵

通过操纵小流量的换向阀即先导阀，来控制大流量的换向阀（主阀）。其主要优点是操纵省力，主换向阀可布置在任何适当地方，减少管路中的压力损失，提高压力效率。另外还可以大大改善系统的调速性能。缺点是结构复杂，故障率也相应增大。

由于先导操纵的优点明显，因此在工程装备上正逐步得到推广和使用。

三、电液比例控制阀

电液比例控制阀是由比例电磁铁取代普通液压阀的调节和控制装置而构成的液压阀。它可以按给定的输入电压或电流信号连续地按比例地远距离地控制液流的方向、压力和流量。工程装备中采用电液比例控制阀可提高工程装备液压系统的自动化程度和作业精度，同时也简化了液压系统。

（一）基本原理

与手动调节的普通液压阀相比，电液比例控制阀能够提高液压系统参数的控制水平。与电液伺服阀相比，电液比例控制阀在某些性能方向稍差一些，但它结构简单、成本低，所以广泛应用于要求对液压参数进行连续控制或程序控制，但对控制精度和动态特性要求不太高的液压系统中。

电液比例控制阀的构成，从原理上讲相当于在普通液压阀上，装上一个比例电磁铁以代替原有的控制（驱动）部分。根据用途和工作特点的不同，电液比例控制阀可以分为电液比例压力阀、电液比例流量阀和电液比例方向阀三大类。

比例电磁铁是一种直流电磁铁，与普通换向阀用电磁铁的不同主要在于，普通电磁铁只要求有吸合和断开两个位置，并且为了增加吸力，在吸合时磁路中几乎没有气隙。而比例电磁铁则要求吸力与输入电流成正比，并在衔铁的全部工作位置上，磁路中都要保持一定的气隙。按比例电磁铁输出位移的形式，有单向移动式和双向移动式之分。因两种比例电磁铁的原理相似，这里只介绍图 6-37 所示的一种双向移动式比例。

在双向移动式比例电磁铁中，由两个单向直流比例电磁铁组成，在壳体内对称安装有两对线圈：一对为励磁线圈，它们极性相反互相

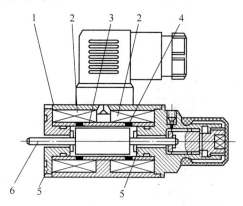

图 6-37 双向移动式比例电磁铁
1—外壳；2—线圈；3—导套；4—限磁环；
5—固定端盖；6—推杆

串联或并联，由一恒流电源供给恒定的励磁电流，在磁路内形成初始磁通；另一对是控制线圈，它们极性相同且互相串联。工作时，仅有励磁电流，左右两端的电磁吸力大小相等，方向相反，衔铁处于平衡状态，此时输出力为零。当有控制电流通过时，两控制线圈分别在左右两半环形磁路内产生差动效应，形成与控制电流方向和大小相对应的输出力。由于采用了初始磁通，避开了铁磁材料磁化曲线起始阶段的影响。它不仅具有良好的位移—力水平特性，而且具有无零位死区、线性好、滞环小、动态响应快等特点。

（二）电磁比例阀组

本书第七章第六节所介绍的重型舟桥电液控制阀采用的是德国 HAWE 技术，多路换向阀（图 6-38）由七联独立的换向阀组成，分为首尾联和中间联。该阀既可以用电信号控制又可以用手柄控制，并且流量可按控制电流的大小或手柄开度的大小进行线性比例控制，这样就可控制油缸或马达的速度，并能实现在不同外负荷条件下执行元件同时工作。

多路换向阀安装在运载车驾驶室后的车架左外侧的支架上或桥脚（锚定）尾舟驾驶舱

图 6-38 多路换向阀

操控台右侧。首联（第一联）布置了与泵和油箱连接的进出油口，同时内置压力保护阀和换向控制油路，用于限制系统最高压力和改变油液流向，尾联（第七联）为各油道的封堵块，用于封堵和沟通油道。图 6-39 为多路阀原理图。

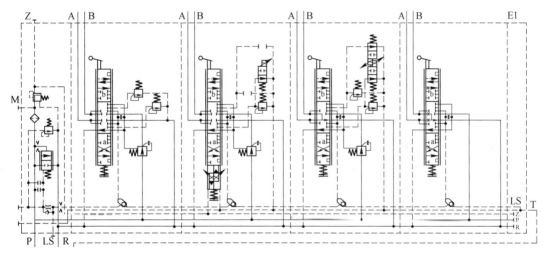

图 6-39 多路阀组

电液比例多路换向阀的工作原理是：第一联与油泵连接的口为进油口 P，与油箱连接的为回油口 R，在靠近电磁铁一侧标有 L_s 为负载压力传感口，与油泵 L_s 口相连，用于传递负载的压力，使泵变量。该阀换向既可以用电控制又可以用手柄控制，并且流量可按各阀手柄开启角度的大小进行线性比例控制。第二联到第七联上方为与执行元件连接的 A，B 口。手柄用于换向，改变它的角度或调整控制电流的大小可以改变流量的大小，进而改变液压缸和马达的运动速度。在换向联 B 口侧还有螺钉堵头，内置次级压力限制阀，用于限制相应液压缸、马达在该运动方向时的压力，保护液压缸或马达。每联换向阀中，除了主阀芯外，还有压力补偿阀，主阀芯用于换向和控制流量大小，压力补偿阀用于确保流量大小的精确控制。

第一联连接块的内部原理如图 6-40 所示。

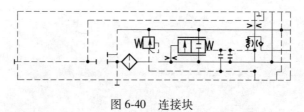

图 6-40　连接块

第五节　控制阀的使用与维修

在一般情况下，同一台机械设备，控制阀的寿命为液压泵寿命的 2~3 倍，但最终由于阀杆与阀体的磨损量过大，而不能使用。液压油的污染程度对控制阀寿命影响大。当阀杆与孔的配合间隙大于标准间隙的 0.5~1 倍时，系统容积效率将大大下降，此时应对阀进行维修。压力阀如果工作失效，对液压系统的工作影响更大，因此，正确分析发生故障的原因和部位至关重要。

液压阀的常见故障有：方向阀换向失灵、压力阀不能调压、流量阀输出的流量不稳定以及泄漏等。产生故障的原因很多，有零件加工质量差，配套标准零部件（密封圈、弹簧和电磁铁等）质量和安装质量存在问题，还有液压油的污染和油温过高等因素。

一、液控单向阀的故障分析及排除方法

液控单向阀故障分析与排除方法如表 6-2 所示。

表 6-2　液控单向阀故障分析与排除方法

故障现象	故障分析	排除方法
油液不逆流	1. 控制压力过低； 2. 控制油管道接头漏油严重； 3. 单向阀卡死	1. 提高控制压力使之达到要求值； 2. 紧固接头，消除漏油； 3. 清洗
逆方向不密封，有泄漏	1. 单向阀在全开位置上卡死； 2. 单向阀锥面与阀座锥面接触不均匀	1. 修配，清洗； 2. 检修或更换

二、换向阀的故障分析及排除方法

换向阀故障分析与排除方法如表 6-3 所示。

表 6-3　换向阀故障分析与排除方法

故障现象	故障分析	排除方法
滑阀不换向	1. 滑阀卡死； 2. 阀体变形； 3. 具有中间位置的对中弹簧折断； 4. 操纵压力不够； 5. 电磁铁线圈烧坏或电磁推力不足； 6. 电气线路出故障； 7. 液控换向阀控制油路无油或被堵塞	1. 拆开清洗脏物，去毛刺； 2. 调节阀体安装螺钉使压紧力均匀或修研阀孔； 3. 更换弹簧； 4. 操纵压力必须大于 0.35MPa； 5. 检查、修理、更换； 6. 消除故障； 7. 检查原因并消除

故障现象	故障分析	排除方法
电磁铁控制的方向阀作用时有响声	1. 滑阀卡住或摩擦力过大; 2. 电磁铁不能压到底; 3. 电磁铁芯接触面不平或接触不良	1. 修研或调配滑阀; 2. 校正电磁铁高度; 3. 消除污物,修正电磁铁铁芯

三、溢流阀的故障分析及排除方法

溢流阀故障分析与排除方法如表 6-4 所示。

表 6-4 溢流阀故障分析与排除方法

故障现象	故障分析	排除方法
调整无效	1. 弹簧断裂或漏装; 2. 阻尼孔阻塞; 3. 滑阀卡住; 4. 进出油口装反; 5. 锥阀漏装	1. 检查、更换或补装弹簧; 2. 疏通阻尼孔; 3. 拆出、检查、修整; 4. 检查油源方向; 5. 检查、补装
压力波动	1. 弹簧弯曲或太软; 2. 锥阀与阀座接触不良; 3. 钢球与阀座密合不良; 4. 滑阀变形或拉毛	1. 更换弹簧; 2. 如锥阀是新的即卸下调整螺帽将导杆推几下,使其接触良好;或更换锥阀; 3. 检查钢球圆度,更换钢球,研磨阀座; 4. 更换或修研滑阀
漏油严重	1. 锥阀或钢球与阀座的接触不良; 2. 滑阀与阀体配合间隙过大; 3. 管接头没拧紧; 4. 密封破坏	1. 锥阀或钢球磨损时更换新的锥阀或钢球; 2. 检查阀芯与阀体间隙; 3. 拧紧连接螺钉; 4. 检查更换密封
噪音及振动	1. 螺帽松动; 2. 弹簧变形,不复原; 3. 滑阀配合过紧; 4. 主滑阀动作不良; 5. 锥阀磨损; 6. 出油路中央有空气; 7. 流量超过允许值; 8. 和其他阀产生共振	1. 紧固螺帽; 2. 检查更换密封; 3. 修研滑阀,使其灵活; 4. 检查滑阀与壳体的同心度; 5. 换锥阀; 6. 排出空气; 7. 更换与流量对应的阀; 8. 略微改变阀的额定压力值

四、减压阀的故障分析及排除方法

减压阀故障分析与排除方法如表 6-5 所示。

表 6-5 减压阀故障分析与排除方法

故障现象	故障分析	排除方法
压力波动不稳定	1. 油液中混入空气； 2. 阻尼孔有时堵塞； 3. 滑阀与阀体内孔圆度超过规定，使阀卡住； 4. 弹簧变形或在滑阀中卡住，使滑阀移动困难或弹簧太软； 5. 钢球不圆，钢球与阀座配合不好或锥阀安装不正确	1. 排除油中空气； 2. 清理阻尼孔； 3. 修研阀孔及滑阀； 4. 更换弹簧； 5. 更换钢球或拆开锥阀调整
二次压力升不高	1. 外泄漏； 2. 锥阀与阀座接触不良	1. 更换密封件，紧固螺钉，并保证力矩均匀； 2. 修理或更换
不起减压作用	1. 泄油口不通；泄油管与回油管道相连，并有回油压力； 2. 主阀芯在全开位置时卡死	1. 泄油管必须与回油管道分开，单独回入油箱； 2. 修理、更换零件，检查油质

五、节流调速阀的故障分析及排除方法

节流调速阀故障分析与排除方法如表 6-6 所示。

表 6-6 节流调速阀故障分析与排除方法

故障现象	故障分析	排除方法
节流作用失灵及调速范围不大	1. 节流阀和孔的间隙过大，有泄漏以及系统内部泄漏； 2. 节流孔阻塞或阀芯卡住	1. 检查泄漏部位零件损坏情况，予以修复、更新，注意接合处的油封情况； 2. 拆开清洗，更换新油液，使阀芯运动灵活
运动速度不稳定如逐渐减慢、突然增快及跳动等现象	1. 油中杂质黏附在节流口边上，通油截面减小，使速度减慢； 2. 节流阀的性能较差，低速运动时由于振动使调节位置变化； 3. 节流阀内部、外部在泄漏； 4. 在简式的节流阀中，因系统负荷有变化使速度突变； 5. 油温升高，油液的黏度降低，使速度逐步升高； 6. 阻尼装置堵塞，系统中有空气，出现压力变化及跳动	1. 拆卸清洗有关零件，更换新油，并经常保持油液洁净； 2. 增加节流连锁装置； 3. 检查零件的精确和配合间隙，修配或更换超差的零件，连接处要严加封闭； 4. 检查系统压力和减压装置等部件的作用以及溢流阀的控制是否正常； 5. 液压系统稳定后调整节流阀或增加油温散热装置； 6. 清洗零件，在系统中增设排气阀，油液要保持洁净

复 习 题

6-1　普通型单向阀和液控型单向阀在工作原理上有何不同？

6-2　普通型单向阀的应用有哪些？

6-3　液压锁是由什么阀组合而成，其作用是什么？画出它的图形符号。

6-4　画出支腿油缸的锁进回路图，并对图说明在机械作业时，液压锁是如何工作的？

6-5　换向阀主要由哪些零件组成，其基本工作原理怎样？

6-6　什么是换向阀的位和通，什么又是换向阀的机能？

6-7　换向阀根据操纵方式不同分为哪几类？练习常见换向阀的图形符号。

6-8　直动型溢流阀和先导型溢流阀在结构和工作原理上有什么区别？

6-9　溢流阀的作用有哪些？

6-10　什么是定压减压阀？画出它的图形符号，比较它和溢流阀的区别。

6-11　顺序阀有何作用，分为哪几类？画出它们的图形符号。

6-12　画出溢流阀与直控顺序阀的图形符号并比较它们在工作原理上的不同。

6-13　单向顺序阀和平衡阀均有哪两部分组成，各有什么作用，结构是否相同，为什么作用不同？

6-14　节流阀分为哪两种类型？分别画出图形符号。

6-15　调速阀结构上由哪两部分组合而成，各部分的作用分别是什么？画出图形符号。

6-16　并联连接的多路阀是怎样的油路连接，有什么样的工作特点？

6-17　串联连接的多路阀是怎样的油路连接，有什么样的工作特点？

6-18　串并联连接的多路阀是怎样的油路连接，有什么样的工作特点？

第七章　工程装备液压系统

工程装备通常由动力装置、底盘、工作装置、电气系统等四部分组成。动力装置为整个机械提供动力，多为柴油发动机，它也是驱动液压泵的原动机。底盘是工程装备的基础和骨架，用于安装动力装置和工作装置，一般由传动系、行驶系、转向系和制动系四部分组成。在工程装备中，液压传动和液力传动与机械传动的组合已取代了纯粹的机械传动，变矩变速控制系统、转向系统和制动系统均采用液压传动技术来实现，而工作装置的作业几乎都采用液压系统来传递能量或控制动作，部队及地方常用的典型工程装备，如推土机、装载机、挖掘机、渡河桥梁装备、路面器材、布扫雷装备等多是如此。本章通过对几种部队装备的典型工程装备工程装置液压系统的分析，使大家熟悉液压系统的基本组成和工作原理，能够分析和判断常见故障，为在工作中正确使用、维护液压系统打下基础。至于底盘液压系统，由于其构成相对简单，与工作装置液压系统的相似程度非常高，因此本书中不做论述，读者可参阅其他相关书籍和文献。

以下是液压系统一般分类方式。

（1）按油液循环路径的不同分为开式系统和闭式系统：

1）开式系统。油泵从油箱中吸油，经过一个工作循环后，油又回到油箱中去，这种液压系统叫开式系统。开式系统的优点是：结构简单、有散热功能、可沉淀杂质。缺点是：空气易进入系统，造成空穴和气蚀，工作不平稳，且系统结构复杂。工程装备的液压系统大部分为开式系统。

2）闭式系统。液压泵和液压马达的进、出油口直接连通，所组成的液压系统叫闭式系统。闭式系统的优点是：空气难于侵入系统，不易产生空穴和气蚀现象，泵的吸油腔有一定的压力，容积效率高，整个系统的寿命长，工作平稳。缺点是：应用范围小，只适于泵和马达独立构成的循环系统。

（2）按系统中泵的数目不同可分为单泵、双泵及多泵系统。单泵系统简单，只适合动作少的机械。多泵系统适用于动作复杂的机械，发动机功率利用率比较高。

（3）按泵的排量固定或可变分为定量系统和变量系统。定量系统便于控制工作装置的动作，但发动机功率利用率低，如挖掘机的发动机功率利用率为 0.54～0.6。变量系统能充分发挥发动机的功率，利用变量泵实现容积调速，效率高。目前工程装备液压传动广泛采用变量系统。

（4）按泵向执行元件供油的顺序不同分为串联、并联、串并联系统。油泵向执行元件供油的顺序主要由系统多路阀来控制，多路阀不同的油路连接方式就形成了不同的液压系统，也决定了系统具有不同的工作特点。

第一节　推土机工程装置液压系统

推土机的主要工作装置是铲刀，铲刀在作业时可以升降，因而系统中必然有一联控制铲刀升降的换向阀。有的推土机（例如 TLK220 型高速轮式推土机）在铲刀与刀架之间装有侧倾液压缸，铲刀可以实现侧倾，因而系统中有控制铲刀倾斜的换向阀。还有的推土机（例如 TY220 履带推土机）后部装有松土器和松土器油缸，系统中必然有控制松土器油缸的换向阀。因此在推土机工作装置液压系统中也常见到有两联或三联换向阀的。因为铲刀侧倾液压缸和松土器液压缸工作机会很少，所以对系统中多路阀的油路连接方式没有特殊要求。

推土机作业时，铲刀需要升、降、停以及浮动，所以一般推土机铲刀升降换向阀均有四个位置，升、降和中立位置之间靠弹簧复位，阀杆在浮动位置比在升、降位置停留的时间相对较长，故常有浮动位置定位机构。实际上推土机工作时，工作装置液压系统只是起到控制铲刀动作的作用，因而严格说起来，推土机工作装置液压系统还只是操纵系统而不是传动系统，故对该系统的效率和发动机功率利用等没有很高的要求，只要求能完成所需要的动作，因而系统设计力求简单，所以推土机液压系统多为单泵定量开式系统。

本节重点介绍目前使用较多的 TY220、TY160C、PD320Y-1 型履带式推土机和 TLK220 型高速轮式推土机。

一、TY220 型推土机工作装置液压系统

TY220 型推土机属于较大型的履带式推土机械，是由西安黄河工程机械厂和山东推土机厂从日本小松公司引进技术，仿小松公司 D85A-18 推土机生产。TY220 型推土机采用了康明斯 NT（A）855-C280 柴油机作动力，额定功率 220 马力（162kW）。铲刀全宽：角铲（组合铲）4100mm（推土时）和 4040mm（推土时），直倾铲 3725mm；最大切土深度：角铲（组合铲）550mm，直倾铲 540mm；铲刀最大提升量：角铲（组合铲）1550mm，直倾铲 1210mm；铲刀最大倾斜量：角铲（组合铲）500mm，直倾铲 735mm。该推土机带有松土器，铲刀具有正铲、左倾、右倾等三种工作状况。

（一）系统组成

TY220 型推土机工作装置液压系统如图 7-1 所示，该系统主要由油箱、滤油器、工作泵、铲刀升降油缸换向阀、铲刀倾斜油缸换向阀、松土器油缸换向阀、铲刀升降油缸、铲刀倾斜油缸、过载阀、补油阀以及各油缸伺服阀、伺服泵（转向泵）等组成。

TY220 型推土机工作装置液压系统为单泵、定量、串联油路的开式系统。铲刀升降油缸换向阀有四个工作位置，铲刀倾斜油缸换向阀和松土器油缸换向阀都是三个工作位置，三个换向阀之间采用串联油路连接，阀杆换向由油缸伺服阀、伺服泵形成先导伺服操纵。每个换向阀阀前均装有"防点头"单向阀，防止油液倒流回油泵；铲刀倾斜油缸换向阀前还装有流量控制阀，保证倾斜油缸的流量稳定；在铲刀升降油缸、松土器油缸和油箱之间均设有补油单向阀，防止油缸出现空穴现象；在松土器油缸有杆腔与油箱之间还装有过载阀，对油缸起过载保护作用。系统采用回油过滤，滤油器并联一旁通阀。

（二）系统工作原理

该推土机的工作装置操纵手柄在驾驶室座位右侧，前为铲刀伺服操纵手柄，后为松土

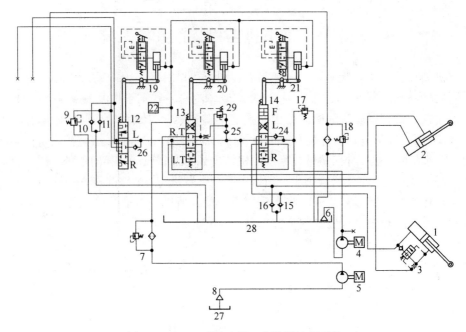

图 7-1　TY220 型推土机工作装置液压系统

L—下降；R—提升；F—浮动；L.T—左倾；R.T—右倾

1—铲刀升降油缸；2—铲刀倾斜油缸；3—快回阀；4—工作泵；5—转向泵（伺服泵）；6，8，18—滤油器；
7—转向滤油器；9—过载阀；10，11，15，16—补油阀；12—松土器换向阀；13—铲刀倾斜油缸换向阀；
14—铲刀升降油缸换向阀；17—安全阀；19—松土器伺服阀；20—倾斜油缸伺服阀；21—升降油缸伺服阀；
24~26—单向阀；27—后桥箱；28—工作油箱；29—流量控制阀

器伺服操纵手柄。将铲刀操纵杆固定不动，铲刀保持不动状态；当后拉操纵杆时，铲刀上升；前推铲刀操纵杆，铲刀下降；前推操纵手柄超过水平位置之后，仍继续向下前推到底，铲刀处于浮动状态。在铲刀的上述任何一个工作位置上，将该操纵手柄向身边拉，可使铲刀向左倾斜；向外推，使铲刀向右倾斜。铲刀操纵杆的操纵方式，根据推土机铲刀的形式不同有所区别，根据具体车型而定。松土器的操纵可使松土器上升、下降或停止，前推，松土器下降，后拉，松土器上升。

1. 工作装置固定

当作业手在驾驶室里不操作上述两手柄时，伺服阀 19、20 和 21 没有动作，伺服油缸无杆腔被封闭，转向泵排出的液压油与伺服油缸有杆腔相通，但由于无杆腔的油无处可卸，所以，伺服油缸的活塞和活塞杆静止不动。三个换向阀 12、13、14 均处中立位置时，工作泵 4 排出的油经三换向阀的中立位置回油道，再经滤油器 18 流回油箱，三个工作油缸没有进、出油，铲刀和松土器没有动作。

2. 铲刀上升

将铲刀升降油缸伺服手柄向后拉，使伺服阀 21 下移，伺服油泵 5 排出的油，一方面直接进入伺服油缸有杆腔，同时经伺服阀上位，进入伺服油缸无杆腔。由于两腔作用面积不同，伺服油缸活塞杆外伸，使换向阀 14 上移至 R 位，工作泵排出的油经此阀的防"点头"单向阀 24，再经该换向阀，进入铲刀升降油缸有杆腔。其无杆腔的油经过此阀，沿另两换向阀的中立位置回油道流回油箱。

3. 铲刀下降

将铲刀升降油缸伺服手柄向前推，使伺服阀 21 上移，伺服油泵 5 排出的油，直接进入伺服油缸有杆腔，而伺服油缸无杆腔经该伺服阀下位接通油箱。伺服油缸活塞杆回缩，使换向阀 14 下移至 L 位，工作泵 4 排出的油经此阀进入铲刀升降油缸无杆腔，其有杆腔的油经此阀并沿另两换向阀的中立位置回油道流回油箱。

4. 快回阀的作用

若推土机铲刀在悬空状态时，发动机突然熄火，工作泵和转向泵都停止供油，这时若想把铲刀放下来，可用手操纵伺服阀 21 操纵手柄（没有液压助力），当阀芯端头与阀体接触时，拉动阀芯使阀套运动，通过阀套直接拉动杠杆使换向阀 14 下移至 L 位，升降油缸 1 的有杆腔通过换向阀的 L 位接通油箱，使铲刀下降。此时无杆腔形成真空，油箱内的油经单向阀 15 倒流，及时补油。铲刀下降时，有杆腔排出的油要经快回阀 3 的节流孔流出，由于孔的节流作用，使快回阀接通（右位接入），铲刀升降油缸有杆腔的油可经快回阀直接供给其无杆腔，使铲刀下降速度加快。另外，铲刀正常下降时，快回阀也有此功能，加快铲刀下降速度，提高作业效率。

5. 铲刀浮动

在铲刀下降位置继续前推铲刀操纵手柄，使伺服油缸活塞进一步回缩，带动换向阀 14 继续下移至 F 位，工作泵 4 排出的油与铲刀升降油缸的两腔沟通，并同时通油箱，铲刀处于浮动状态，可以随地面高、低起伏动作。

6. 铲刀倾斜

将铲刀伺服操纵手柄向里、外扳动，可控制伺服阀 20，即可控制铲刀倾斜油缸的动作，原理同上。铲刀倾斜油缸换向油路中的单向阀 25、流量阀（溢流节流阀），可使倾斜油缸操纵时，压力油经单向阀 25 进入换向阀 13 之前，经过节流孔，当流量过大时，使节流孔前油压瞬间比孔后的油压高，溢流阀打开，一部分油液溢流回油箱，保持进入液压缸的流量不超过 120L/min，从而限制了铲刀的倾斜速度，使倾斜液压缸工作平稳，避免由于各球铰连接不良出现的卡死现象。

7. 松土器的升降

扳动松土器伺服操纵手柄，可控制伺服阀 19，即可控制松土器油缸的动作，原理同上。松土器回路中的补油单向阀 10 和 11，可使松土器升降动作迅速，提高作业效率。松土器无杆腔与油箱之间的过载阀，可防止松土器固定时其无杆腔压力不超过 16MPa，保护松土器和油管。

8. 安全保护

在铲刀油缸和松土器油缸动作过程中，若由于某种原因使该系统工作压力达到 14MPa，系统安全阀打开溢流，限制系统工作压力不再提高。

（三）系统主要部件

TY220 型推土机的工作泵采用 CBJ-E160F 型齿轮泵，相关内容在第三章已有介绍，这里主要介绍 TY220 型推土机的铲刀操纵阀组、松土器操纵阀、伺服阀和快回阀等。

1. 铲刀操纵阀组

该推土机的铲刀操纵阀组安装在驾驶室座位右侧的工作油箱内壁上，为一整体式多路阀。结构如图 7-2 所示。

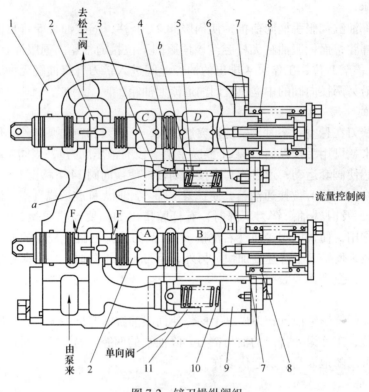

图 7-2　铲刀操纵阀组

a—节流口；b—回油口

1—阀体；2—阀杆；3—阀套；4，11—阀芯；5，8，10—弹簧；6，7，9—弹簧座

　　阀体上对应左下侧环槽的油口接油泵，左上油口通松土器操纵阀，若推土机不装松土器，则该油口直接回油箱。阀体内装有两联换向阀杆，上联（第二联）换向阀杆用于控制铲刀倾斜油缸，环槽 C、D 分别接倾斜油缸的无杆腔和有杆腔；下联（第一联）换向阀杆用于控制铲刀升降油缸，环槽 A、B 分别接升降油缸的无杆腔和有杆腔。第一联换向阀前装有单向阀芯 11，用于防止换向过程中的"点头"现象；第二联换向阀前装有流量单向阀，包括阀芯 4、阀套 3、弹簧 5 和弹簧座 6 等，阀套 3 上开有节流口 a 和回油口 b，该流量单向阀利用节流口 a，可控制进入倾斜油缸的流量不超过 120L/min，剩余的油推动阀芯 4 克服弹簧 5 的作用力使 b 口打开，流回工作油箱，这样可使铲刀倾斜的动作相对平缓一些。

　　该阀组上开有进油口、接升降油缸油口和接倾斜油缸油口的一面，贴在油箱内侧壁上，与油箱外部相应油管相连。此面背后，对应进油口位置，用螺钉固定有一先导型溢流阀做系统主安全阀，调定压力为 14MPa；对应铲刀升降操纵阀位置装有补油单向阀。

　　当两联换向阀均不操纵时，油泵来油经阀组左侧油道 F 去松土器换向阀或直接回油箱。当操纵第一联换向阀，使其阀杆左移时，左侧回油通道被封闭，油泵来油打开防"点头"单向阀，经环槽 B 进入铲刀升降油缸的有杆腔，同时，铲刀升降油缸的无杆腔经环槽 A、通道 F 和松土器换向阀的中立位置回油道流回油箱，此时，铲刀上升。若将此换向阀杆右移一位，油泵来油经 A 环槽，进入铲刀升降油缸无杆腔，有杆腔的油从 B 环槽到 H 通道，经松土器换向阀的中立位置回油道流回油箱，此时，铲刀下降。若将此换向阀杆右移两位，可使油泵、油箱和环槽 A、B 均沟通，铲刀成浮动状态。

倾斜油缸换向阀的工作情况基本相同。

2. 松土器操纵阀

松土器操纵阀如图 7-3 所示，与铲刀升降油缸换向阀的结构、原理相同，只是没有浮动位置，只能控制松土器"升""降""停"不再多述。

松土器操纵阀的安装与铲刀操纵阀组相同，阀体正面接油管，背面安装补油阀和松土器油缸过载阀，过载阀为直动型溢流阀，调定压力为 16MPa。

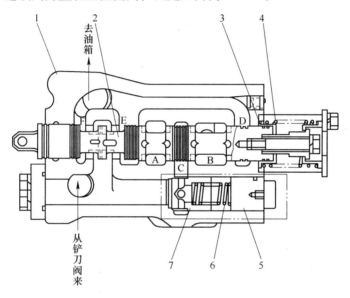

图 7-3　松土器操纵阀
1—阀体；2—换向阀杆；3，5—弹簧座；4，6—弹簧；7—单向阀芯

3. 伺服阀

伺服阀安装在司机座的右侧，共有三个，分别用于操纵铲刀的升降、倾斜和松土器的升降。该伺服阀是一种液压助力装置，可减少驾驶员的操纵力和操作行程。三个伺服阀结构相同，都是一种转阀，靠阀芯的转动来改变油口的连通情况，它的工作原理如图 7-4 所示。

图 7-4 中，手柄 3 是在驾驶室内供驾驶员操作的手柄，连杆 7 通过拉杆机构与相应的换向阀相连。当操作手不动操纵手柄 3 时，在两根弹簧 4 的作用下，手柄处原位，由伺服泵（转向泵）排出的油，经油缸无杆腔到伺服阀套上的 D 口，由此进入伺服阀内 A 腔，此油对阀芯 2 产生的作用力矩互相抵消，不能使阀芯转动。对油缸 6 来说，其无杆腔通阀套上的 C 口，此时 C 油口被阀芯 2 封闭，所以，油缸有杆腔内的压力油无处排泄，油缸活塞杆不动，阀套 1 不转，连杆 7 也就保持不动，该伺服阀控制的相应换向阀就处于中立位置，铲刀或松土器均没有动作。

当操纵手柄 3 使阀芯 2 顺时针转动一个角度时，如图 7-5 所示，转动的阀芯将 A 口关闭，C 口打开。于是，伺服泵来油经油缸有杆腔到阀套 D 口，从 D 口进入伺服阀，从 C 口

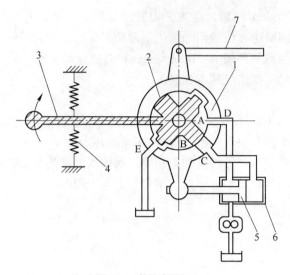

图 7-4 伺服阀原理

1—阀套；2—阀芯；3—手柄；4—弹簧；5—活塞；6—油缸；7—连杆

流出，进入油缸无杆腔，此时油缸两腔互通，油压相等，但由于无杆腔作用面积大，油缸活塞杆被推出，活塞杆带动阀套顺时针转动一角度，与阀套相连的连杆即被向右推动，由它所控制的换向阀的阀杆被移动一个工作位置，铲刀或松土器产生相应动作。此过程中，阀芯先顺时针转，阀套随后也顺时针转动，转动结束时，A 口又被打开，C 口又被封闭，油路又恢复成上图所示，油缸活塞随即停止运动。继续顺时针转动手柄，将重复上述过程，最终使连杆被再次向右推。如果油路发生故障，同样操纵手柄时，靠阀芯凸起部分也可带动阀套转动，从而带动连杆运动，只是操纵力大一些。所以，伺服操纵系统是一个液压助力的随动系统。

当操纵手柄 3 使阀芯 2 逆时针转动一个角度时，如图 7-6 所示，伺服泵来油经油缸有杆腔到阀套 D 口，从 D 口进入伺服阀 A 腔，而 A 腔处于封闭状态，油缸有杆腔形成压力。油缸无杆腔的油可从 C 口进入伺服阀，经 B 腔，从 E 口流回油箱。所以，油缸活塞向右运动，带动阀套反时针转动，从而拉动连杆向左运动，控制相应的换向阀移动。若此时不再扳动手柄，阀套和阀芯的相对位置又恢复图 7-4 的状态，活塞停止移动，与上述情况相同。

当松开伺服阀操纵手柄，弹簧使手柄回到中间位置，该伺服阀控制的换向阀的阀杆也回到中立位置，相应的执行元件停止不动。

该系统的三个伺服阀结构相同，只是控制铲刀升降油缸换向阀的伺服阀多一个浮动位置，当把该伺服阀手柄扳到浮动位置时，阀芯转动，与阀芯相连的卡盘上的凸爪被销子挡住，即使松开手柄，该手柄仍停在浮动位置，作业手可腾出手来进行其他操作。要使手柄回位，需要用手扳回。

4. 快回阀

该系统选用的液压缸均为单杆双作用液压缸，铲刀倾斜油缸和松土器油缸的结构较简单，铲刀升降液压缸结构已在第四章第二节介绍，在此不多述。

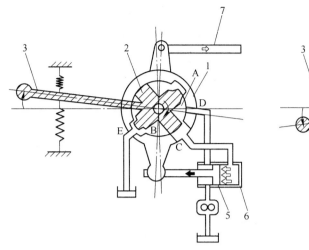 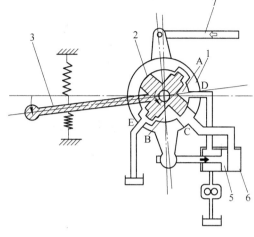

图 7-5　伺服阀芯顺时针转动　　　　　　图 7-6　伺服阀芯逆时针转动

该推土机铲刀升降液压缸的上部装有快回阀，它的作用是：在铲刀下降时，增加其下降速度，提高作业效率。其结构、原理如图 7-7 所示。

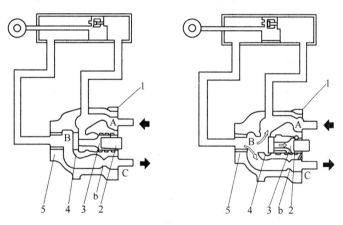

图 7-7　快回阀原理

铲刀下降时，快回阀上的三个油口：A 接油泵，通铲刀油缸无杆腔，B 接铲刀油缸有杆腔，C 接回油箱。铲刀下降过程中，由于铲刀的自重，使铲刀油缸有杆腔的回油速度加快，有杆腔的油从快回阀的 B 口流到 C 口，要经过节流孔 b，由于 b 孔的节流作用，使 b 孔前后产生压差，也就使阀芯 3 前、后产生压差，阀芯右移，油缸两腔沟通，有杆腔的油直接流向无杆腔，加快了铲刀下降速度，并可避免因无杆腔产生真空而使铲刀产生抖动。

（四）常见故障分析

TY220 型推土机工作装置液压系统常见故障现象、产生原因及排除方法如表 7-1 所示。

二、TLK220 新型轮胎式推土机工作装置液压系统

TLK220 新型轮胎式推土机，由郑州宇通公司生产。发动机型号为康明斯 M11-C225，额定功率 168kW，轮边减速器的速比 4.8，在变矩器锁紧状态，最高时速可达 55km/h。

表 7-1　TY220 推土机工作装置液压系统常见故障与排除方法

故障现象	故障原因		排除方法
油泵和管路剧烈振动	1. 液压系统中吸入空气； 2. 油箱中油量太少； 3. 管接头有松动，系统内易吸入空气； 4. 管路没有固定牢或管夹松动		1. 拧松放气塞，放气； 2. 添加油； 3. 拧紧接头； 4. 增加管夹或拧紧管夹
油量消耗太大	1. 油泵的油封损坏，油漏到主离合器壳体内； 2. 漏油、渗油		1. 拆下油泵，更换油封、修复； 2. 更换油封、修复
液压油箱内产生泡沫及油呈悬浮状	1. 液压油牌号不对或几种油混用； 2. 混入水分； 3. 液压油变质		更换新油
铲刀提升缓慢或完全不能提升	1. 液压油量不足； 2. 操纵阀故障		1. 补充油液； 2. 维修、更换操纵阀
发动机运转正常，但操纵手柄时，机器动作很慢或不动作	流量不足	1. 油量不足； 2. 油泵进油管有松动现象或漏装密封圈，吸进空气，吸不上油； 3. 油泵进出油口接反了，油泵转向不对； 4. 油泵内有故障； 5. 油太黏，吸不上油	1. 检查油量，加油； 2. 检查进油管； 3. 检查、更正； 4. 检查、维修油泵； 5. 换油或油温上升后再观察吸油情况
	压力不足	1. 溢流阀、安全阀有故障； 2. 某部件有较大的漏油	1. 检查、修复； 2. 检查、修复
	操纵杆调整不当		调整
油温太高	1. 油量不足，循环太快； 2. 回油管道或润滑油道不畅，油从溢流阀回油； 3. 冷却器有故障； 4. 冷却器的安全阀有故障，使油不能流入冷却器冷却		1. 加油； 2. 检查回油路； 3. 检查冷却器； 4. 检查冷却器安全阀并修复

（一）系统组成

该推土机的工作装置液压系统如图 7-8、图 7-9 所示，包括主油路和先导控制油路组成。

系统主油路部分由油箱、工作主泵、液控多路阀、铲刀升降油缸和铲刀倾斜油缸等组成。油泵从油箱吸油，通过操作阀组改变油液流动方向，实现铲刀的固定、上升、下降、浮动和倾斜，以满足推土机各种工况的需要；通过操作阀组的控制，也可实现液压绞盘的收绳和放绳。

该系统的工作主泵采用 CBG2080 型齿轮泵，排量为 80mL/r，额定压力 16MPa，公称压力 20MPa，额定转速 2000r/min，最高转速 2400r/min。

系统的操作阀组为一液控型多路阀，型号为 3M1—32，公称压力 25MPa，公称流量 400L/min。阀组内装有系统主安全阀，调定压力为 16MPa。绞盘马达换向阀、铲刀升降油

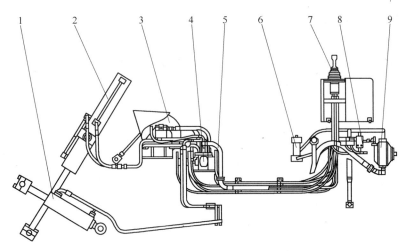

图 7-8　TLK220 新型轮胎式推土机工作装置液压系统布管图

1—侧倾油缸；2—提升油缸；3—液压绞盘；4—液控多路阀；5—管路；
6—滤油器；7—液压手柄；8—压力选择阀；9—工作泵

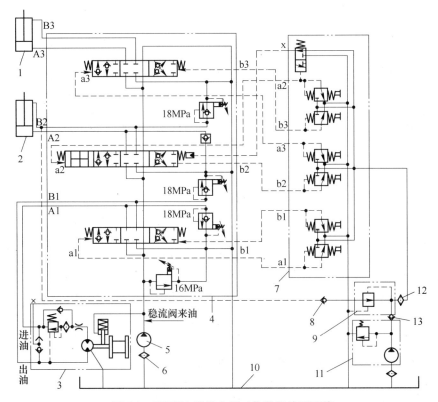

图 7-9　TLK220 型推土机工作装置液压系统

1—侧倾油缸；2—提升油缸；3—液压绞盘；4—液控多路阀；5—工作泵，6，12—滤油器；
7—液压手柄；8，13—单向阀；9—压力选择阀；10—油箱；11—先导泵

缸换向阀和铲刀倾斜油缸换向阀均为液控操纵、弹簧复位，其中倾斜油缸换向阀和绞盘马
达换向阀为三位置阀，升降油缸换向阀为四位置阀，多一个浮动位置。三个执行元件和油

箱之间还装有三个过载阀，调定压力 18MPa。

系统先导油路部分由油箱、先导泵、滤油器、压力选择阀和单向阀等组成。先导泵从油箱吸油，通过先导阀改变先导油液流动方向，先导油液控制换向阀的换向，从而改变主油路的流动方向，实现各执行机构的动作。

该系统的先导泵是 CBGq3100/1010 型双联齿轮泵中的后一联，前一联为转向泵。该泵额定压力 16MPa，公称压力 20MPa，额定转速 2000r/min，最高转速 2400r/min。其中先导泵排量为 10mL/r，泵上带有安全阀，调定压力为 2.5MPa。

（二）系统工作原理

1. 工作装置固定

当操作手不操纵铲刀操纵杆和绞盘操纵杆时，三个换向阀均处中立位置，液压泵来油经多路阀中立位置回油道流回油箱，铲刀和绞盘均固定不动。

2. 铲刀动作

当操作手将铲刀操纵杆向后拉时，先导泵排出的油，经先导操纵阀进入铲刀升降油缸换向阀的右端控制油口，同时其左端控制油流回油箱。先导油使主换向阀左移，工作主泵来油，经换向阀进入铲刀升降油缸的有杆腔，无杆腔的油经换向阀回油箱，铲刀上升。当操作手将铲刀操纵杆向前推一位时，先导泵的油经先导操纵阀，进入铲刀升降油缸换向阀的左端控制油口，同时其右端控制油流回油箱，换向阀右移一位，工作主泵来油经换向阀进入铲刀升降油缸的无杆腔，有杆腔的油经换向阀回油箱，铲刀下降。当操作手将铲刀操纵杆向前推到底时，先导阀内顺序阀打开（两位两通阀上移），升降油缸右端控制油回油量增大，先导泵的油经先导操纵阀继续进入铲刀升降油缸换向阀的左端，使换向阀右移两位，工作主泵来油经换向阀，与铲刀升降油缸的无杆腔和有杆腔均连通，同时也可经换向阀流回油箱，使铲刀处于浮动状态。

当操作手将铲刀操纵杆左、右扳动时，可实现铲刀的左、右倾斜。

3. 绞盘动作

推土机的液压绞盘用于抢救损坏的或陷入淤泥中的车辆，并可拖拽重物，进行自救作业。

拖拽重物时，液压绞盘的钢丝绳可人工放绳。方法是：拉出绞盘离合器，并锁紧固定；手拉钢丝绳至所需长度，挂上重物；松开离合器，待离合器手柄自动弹回后，即可开车牵引重物。若离合器手柄自动弹不回去，可稍动卷筒，即可自动弹回。牵引重物时，将液压绞盘控制手柄向后扳动至"绞紧"位置，先导泵来油进入绞盘马达换向阀右端的控制油口，使换向阀左移。工作泵排出的高压油经换向阀、从绞盘油路平衡阀中的单向阀进入绞盘马达，重物即被绞盘牵引，牵引速度可通过改变发动机的转速及调整绞盘控制手柄的角度进行控制。

需要沿斜坡放下重物时，将绞盘操纵杆向前扳动，至"滑溜"位置。先导控制油液使马达换向阀右移，工作泵排出的高压油经换向阀进入马达一腔，另一腔的回油，经绞盘马达油路中平衡阀中的顺序阀流出，顺序阀的开口大小受马达进油腔油压的控制。若放绳速度过快，马达进油腔油压低，顺序阀开口减小，马达回油速度减慢，绞盘放绳速度即可适当降低；若放绳速度过慢，马达进油腔油压高，顺序阀开口增大，马达回油速度加快，绞盘放绳速度即可增加。所以，此处平衡阀可稳定绞盘放绳速度，并可防止绞盘拖拽重物临时停止在某一高度时，重物的自行下降。

松开绞盘操纵手柄，先导油不能进入绞盘马达换向阀，换向阀回中位，马达油路中制动油缸不通高压油，制动器制动，绞盘停止转动。

（三）先导控制部件

图7-9所示系统中的先导油路，用于控制主油路中三个换向阀的运动方向，从而改变主油路油液流向，控制执行机构的动作。

1. 先导阀

先导操纵阀的结构如图7-10和图7-11所示，图7-10为绞盘马达控制阀，图7-11为铲刀控制阀。先导阀公称压力为2.5MPa，最大压力5MPa；公称流量为10L/min，最大流量为16L/min。

图7-10所示为绞盘马达先导阀，其上开有控制泵进油口P，回油口T，还有两个通往换向阀的控制油口1和2，分别通过控制多路阀中马达换向阀的移动方向，来实现液压绞盘的放绳和收绳。

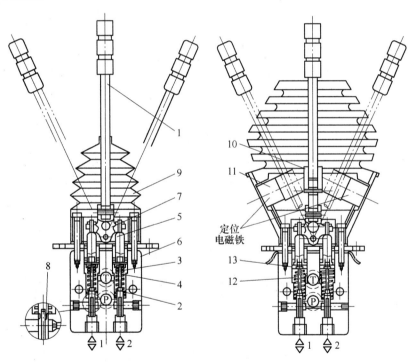

图7-10　绞盘马达先导阀结构

1—绞盘控制杆；2—控制阀芯；3—控制弹簧；4—复位弹簧；5—柱塞；6—壳体；7—连杆；
8—回油孔；9—防尘罩；10—环片；11—电磁铁衔铁；12—附加弹簧；13—碟形垫片

图7-11所示铲刀先导阀上同样有控制泵进油口P，回油口T，还有通往铲刀升降油缸和铲刀倾斜油缸换向阀的控制油口1、3、5、4、2，分别通过控制多路阀中的换向阀的移动方向，从而实现铲刀升降油缸的上升、下降和浮动以及倾斜油缸的左倾和右倾。

当不扳动操作手柄时，先导阀内控制阀芯处起始位置，各控制油口通过阀芯上的小孔与回油腔T相通，多路阀中三个换向阀均处中立位置。

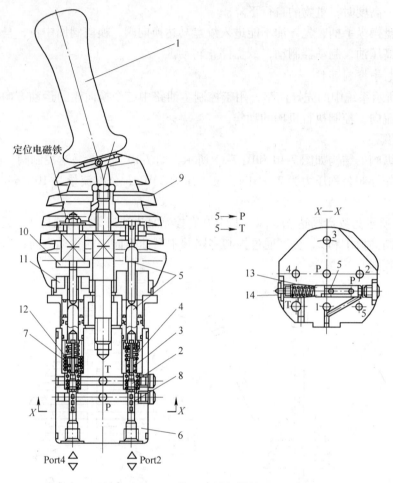

图 7-11 铲刀先导阀结构

1—控制手柄；2—控制阀芯；3—控制弹簧；4—复位弹簧；5—柱塞；6—壳体；7—附加弹簧；8—回油孔；
9—防尘罩；10—环片；11—电磁铁；12—碟形垫片；13—顺序阀弹簧；14—顺序阀阀芯

扳动操纵阀手柄到某一工作位置时，手柄推动连杆、柱塞下移，通过控制弹簧使控制阀芯下移，在利用阀芯上的小孔，将先导泵进油口 P 与相应的控制油口连通。先导压力油到达换向阀的一端，另一端仍通过先导阀通油箱，先导油推动换向阀向一个方向移动，实现主油路的换向。另外，先导油液进入换向阀控制油口的同时，也作用与先导阀芯的下端，与阀芯上端的控制弹簧力平衡。先导操纵杆扳到某一位置，弹簧力一定，控制腔对应的油压力也一定。操纵杆摆角大，弹簧力大，控制油压也高，换向阀所受的推力也相应增大，即主换向阀的行程与先导阀手柄的操纵角度成正比，从而实现比例先导控制。

当将铲刀操纵手柄由下降位置继续扳动到浮动位置时，由于该位置设有定位电磁铁，先导阀将被锁住，控制油口油压增大，使先导阀中顺序阀打开，第 5 个油口的油压释放回油箱，铲刀升降换向阀右端回油增多，其左端控制油口进一步进油，换向阀右移至浮动位置。当将操作手柄拉出浮动位置并放松时，先导阀中复位弹簧推动柱塞、压（连）杆上移，操纵杆回到中立位置。

2. 压力选择阀

先导油路中还装有压力选择阀和两个单向阀。其中压力选择阀的结构如图7-12所示，它的作用有两个：一是向先导阀送入先导油；二是用于发动机突然熄火时，将铲刀由高处下降到地面。

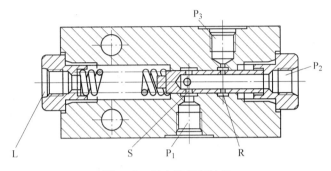

图 7-12　压力选择阀结构

图中 P_1 油口接先导泵，P_2 油口经滤清器到各先导阀的进油口，P_3 油口与铲刀升降油缸下腔（有杆腔）相连，L 油口接回油箱。

系统正常工作时，先导泵来油经 P_1 口进入，经阀芯上的十字孔 S、中心孔，由 P_2 进入先导阀。当 P_2 油口油压大于 1.5MPa 时，阀芯左移，使阀芯上的 R 孔与进油口 P_3 错开，切断了先导油路与升降油缸下腔的通路。

当发动机突然熄火时，P_1 处没有压力油，选择阀芯右移，恢复到孔 R 与 P_3 相通的位置。此时，若铲刀处在某一高度，升降操纵杆又处中立位置，升降油缸下腔的液压油将被封闭在管路内。只要将铲刀升降操纵杆扳到"下降"位置，升降油缸下腔的油液即可经单向阀，从 P_3 油口进入压力选择阀，再经阀芯上的 R 孔、阀体上的 P_2 油口进入铲刀先导阀，由先导阀进入升降油缸换向阀，使该换向阀处于下降位置，主油路回油接通，铲刀即可放置到地面。系统中另一单向阀可防止油液倒流到先导泵。此过程中，选择阀芯也能控制 P_2 油口到先导阀的压力在 1.5MPa 左右，如果 P_2 口油压高，阀芯左移，减少通过 R 孔的流量，降低 P_2 口油压，使铲刀以适当的速度下降。

后期生产的该机型推土机，没有装压力选择阀，也就不具备上述功能。

（四）油气悬挂系统

TLK220 型高速推土机上采用了可闭锁、可充放油的油气悬挂系统。用来传递作用在车轮和车架之间的一切力和力矩，缓和由不平路面传给车架的冲击载荷，衰减由冲击载荷引起的承载系统的振动，保证车辆的正常行驶，减少驾驶人员在车辆高速行驶时的疲劳，提高车辆的平顺性、稳定性和通过性。

该机油气悬挂系统如图 7-13 和图 7-14 所示，主要由弹性元件、悬挂杆系、控制电路等组成。

该系统中的弹性元件包括两个悬挂油缸和两个蓄能器。它们的主要作用是支撑悬架以上的车重，缓和传给车架的路面冲击载荷。两个悬挂油缸的型号为 TK22.29.2，缸径100mm，行程195mm，安装距625mm。蓄能器型号为 NXQ1-L2.5/31.5，公称压力为31.5MPa，公称容量为2.5L。蓄能器为囊式结构，密闭性好，体积小，重量轻，其寿命主要取决于

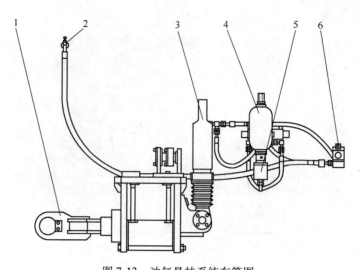

图 7-13 油气悬挂系统布管图

1—悬挂杆系；2—球阀；3—悬挂油缸；4—蓄能器；5—减振阀；6—电磁阀

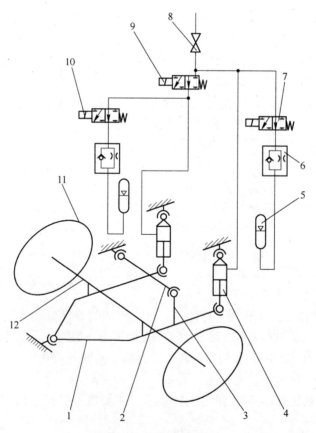

图 7-14 油气悬挂系统

1—角架；2—横拉杆；3—拉杆支座；4—悬挂油缸；5—蓄能器；6—减振阀；
7，9，10—电磁阀（1CT、2CT、3CT）；8—球阀；11—车轮；12—后桥

皮囊寿命，皮囊可以更换。

当推土机行驶到凹、凸不平路面时，车桥就会由于路面的不平而上、下运动。当车桥向上运动时，载荷压缩活塞杆回缩，油缸内的油一部分被迫压入蓄能器。同时，蓄能器气室内的氮气被压缩，体积减小，压力升高，当压力达到足以克服外载荷时，油缸不再压缩，这样将一部分冲击能量吸收到蓄能器中。当车桥向下运动时，油缸活塞杆将会伸出，油缸内压力降低，蓄能器中的一部分油液进入悬挂油缸。蓄能器皮囊中的氮气体积增大，压力降低，当压力与外载荷平衡时，油缸不再伸长，这样蓄能器中一部分能量被释放。

推土机行驶过程中，装有油气悬挂减振机构的两个后驱动轮，随路面高低做上下运动，后车架基本保持水平位置，同时减少了地面对后车架的冲击，从而保证了推土机高速行驶时的平稳性，提高了司机驾驶的舒适性。

推土机悬挂系统的减振装置是系统中的减振阀，它的作用是使车架的振动迅速衰减。如果车辆悬架中只有弹性元件而没有减振装置时，车身的振动将会延长很长时间，使车辆的行驶平顺性和操纵稳定性变差。

当车架在悬架上振动时，油液在油缸和蓄能器之间流动，油缸内的油液进、出蓄能器都要经过减振阀中的阻尼孔。当油缸内的油液排出，油缸压缩时，经过四个阻尼孔（单向阀算其中一个），相对阻尼系数小；油缸伸出时，通过三个阻尼孔，相对阻尼系数大。由于阻尼孔的作用，形成了对振动的阻力，使振动衰减。该减振装置具有重量轻、性能稳定、工作可靠、结构简单等特点。减振阀的结构如图 7-15 所示。

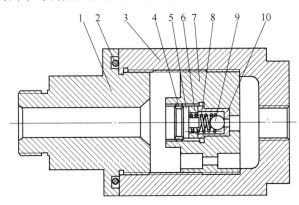

图 7-15　减振阀

1—堵头；2—O 形圈；3—减振阀体；4—减振阀套；5—螺母（弹簧座）；
6—垫圈；7—减振阀座；8—弹簧；9—钢球；10—球座

系统中的悬挂杆系包括角架、横拉杆支座、横拉杆等（见图 7-14）。由于油气弹簧只能承受垂直载荷，必须有导向机构（杆系）来承受垂直力以外的力和力矩。为保证杆系运动时不发生干涉，各铰点都采用了关节轴承。

系统中的控制电路包括两个悬挂控制电磁阀 7 和 10、一个充放油电磁阀 9。当控制面板上的悬挂控制开关关闭时，电磁阀 7 和 10 不通电，电磁阀在弹簧作用下处于静止位置，右位接入系统，接通了油缸和蓄能器之间的油路，左、右悬挂油缸断开，油气悬挂起作用。悬挂控制开关插入钥匙右旋至接通状态，电磁阀 7 或 10 通电，电磁阀右移，左位接入系统，切断了油缸和蓄能器之间的油路（同时，将充、放油开关右旋至充放油位置，电磁阀 9 通电），左、右悬挂油缸内的油相通，油气悬挂不起作用，悬架随车桥的摆动而摆动，悬挂闭锁。

　　系统中的球阀 8 用于为悬挂系统打开或关闭充放油的通路。当把球阀打开，悬挂控制电磁阀 7 和 10 至闭锁位置，充、放油电磁阀 9 至充放油位置，此时三个电磁铁均通电，油缸与蓄能器之间断开，两悬挂油缸之间相互接通，整个充、放油路接通。向铲刀提升方向缓慢扳动工作装置先导阀，油泵的油就会充入油缸中。当油缸完全伸出时，迅速关闭球阀，然后松开工作装置先导操纵阀，使其处于中位。

　　当把球阀打开，悬挂控制电磁阀 7 和 10 至悬挂位置，充、放油电磁阀 9 也至充放油位置，此时电磁铁 1CT、2CT 断电，3CT 通电，油缸与蓄能器之间及两悬挂油缸之间都相互接通，油缸及蓄能器中的油由车重和蓄能器内油压的作用全部经球阀放出。

　　当把充、放油电磁阀 9 至关闭状态，悬挂控制电磁阀 7 和 10 至悬挂位置，测量悬挂限位块与车架的距离。如果此距离不在 40~50mm 之间，就需要检查蓄能器里的气压，如果气压不在 1.7~1.8MPa 之间，需要使用充气工具对蓄能器充、放氮气。距离小于 40mm 时充气，大于 50mm 时放气，将压力调整到正常范围。

　　为了充分体现油气悬挂的效果，推土机无论是行驶和作业时，都应使用悬挂。

　　（五）集中润滑系统

　　该推土机悬挂系统采用了集中润滑系统，用于油气悬挂系统各活动铰接点的间歇润滑，维持油气悬挂各活动铰接点的正常工作，可延长整车使用寿命。

　　该润滑系统的原理如图 7-16 所示。手动干油泵 1 中的油脂通过手动干油泵中柱塞的挤压，经管路进入油脂滤清器 2 过滤，再经管路进入总油量分配器 4 分为两支路，在支路油量分配器中油脂又被分为多路，经管路到达各活动铰接点，对各活动铰接点进行润滑。

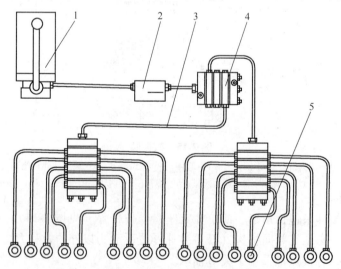

图 7-16　悬挂集中润滑系统原理

1—手动干油泵；2—油脂滤清器；3—管路及各种附件；4—油量分配器；5—润滑点

　　（六）工作装置液压系统调整

　　TLK220 型推土机工作装置液压系统的调整，主要应注意以下内容。

（1）整体式多路阀的工作压力出厂时已调好，不要随意调高。

（2）工作油液应经常保持清洁，机械使用半年（或1200h）应更换新油。更换新油应按下列顺序进行：打开油箱螺塞和铲刀提升油缸、倾斜油缸的软管，彻底排净污油，应在油温未降低前放出废油，以便把灰尘和沉淀物一起放出。首先应操纵铲斗上转并提升动臂到最高位置，使发动机熄火，然后利用自重下翻铲斗和下降动臂，清洗油箱和滤油器。加入新油后，应连续操纵推土铲提升、下降、左倾、右倾数次，以便排出系统内的空气。

（3）自然沉降检查。铲刀提升到最高位置，将液压手柄置于中间位置，使发动机熄火，此时测量铲刀升降油缸活塞杆15min的沉降，应小于10mm。如果使用时间较长，沉降量大大超过此数值时，应检查和更换损坏的零件和密封件。

（七）常见故障分析与排除

TLK220型推土机工作装置液压系统常见故障主要有：推土机铲刀提升缓慢、推土机铲刀侧倾力量不足；系统压力过低或没有压力；液压泵吸空或油面出泡沫；油温过高；油缸爬行或抖动。发生这些故障的原因和常见的排除方法，如表7-2所示。

表7-2 TLK220型推土机工作装置液压系统常见故障原因与排除方法

故障特征	故障原因	排除方法
推土铲提升（动臂）缓慢、倾斜（转斗）力量不足	1. 系统压力偏低； 2. 吸油管及滤油器堵塞； 3. 油缸内漏； 4. 液压泵有故障； 5. 系统有堵塞、节流； 6. 管路漏油； 7. 操纵阀的阀杆、阀体磨损严重，间隙过大	1. 调整系统压力到正常值； 2. 清洗换油； 3. 按自然沉降检查系统密封性，新机该值为10mm/15min； 4. 检修液压泵； 5. 检修、清洗液压系统； 6. 找出漏油并排除； 7. 修理或更换操纵阀
系统压力低或无压力	1. 安全阀调压偏低； 2. 液压泵或系统内漏； 3. 液压泵吸空	1. 调压到规定值； 2. 更换液压泵或消除系统内漏； 3. 见下行故障
液压泵吸空或油面出泡沫	1. 油面过低； 2. 液压泵磨损； 3. 吸油管漏气或液压泵油封损坏； 4. 滤油器堵塞； 5. 液压油冻结或黏度过大； 6. 用油不对或油液变质	1. 加油到规定值； 2. 更换液压泵； 3. 检查或更换油封； 4. 清洗滤油器； 5. 加热稀释或更换低黏度液压油； 6. 按规定值更换新油
油温过高	1. 工作时操作不当； 2. 系统压力调整过高； 3. 管路节流； 4. 油箱贮油太少	1. 停机冷却； 2. 调整压力到规定值； 3. 疏通管路； 4. 加足油量
油缸爬行或抖动	1. 油缸动作速度过低； 2. 油缸内有空气； 3. 油缸活塞密封圈或支撑环损坏； 4. 活塞杆变形； 5. 工作装置或前车架变形	1. 将操纵手柄操纵到位； 2. 将油缸全行程往复数次，排气； 3. 更换新件； 4. 修复或更换； 5. 修复

TLK220 型推土机液压绞盘常见故障、原因及排除方法如表 7-3 所示。

表 7-3　TLK220 型推土机液压绞盘常见故障与排除

故障现象	故障原因	排除方法
离合器手把处漏油	1. 减速器润滑油过多； 2. 密封圈切坏、老化	1. 转动卷筒使两加油孔连线成水平，打开加油孔，放出多余的润滑油； 2. 更换密封圈
空载收绳时，有爬行现象	收绳时发动机转速过低	保持发动机正常转速
空载时有爬行现象，加载无爬行现象	1. 系统压力低； 2. 工作油泵效率低	1. 调整系统压力到规定值； 2. 更换工作泵
加载时也有爬行现象	制动器故障	更换制动器
操纵时绞盘两个方向都不转	1. 制动器摩擦片咬死； 2. 工作油泵压力不足	1. 更换制动器； 2. 更换工作油泵
操纵时绞盘只有一个方向不转	液控多路阀或先导阀损坏	维修液控多路阀或先导阀

第二节　装载机工作装置液压系统

装载机工作装置的功率占整个装载机全部功率的比重比推土机大得多，故工作装置的动作也要比推土机铲刀的动作复杂。装载机的主要工作装置是动臂和铲斗，作业过程中，铲斗需上、下翻转和固定，动臂有升、降、浮动和固定四种状态，故一般装载机工作装置液压系统多采用两联换向阀分别控制铲斗和动臂，而控制铲斗的换向阀一般为三位阀，控制动臂的换向阀则为四位阀。

本节重点介绍目前装备较多的厦工 ZL50C（ZL50C-Ⅱ）型装载机和 ZLK50 型高速装载机。

一、厦工某型装载机工作装置液压系统

厦工机械公司生产的某型装备机的工作系统和转向系统合并，称为"双泵合分流转向优先的卸荷系统"，简称"双泵卸荷系统"。下面对其进行说明。

（一）系统组成

图 7-17 所示为该装载机工作、转向液压系统原理。工作系统主要由油箱、滤油器、工作泵、分配阀、动臂油缸、转斗油缸等组成。转向液压系统主要由转向泵、转向油缸、流量放大阀（带优先阀、溢流阀和梭阀）、转向器和卸荷阀等组成。两个系统通过优先阀和卸荷阀连通，根据机械工作和行驶状态，将两泵合流或为系统卸荷。

（二）系统工作原理

1. 机械作业时

当两换向阀的阀杆均不操纵时，工作泵 10 排出的油沿分配阀 3 的中立位置回油道流回油箱。当驾驶员在驾驶室里操纵转斗操纵杆，图示换向阀右移或左移，工作泵排出的油经分配阀内转斗油缸换向阀，进入转斗油缸的有杆腔或无杆腔，使转斗实现向前（下转）

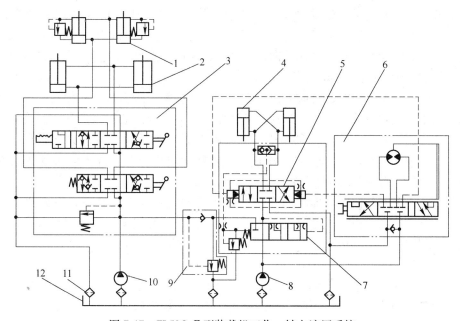

图 7-17 ZL50C-Ⅱ型装载机工作、转向液压系统

1—转斗油缸；2—动臂油缸；3—分配阀；4—转向油缸；5—流量放大阀；6—转向器；
7—优先阀；8—转向泵；9—卸荷阀；10—工作泵；11—滤油器；12—油箱

或向后（上转）的翻转。当前推动臂油缸换向阀的操纵手柄时，图示换向阀左移，使工作泵来油进入动臂油缸的无杆腔，实现动臂的上升；当将动臂换向阀的操纵手柄后拉一位，工作泵来油进入动臂油缸的有杆腔，实现动臂的下降；当将动臂换向阀的操纵手柄后拉两位，工作泵来油同时与动臂油缸两腔接通，实现动臂的浮动，使铲斗随地面高、低起伏动作，动臂换向阀的每个工作位置都有钢球定位。

两个液压缸换向阀之间采用串并联油路，动臂、铲斗不能同时动作，即使同时操纵了两个操纵杆，装载机也只有铲斗动作，动臂不动；铲斗动作完毕，松开操纵手柄，换向阀回位以后，动臂才能动作。

当动臂或铲斗工作时，若外负荷过大，使系统工作压力达到安全阀调定压力时，安全阀开启溢流，限制系统工作压力不超过 16MPa。该机在它的转斗油缸的活塞上装有溢流阀，工作过程中起过载阀的功用，在铲斗油缸换向阀处于中立位置时，若因故使转斗油缸前腔（有杆腔）压力超过其调定压力时，此过载阀开启溢流卸载，排出的油直接进入转斗油缸无杆腔，补充此腔出现的真空。

2. 机械直线行驶时（不工作也不转向）

工作泵排出的油沿分配阀的中立位置回油道流回油箱，转向泵排出的油一部分进入转向器 6，由于方向盘没有转动，转向器 6 没有流量输出，流量放大阀 5 没有动作。转向油缸不需要油，使转向泵出口油压升高，推优先阀左移，转向泵的油全部经优先阀和卸荷阀中的单向阀，与工作泵排出的油合流，经分配阀流回油箱。若此时工作装置在工作，则两泵合流，为工作系统提供液压油，可加快作业速度，提高作业效率。

3. 机械转向时

当机械行驶速度适当时，转动方向盘，转向器将有动作（左移或右移），转向泵排出的油一部分通过转向器进入流量放大阀的先导控制油口（左或右），使放大阀的阀芯右移或左移，打开转向油缸的进油、回油通道。这样，转向泵排出的油除了供给转向器，其余全部经优先阀和流量放大阀，进入转向油缸一腔，转向油缸另一腔的回油，经放大阀回油箱，实现机械行驶方向的改变。

当机械行驶速度较快时，转向泵流量大，多于转向系统所需流量，使转向油路压力升高，高压油推优先阀左移，打开与卸荷阀的通路，转向泵排出的多余流量，经优先阀和卸荷阀中的单向阀，与工作泵排出的油合流，或参与系统的工作，或经分配阀直接流回油箱。当机械行驶速度较慢时，转向泵流量小，转向油路压力低，优先阀不动作（左位接入），转向泵的油全部供给转向系统。

装载机转向速度的快慢，即转向系统所需流量的大小，由驾驶室内方向盘的转速控制。方向盘旋转速度越快，一定速度下，供给转向系统的流量就越多，机械转向速度就越快；反之，则转向速度越慢。

4. 卸荷阀的工作

系统中的卸荷阀位于工作系统和转向系统之间，当工作系统油压小于卸荷阀中溢流阀的调定压力时，卸荷阀关闭不卸荷，转向泵排出的、经优先阀来的油，经过卸荷阀中的单向阀与工作泵排出的油合流，参与系统的工作或经分配阀流回油箱。当工作系统油压达到卸荷阀中溢流阀的调定压力 12MPa 时，卸荷阀打开，转向泵排出的、经优先阀来的油，经卸荷阀直接回油箱，不再经单向阀到工作系统合流。

（三）系统主要部件

该系统工作主泵采用 CBG3100 型齿轮泵，流量为 220L/min，额定转速为 2200r/min，转向泵采用 CBG2080 型齿轮泵。两泵同属 CBG 系列，结构相似，工作原理基本相同，已在第三章中介绍。

1. 工作装置分配阀

该装载机工作装置分配阀采用 DF-32 型多路阀，其结构如图 7-18 所示。由两联换向阀和一个安全阀组成。

该阀阀体为整体式结构，铸造而成，内部油道左、右对称，故其铸造工艺性较好。阀体上部油口 P 为多路阀进油口，与工作油泵连通；下部油口 O 为多路阀回油口，与油箱连通；H、F 腔对应的阀体上的两油口，分别接通转斗油缸的前腔（有杆腔）和后腔（无杆腔）；K、N 腔对应的阀体上的两油口，分别接通动臂油缸的下腔（无杆腔）和上腔（有杆腔）。

阀体内多路阀入口一侧装有一先导型溢流阀作安全阀用，调定压力为 16MPa，局部结构见图 7-19。多路阀内两换向阀的阀杆长度不一，铲斗换向阀是三位置阀，动臂换向阀是四位置阀，两换向阀之间为串并联油路。两阀杆中心孔内装有三个单向阀，只是动臂油缸上腔（无杆腔）没装，单向阀的作用是：换向过程中防止工作装置出现"点头"现象；工作装置下降时，起到一定的背压作用。两换向阀均为手动操纵，其中，转斗油缸换向阀没有定位机构，阀杆可自动回位；动臂油缸换向阀有定位机构，要手动回位。

2. 流量放大阀

流量放大阀的结构如图 7-20 所示，阀体 8 和前盖 2、后盖 11 组成流量放大阀的壳体，壳体上有进油口 20(P)、回油口 5(T_1) 和接卸荷阀的油口 PF。阀体内环槽（对应着 A 和 B）

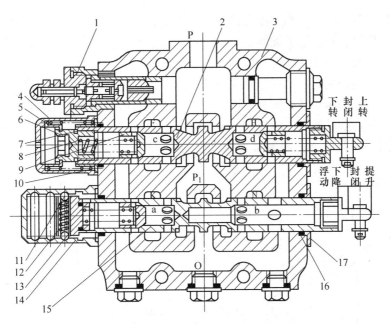

图 7-18　ZL50C-Ⅱ型装载机工作装置分配阀

1—安全阀；2—转斗阀杆；3—阀体；4，14—端盖；5—回位弹簧；6—限位柱；
7，10，16—O 形密封圈；8—弹簧；9—单向阀；11—定位钢球；12—定位弹簧；
13—定位柱；15—动臂阀杆；17—防尘圈

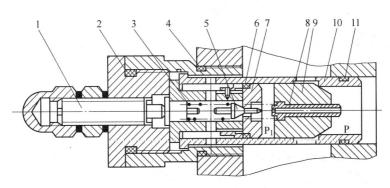

图 7-19　安全阀

1—调压螺钉；2，4，6，11—O 形密封圈；3—弹簧；5—先导阀芯（提动阀）；7—先导阀座（提动阀座）；
8—主阀内套（上有阻尼孔）；9—主阀芯（锥阀）；10—阀体

分别接转向油缸的两腔 4（A）和 7（B），阀体上部 1(a)、13(b) 孔为放大阀的两控制油口，通转向器。壳体内装有放大阀芯 6、优先阀芯 23、先导阀芯（安全阀芯）16 和梭阀阀芯 30。其中，安全阀调定压力为 14MPa，梭阀 30 跨接在环槽 4（A）、7（B）之间。阀体内还开有多条油道 3。三个阀芯右端分别装有弹簧，先导阀芯弹簧右端有调压丝杆 14。

当机械方向盘不转动时，转向器处中位，转向泵来的油不能通过转向器流出，所以放大阀没有控制油，放大阀芯 6 不移动，处于中立位置。转向泵来的油不能通过放大阀，致使转向泵排油口的油压升高，此油通向优先阀左侧，使其左端作用力增大，克服优先阀芯右侧的弹簧作用力，使优先阀芯右移，打开 P-P_F 通道，转向泵排出的油全部由此通道进入卸荷阀，打开其单向阀，与工作泵排出的油合流。机械作业时，双泵合流参与工作；工作装置没有动作时，直接经分配阀流回油箱；工作系统油压过高时，达到卸荷阀调定压力12MPa时，转向泵来油直接经卸荷阀回油箱。

当装载机直线行驶时，如果车轮遇到较大障碍，迫使车轮发生偏转时，将使转向油缸某腔压力增大。此高压油经梭阀和油道3进入优先阀右端弹簧腔，也是溢流阀（安全阀）的阀前，当油压达到其调定压力（14MPa）时，安全阀开启溢流，限制转向油缸某腔压力不再继续升高。而此时，转向泵排出的油经优先阀芯右移打开的通道 P-P$_F$ 流出，如前所述。

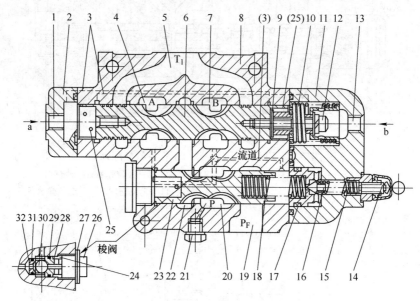

图 7-20 流量放大阀

1，13—左、右先导油口；2，11—前、后盖；3—油道；4，7—左、右转向油缸两腔；5—回油口；
6—放大阀芯；8—阀体；9—调整垫片；10—弹簧；12—螺钉；14—调压丝杆；
15—先导阀（安全阀）弹簧；16—先导阀芯（安全阀芯）；17，27，29，31—O形密封圈；
18—优先阀弹簧；19—分流口；20—进油口；21—测压口塞头；22—转向进油口；
23—优先阀芯；24—垫片；25—计量孔；26—螺塞；28，32—梭阀座；30—梭阀阀芯

当装载机方向盘向右转动时，方向盘带动转向器右移，转向泵输出的控制油液进入流量放大阀的右先导控制油口13(b)，进入流量放大阀的右端油腔，同时也可经油道3和计量孔25进入流量放大阀的左油腔。由于计量孔的节流作用，使放大阀阀芯两端产生压力差，放大阀芯即在此压差作用下，克服弹簧力左移，打开环槽22和环槽7(B)之间的通道，转向泵排出的油经P口、22环槽、B口，进入右转向油缸的有杆腔和左转向油缸的无杆腔，使机械向右转向。向左打方向盘时，油液反向，最终进入右转向油缸的无杆腔和左转向油缸的有杆腔，使机械向左转向。

当转向阻力过大时，接转向油缸的A或B口油压升高，当压力达到安全阀开启压力时，转向系统安全阀开启溢流，限制转向系统油压不再上升。此压力油也经梭阀到达优先阀的左端，推优先阀芯右移，打开P与P$_F$通道，转向泵排出的油经此通道流向卸荷阀，经卸荷阀中的单向阀与工作泵来油合流进入工作装置，或者流回油箱。

当方向盘停止转动，转向器恢复中位，不再向外输出控制油液，流量放大阀芯在弹簧10作用下回位，左、右两控制油腔的控制油经计量孔25和油道3互通。

3. 卸荷阀

卸荷阀的结构如图7-21所示，阀体上的进油口为P，回油口为Po，油口P1通工作系统。阀体4内装有单向阀芯13和先导型溢流阀，先导型溢流阀的先导阀在上部，先导阀芯是8，调压螺杆是5，主阀芯是3，主阀芯上部左侧有阻尼小孔。

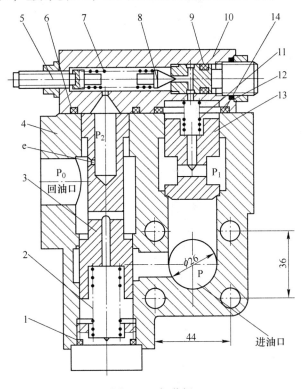

图7-21 卸荷阀

1，6，9，12，14—O形密封圈；2—主阀弹簧；3—主阀阀芯；4—阀体；5—调压丝杆；
7—先导阀弹簧；8—先导阀芯；10—先导阀座；11—单向阀弹簧；13—单向阀芯

二、ZLK50 新型轮胎式装载机工作装置液压系统

ZLK50新型轮胎式装载机是部队装备的新型轮式装载机，由郑州宇通公司生产。发动机型号为康明斯M11-C225，额定功率168kW，轮边减速器的速比4.8，在变矩器锁紧状态，最高时速达55km/h。

该推土机的工作装置液压系统如图7-22及图7-23所示，包括主油路和先导控制油路两部分。

系统主油路部分由油箱、工作主泵、液控多路阀、动臂油缸、铲斗油缸和抓具油缸等组成。油泵从油箱吸油，通过操作阀组改变油液流动方向，实现动臂、铲斗和抓具的各种动作，以满足装载机各种工作要求。

该系统的工作主泵采用CBG3140型齿轮泵，排量为140mL/r，额定压力16MPa，公称

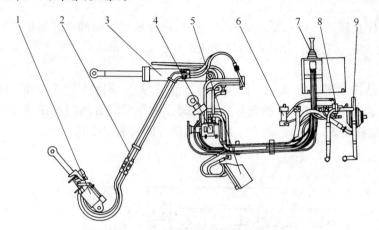

图 7-22　ZLK50 新型轮胎式装载机工作装置液压系统布管图

1—抓具油缸；2—管路；3—转斗油缸；4—液控多路阀；5—动臂油缸；6—滤油器；

7—液压手柄；8—压力选择阀；9—工作泵

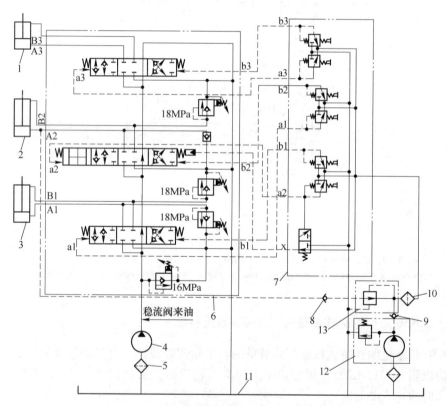

图 7-23　ZLK50 型装载机工作装置液压系统

1—抓具油缸；2—动臂油缸；3—转斗油缸；4—工作泵；5, 10—滤油器；6—液控多路阀；

7—液压手柄；8, 9—单向阀；11—油箱；12—先导阀；13—压力选择阀

压力 20MPa，额定转速 2000r/min，最高转速 2400r/min。

该系统的先导控制油路、主油路和油气悬挂系统均与 ZLK50 型高速推土机完全一样，主要部件结构与维修也相同，工作装置液压系统的调整和故障诊断与排除也相同，在此不

多述。

三、ZLK 系列装载机工作装置液压系统维修

（一）分配阀的修理

厦工和柳工产 ZLK 系列装载机工作装置液压系统分配阀的结构基本相同，都是由调压安全阀、动臂换向阀和铲斗换向阀三部分组成的，其分解、检修、装配方法相似。

1. 分解

（1）首先将调压安全阀从阀体上拆下，夹持在台虎钳上。拧下调整螺杆护帽，松开固定螺母，拧下调整螺杆，再用扳手拧下六角螺母，取出调压阀套，依次取出先导阀弹簧座、先导阀弹簧、先导阀阀芯，再取出先导阀阀座、主阀芯弹簧、锥阀和滑阀。

（2）分解铲斗换向阀时，先拆下换向阀端盖，取下卡环，拆下弹簧压座、外端弹簧座、回位弹簧、内端弹簧座和平面垫圈。再拆下换向阀另一端的压板，抽出阀杆，拧下堵头，取出弹簧和单向阀之后，拧下另一端的堵头，取出弹簧和单向阀。

（3）分解动臂换向阀时，先拆下端盖固定螺钉，将端盖连同阀杆抽出阀体一部分，再取下端盖、定位钢球和弹簧，拧下定位柱，取出弹簧、单向阀、平面垫圈。再拆下换向阀另一端的压板，抽出阀杆。

2. 主要零件的检修

（1）换向阀。换向阀主要检修阀杆与阀孔的表面损伤情况及其配合间隙。重点是阀孔及阀杆表面有无拉伤、锈蚀、剥落、失圆等。如以上损伤不甚严重，可用配研的方法予以修复。如失圆或磨损严重，间隙超过规定值时，可采用机加工的方法修整阀孔，同时对阀杆进行电镀或电刷镀，并对其进行精磨和研配（研磨剂可用氧化铝细研磨膏加适量煤油或机油配制，精研时用汽油或汽油掺煤油作研磨剂）的修理方法进行修复。阀杆与阀孔的表面磨损严重时应更换新件。阀杆与阀孔修理后应符合下列技术要求：

1）清除毛刺，表面粗糙度 Ra 为 $0.4 \sim 0.21\mu m$。

2）圆柱度要求：当阀杆直径小于 20mm 时，圆柱度误差 $\leqslant 0.003mm$；当阀杆直径大于 20mm 时，该值 $\leqslant 0.005mm$。

3）配合间隙一般按表 7-4 规定范围选定。

表 7-4　换向阀阀杆与阀孔配合间隙

公称直径/mm	12	20	25	50
配合间隙/mm	0.005~0.018	0.008~0.024	0.013~0.024	0.02~0.045

（2）安全阀。安全阀主要检验阀芯与阀座的接触密合情况。重点是阀座与阀芯的密封环带有无沟槽、偏磨、拉伤等现象。如磨损轻微、密合不良，应进行研配。当损伤严重时更换新件。

（3）弹簧。阀的复位弹簧也是检验的重点。检验技术要求为自由长度低于原标准的 1/12，或者弹力低于原标准的 1/5 时，应更换新件。

3. 装配与调整

（1）装配一般要求：

1）分配阀装配时，应保持作业场所、使用工具的清洁。

2）将零件放在煤油、柴油或清洗液中用毛刷清洗，用泡沫塑料或布擦拭，禁止用棉纱擦拭。

3）橡胶件禁止用汽油清洗。新 O 形密封圈在装配前不要接触油类。

4）安装换向阀和安全阀时，应将阀孔、阀杆等配合表面涂上液压油，严禁敲打。

（2）装配要点。ZL 系列装载机工作装置分配阀装配特别要注意：

1）装动臂阀杆时，要在阀孔内涂上适量液压油后，将 O 形密封圈装入座孔；然后将动臂阀杆插入阀孔，装上平面垫圈，将单向阀、弹簧装入阀杆内孔，拧上定位柱，装上钢球和弹簧，套上端盖，用螺栓将端盖固定在阀体上；在阀杆的另一端装上 O 形密封圈、尼龙垫圈、压板，并用螺钉将其固定。

2）装铲斗阀杆时，先将 O 形密封圈装入阀体座孔，将两端单向阀、弹簧分别装入阀杆内孔后，拧上堵头，再将铲斗阀杆插入阀孔，装上平面垫圈，在阀杆左端依次装入内端弹簧座、回位弹簧、外端弹簧座，拧上弹簧压座；装上卡环，再用螺钉将端盖固定在阀体上；在阀杆的另一端装上 O 形密封圈、尼龙垫圈、压板，并用螺钉将其固定。

3）调压安全阀装配时，先将滑阀装入锥阀内孔，然后一并装入调压阀套，将先导阀阀芯、先导阀调压弹簧、先导阀弹簧座装入调压弹簧套筒内，并将主阀芯弹簧装到先导阀阀座内孔后，再将其组件装入调压阀，套上空心螺母，拧上六角螺母；在六角螺母上装上调压螺杆及固定螺母之后，将调压安全阀总成装到工作装置分配阀阀体上。

4）工作装置分配阀装配完毕，应分别拉动动臂和转斗阀铲斗阀杆进行检验。要求动臂阀杆在各位置应灵活，无卡滞现象，并能定位，铲斗阀杆也应灵活，无卡滞现象，且能自动回位。

（3）调整。工作装置分配阀应在试验台上或装车后，对液压系统的工作压力进行调整。首先将压力表安接到工作装置分配阀上，起动发动机，保持额定转速。然后扳动铲斗操纵杆，使铲斗上翻至极限位置时，观察压力表所显示的数值是否为 16MPa，若压力过低，应将调整螺杆沿顺时针方向转动，使压力升高；若压力过高，则反时针转动调整螺杆，使压力降低。当系统工作压力调整至额定数值后，拧紧固定螺母和护帽。

（二）工作装置液压系统常见故障与排除

ZL 系列装载机工作装置液压系统故障主要有：液压缸动作缓慢或举升无力、工作时尖叫或振动、动臂自动下沉、油温过高等。

1. 液压缸动作缓慢或举升无力

特征：铲斗装满料从最低位置上升到最大高度的时间超过 14s，或者装满料举不起来。应该先观察动臂和转斗油缸是两动作都缓慢无力，还是只有一个动作缓慢无力。

（1）如果两动作都缓慢无力，则可能的原因及排除方法如下。

1）油箱油量少：

特征：从检视口可以观察油箱油量不足；

维修方法：应将工作油加到油箱总容量的三分之二以上。

2）油箱通气孔堵塞：

特征：打开油箱盖故障马上消失；

维修方法：清理通气孔。

3）滤网堵塞或进油管太软变形：

特征：油门越大，动作越慢，且伴随有振动和尖叫；

维修方法：清理滤网、更换进油管。

4）油泵磨损严重：

特征：油门大时动作能够快一些；

维修方法：维修或更换油泵。

5）溢流阀调压低、弹簧变软、阀芯动作不灵活：

特征：将溢流阀压力调高一些，动作能快一些；

维修方法：调整溢流阀压力到标准值，或更换弹簧、阀芯再调整溢流阀压力到标准值，更换溢流阀总成。

6）溢流阀磨损泄漏或卡滞：

特征：拆下阀芯、阀座，阀芯明显磨损；

维修方法：更换溢流阀总成。

（2）如果其中只有一个动作缓慢无力，则可能的原因及排除方法如下。

1）液压缸内漏：

特征：将铲斗举到顶，卸开有杆腔油管，加大油门看是否漏油；

维修方法：更换油缸油封。

2）操纵软轴调整不合适或损坏：

特征：操纵软轴损坏，且阀杆运动量小；

维修方法：更换操纵软轴并调整。

3）换向阀磨损，泄漏严重：

特征：拆卸换向阀检查，发现明显磨损；

维修方法：更换分配阀总成。

2. 工作时尖叫或振动

特征：发动机起动后，扳动工作装置操纵杆，能听到一种尖锐的叫声。

（1）低压系统进空气：

特征：不管发动机油门大小，系统工作时都有叫声，并且在管接头处涂抹肥皂水检查时，可以看到气泡产生；

维修方法：检修液压泵进油管，保证其密封良好。

（2）油箱油量少：

特征：动臂举升到一定高度后不能再继续上举；

维修方法：给油箱加油至规定值。

（3）进油管软或管内剥皮：

特征：发动机油门大时，尖叫声越大，且进油管明显变扁；

维修方法：更换进油管。

（4）滤油器滤芯堵塞：

特征：液压系统动作明显缓慢；

维修方法：清洗、保养滤油器滤芯。

3. 动臂自动下沉

特征：铲斗装满料举升到最大高度，发动机熄火后，动臂油缸活塞杆下沉量超过

150mm/h。

（1）油缸活塞油封损坏，油缸拉伤：

特征：铲斗举升到最大高度，拆下有杆腔油管，发动机加大油门，油管有大量油漏出；

维修方法：更换油封，或修理油缸内腔。

（2）换向阀磨损、中立位置不正确：

特征：在油缸油封不漏油的情况下，故障原因只能是换向阀；

维修方法：更换分配阀总成。

4. 油温过高

特征：机械工作时间不长，工作油液温度达到 100~120℃，且工作无力。

（1）系统压力低：

特征：压力表显示的压力低，并且有压力低引起的别的故障同时出现；

维修方法：调整系统压力到规定值。

（2）工作油量偏少，散热效果差：

特征：从检视口能观察到；

维修方法：加够足量的工作油。

（3）环境温度高，连续作业时间长：

特征：断续作业或夜间作业不出现此故障；

维修方法：改变作业方式。

（4）系统内泄漏量大：

特征：机械一开始作业就工作无力，且系统压力低；

维修方法：检修液压泵、液压缸和控制阀，解决内漏问题。

第三节　挖掘机液压系统

单斗挖掘机的工作装置包括动臂、斗杆、铲斗和回转装置等，轮胎挖掘机有支腿，有的挖掘机还有副臂。所以，挖掘机作业时的动作比其他工程装备都复杂，故挖掘机的液压系统在工程装备中是最复杂的。本节重点介绍近年来装备的某型高速挖掘机。

一、某型高速挖掘机

某型高速挖掘机采用了折叠式动臂，在机械行驶时可将动臂折叠起来，斗杆可平放在车架前的支承架上，降低了机械行驶时的重心高度，提高了行车速度，使该机的最高行驶速度达到了 51km/h，同时也开阔了驾驶室前方视野，提高了行车的安全性。

该机选用英国产 6CTA8.3-C 型发动机作动力，额定功率为 172kW，额定转速为 2000r/min，最大输出扭矩为 900N·m。

该机整车重量为 20t，铲斗容量为 0.8m³，最大爬坡能力为 20°。该机具有两个前进挡，一个倒退挡，前进一挡速度为 13.4km/h，前进二挡速度为 51km/h，倒退挡速度也为 13.4 km/h。其中，慢挡和倒挡为前后桥同时驱动，快挡为后桥驱动。

图 7-24 为某型高速挖掘机操纵示意图。如图所示，座位两侧，左、右两先导操纵阀分别控制挖掘机回转、斗杆、挖斗和动臂的动作，操纵方式同 74 式 Ⅲ 型挖掘机。左先导

阀旁边的伺服开关，用来接通或关闭挖掘机的先导伺服油路。挖掘机作业时，伺服开关压下，接通先导泵通往各先导操纵阀的通路；挖掘机行驶时，向上抬起伺服开关，关闭作业先导油路，防止行驶过程中的误操作，避免出现事故。右先导阀旁边的停车制动开关，在挖掘机作业时应向下压，使机械处于制动状态，防止事故发生；挖掘机行驶时应向上抬起，使机械解除制动。

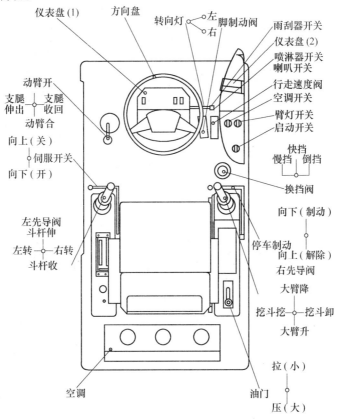

图 7-24 某型高速挖掘机操纵示意图

挖掘机座位前方的方向盘左侧，为挖掘机支腿收放-动臂开合先导阀。左右扳动，控制支腿的收放；前后扳动，控制动臂的开合。其中，动臂张开，为作业状态，动臂合拢，为行驶状态。方向盘右侧的行走速度阀，是挖掘机行走马达的先导操纵阀。该挖掘机的动力传递为液压机械式，由工作系统的液压泵带动行走马达，行走马达将动力输出给挖掘机的变速箱，然后驱动前、后车轮。也就是说，方向盘左侧也是该挖掘机的先导操纵阀之一，不过它是脚踩式而已。另外，方向盘右侧的脚制动阀和右手边的换挡阀，分别用于挖掘机行驶过程中的变速和制动控制。

某型高速挖掘机除行走装置采用液压机械式传动外，它的换挡和制动系统也采用液压控制，且均与工作装置液压系统联系密切，下面我们分别加以介绍。

（一）工作装置液压系统组成

某型高速挖掘机工作装置液压系统主要由工作主泵、操纵阀组、液压油缸（包括动臂、斗杆、挖斗、调整、支腿）、回转马达、行走马达、中央回转接头及先导泵、先导系统安全阀、先导操纵阀、油箱、滤油器等组成，如图7-25所示（参见图7-26）。

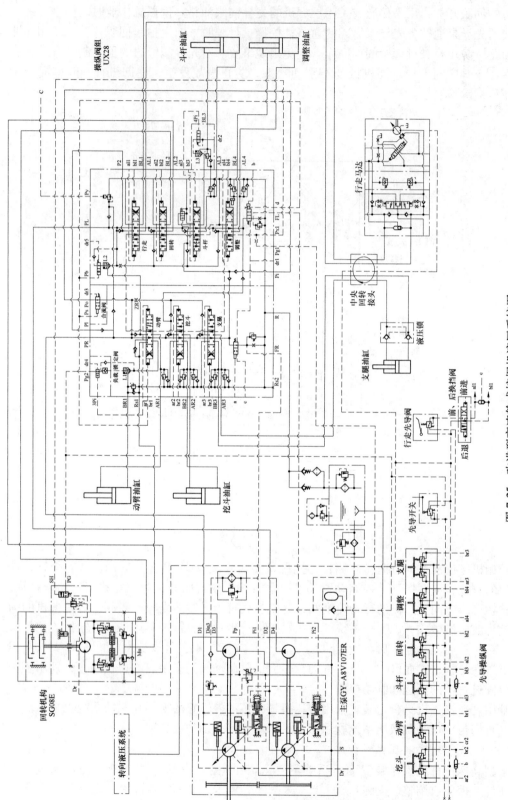

图7-25 改进型高速轮式挖掘机液压系统图

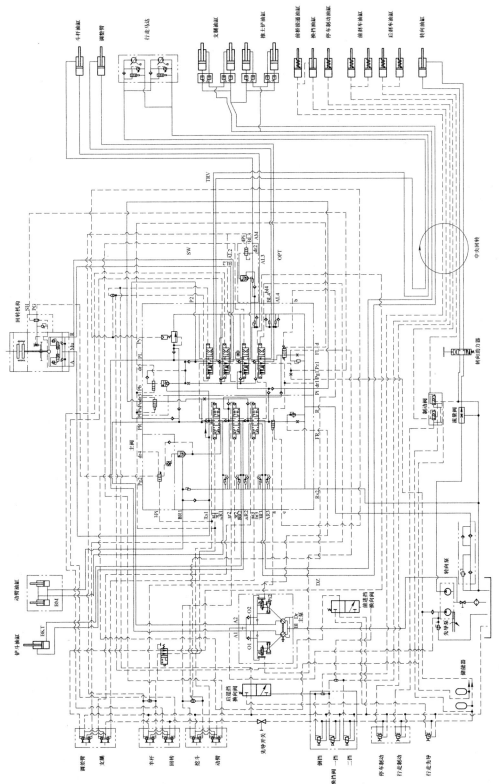

图 7-26 改进型高速轮式挖掘机液压系统图（参照）

　　某型高速挖掘机工作主泵型号为 LY-A8V107ER，它是一个具有两个最大排量为 107mL/r 的单向变量泵组成的双联斜轴式变量柱塞泵，另外还有两个齿轮泵固定在它的外壳上，共同组成液压泵组，泵组直接与发动机的飞轮壳相连，其中两个齿轮泵分别用于挖掘机的转向系统和先导系统；回转马达为 MF151KF 型斜盘式双向定量柱塞马达；行走马达为 LY-A6V160HA 型双向变量斜轴式柱塞马达，最大工作压力为 32MPa，排量为 160mL/r，输出扭矩为 680N·m。系统的工作主泵、液压缸、回转马达和行走马达前面均已介绍，这里主要学习操纵阀组、中央回转接头和先导阀。

　　1. UX28 操纵阀组

　　早期生产的某型高速挖掘机采用日本东芝公司的 U28 操纵阀组，2005 年后逐渐用 UX28 阀组替换该公司的 U28 操纵阀组，两个阀组在外形上非常近似，但阀的组成和内部油路有很大改变，我们通常将采用 U28 操纵阀组的挖掘机称为一代高挖，而将采用 UX28 操纵阀组的挖掘机称为二代高挖或改进型。目前一代高挖已逐步淘汰，部队装备较多的均为二代高挖，这也是我们学习的重点。

　　相比于一代高挖，二代高挖采用了 UX28 操纵阀组，各操纵阀排列、布置更加合理，管路连接更加紧凑，使用可靠性和工作性能都有很大提高，整机转向、制动液压系统、行走装置和操纵机构都没有改变，工作装置液压系统其他总成部件也与原机相同。

　　UX28 操纵阀组各向外形如图 7-27、图 7-28、图 7-29 所示。图 7-30 为其工作原理图。

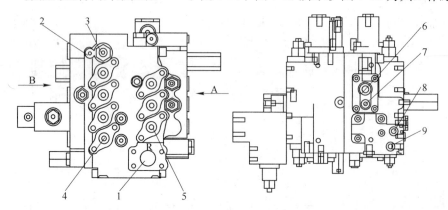

图 7-27　改进型挖掘机操纵阀组外形（一）
1—R 口；2—Dr5 口；3—Pb 口；4—bl1~bl4 口；5—br1~br3 口；6—Po 口；7—Ps 口；8—dr4 口；9—Pg2 口

　　该阀组内有七联换向阀，一个系统安全阀，两个中位回油换向阀，两个负流量控制阀，一个动臂合流控制阀，一个动臂合流逻辑阀，一个动臂合流优先斗杆阀，两个防降控制阀，两个防降逻辑阀，两个回油再生阀，十个过载补油阀和单向阀等元件。

　　阀组整体上分为左右两片，七联换向阀也分两侧布置，其中 A 向视图显示其左侧的三联阀，分别控制动臂、挖斗和支腿油缸，阀体上 AR1BR1~AR3BR3 分别接相应油缸的工作油口，而油口 ar1br1~ar3br3 则为相应换向阀的先导控制油口。B 向视图显示其右侧的四联阀，分别控制行走马达、回转马达，斗杆和动臂调整油缸，阀体上 AL1BL1~AL4BL4 分别接相应执行元件的工作油口，而油口 al1bl1~al4bl4 则为相应换向阀的先导控制油口。

　　每侧一组换向阀的最上端，有进油口 PR 和 PL，阀组内装有一个系统安全阀，保护系统各油缸作业时的工作压力不超过 30MPa，特别对于行走马达工作时，安全阀 Py 油口通先导压力油获得增压，限定压力增大到 32MPa。而回转马达系统的工作压力由回转马达安全阀控制，最高不超过 24MPa，回转马达安全阀不在操纵阀组上，而在回转马达盖上。

阀组正上方装有动臂合流优先控制阀；左右两侧阀组最下端均插装有负流量控制阀和中位回油换向阀；每个液压缸换向阀阀杆两侧均装有过载补油阀；动臂油缸换向阀一侧装有动臂合流控制阀和逻辑阀，另一侧装有动臂防降控制阀和逻辑阀；斗杆油缸换向阀一侧装有斗杆防降控制阀和逻辑阀。

图 7-27 中，R 油口 1 为阀组总回油口；dr5 油口 2 为先导控制回油，接油箱；Pb 油口 3、Ps 油口 7 以及图 7-29 中的 d 油口 13 都和 br1 油口相连通；Po 口 6 与图 7-29 中的 Pi 口 6 由阀外油管连通，实现斗杆合流；Pg2 口 9 与回转马达的 PG 口连通并接通先导油泵。

图 7-28 中，3Pi 油口 1 接通 ar1 油口 19；P1 油口 2 接图 7-29 中的 P2 油口 2 实现行走马达的阀外合流；PR 油口 3 为左侧阀组进油口；FR 油口 6 为左侧阀组负反馈流量控制油口，通向工作主泵的一个控制油口；a 油口 7 通过梭阀连通 al3、bl3 油口。

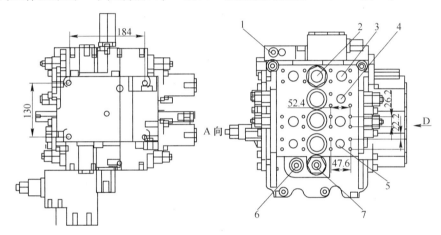

图 7-28　改进型挖掘机操纵阀组外形（二）
1—3Pi 口；2—P1 口；3—PR 口；4—BR1、AR1、BR2、AR2 口；5—AR3、BR3 口；6—FR 口；7—a 口

图 7-29 中，PL 油口 1 为右侧阀组进油口；FL 油口 6 为右侧阀组负反馈流量控制油口，通向另一主泵的控制油口；4Pi 油口 5 接 al3 油口；b 油口 7 通过梭阀连通 ar2、br2 油口；Pg1 口 8 接通先导油泵；RS1 油口 10 与回转装置的 MU 油口连接，为回转马达补油；Py 油口 11 和 c 油口通过梭阀与 al1、bl1 油口相通，为主安全阀先导增压；d 油口 13 与 br1 相通；Px1 油口 14 与回转机构的 SH 油口相通；其余 dr 油口均为先导回油，接油箱。

2. 中央回转接头

中央回转接头用在各种具有回转平台的工程装备上，例如挖掘机、起重机等，这些机械的发动机一般置于回转平台上方，液压泵由发动机带动，因而也装在转台上，但有些执行元件例如行走马达、支腿油缸等，却一定要装在底盘车架上，这样回转平台上方元件与底盘上的元件之间油液的连通，就需要中央回转接头。图 7-31 所示就是某型高速挖掘机中央回转接头的结构图。

某型高速挖掘机工作装置液压系统的中央回转接头由上、下两部分组成，每部分又分别由接头芯、壳体、上盖板、密封组件等组成。上回转接头为换挡、制动等油路提供油液通道，下回转接头为行走、支腿、转向等油路提供油液通道。

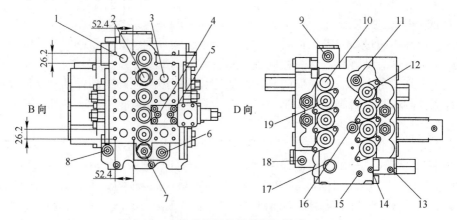

图7-29 改进型挖掘机操纵阀组外形（三）

1—PL、BL3口；2—P2口；3—AL1～AL4、BL1、BL2、BL4口；4—dr2口；5—4Pi口；6—FL口；
7—b口；8—Pg1口；9—dr3口；10—RS1口；11—Py口；12—al1～al4口；13—d口；14—Px1口；
15—dr1口；16—Pi口；17—RS2口；18—C口；19—ar1～ar3口

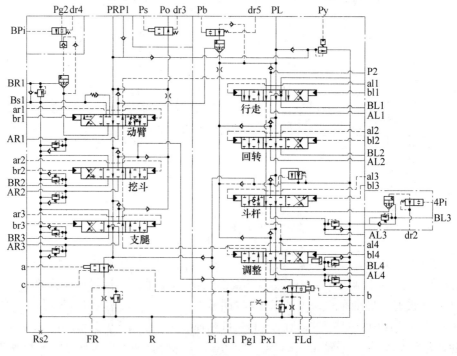

图7-30 操纵阀组原理图

　　该接头的下回转接头的接头芯，与车架相连，其壳体上的凸块由挖掘机转台上的卡板带动随平台一起回转。上回转接头芯与下回转接头芯用螺钉连在一起，其壳体用一固定板与下壳体固定，并随下壳体一起转动。接头内的组合密封为各油道提供油路隔离，组合密封由O形密封圈及聚四氟乙烯密封圈组成，其中O形密封圈除了起到与壳体的密封作用外，还起弹性补偿作用；聚四氟乙烯密封圈与接头芯接触，起回转密封作用。当聚四氟乙烯密封圈因磨损减薄后，O形密封圈因预压缩产生的弹性力给以补偿，磨损严重无法补偿时，应更换密封组件。

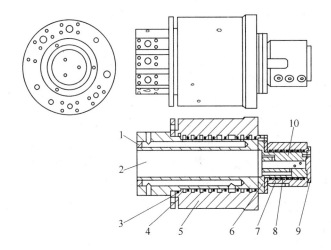

图 7-31　中央回转接头
1—堵头；2—下回转接头芯；3，4—下回转密封组件；5—下回转壳体；6—下回转顶盖；
7—上回转壳体；8—上回转密封组件；9—上回转顶盖；10—上回转接头芯

3. 先导操纵阀

某型高速挖掘机先导操纵阀的结构如图 7-32 所示。该阀由操纵手柄、阀体、下盖、阀杆、柱塞、压块、接块、皮碗、弹簧等零件组成。阀体上部 C 腔为回油腔，与油箱相通；B 腔为伺服压力油腔，与伺服液压泵相通；下盖上的 A 口为伺服油出油口，通各换向阀的伺服控制油口。

当伺服阀手柄处于中间位置时，油口 A 通过阀杆 11 上的小孔与回油腔 C 相通，与进油腔 B 断开。A 口无压力油流出，系统没有动作。当向左或向右扳动手柄时，压块 6 向下推动柱塞 5，柱塞压缩弹簧，阀杆 11 即在弹簧力作用下向下移动，使阀杆 11 上的小孔与伺服压力油进油腔（B 腔）连通。这样，伺服压力油经阀杆上的小孔进入下盖上的 A 口，由 A 口进入各换向阀的控制油道，从而控制换向阀阀杆的移动，带动各工作机构的动作。若此时不再扳动手柄，则 A 口产生的控制油压在阀杆 11 下端产生作用力，此作用力克服弹簧力将推动阀杆上移，当阀杆小孔被重新关闭后，A 腔油压稳定在某一值不再变化，所以伺服阀的控制方式为随动式。松开操纵手柄，使之处于中间位置，阀杆向上移动到起始位置，阀杆上小孔再次与回油腔接通，A 口压力油也经该小孔流回油箱，解除伺服控制压力。

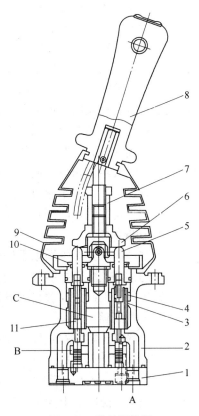

图 7-32　先导操纵阀
1—下盖；2—阀体；3，4—大、小弹簧；
5—柱塞；6—压块；7—接块；8—手柄；
9—皮碗；10—套；11—阀杆

（二）工作装置液压系统工作原理（参照图7-30）

1. 中位回油

当不扳动任何先导操纵阀时，先导泵的油经先导系统安全阀流回油箱，不能到达操纵阀组内任何一个换向阀的先导控制油口，换向阀没有动作；先导油也不能到达阀组内任何一个控制阀，左右两侧阀组的中位回油换向阀均处于接通位置。系统工作主泵两个分泵排出的液压油，同时进入操纵阀组的两个进油口 PR 和 PL，当操纵阀组内各换向阀均处于中立位置时，两路进油分别经阀组内的中间通道和中位回油换向阀到达负流量控制阀前，再经负流量控制阀内的节流孔流回油箱，从而产生负流量控制压力并经油口 FR 和 FL 反馈到主泵斜盘角度控制油口，使斜盘角度减至最小，主泵排量随之减至最小。这样，可以降低各换向阀均处于中立位置时的压力损失。

系统各机构动作过程中，如果需要油缸缓慢动作，则油缸流量需求较少，这时也可通过负流量控制阀将油泵部分流量经控制阀组的中间油道直接流回油箱，减小液压泵排量，从而减少压力损失。

2. 动臂的升降

（1）动臂上升

扳动驾驶室内的右先导阀操纵手柄，将其向后拉，可使动臂上升。先导泵的压力油经右先导阀分为四路进行控制，一路进入阀组内左边三联阀的第一联换向阀的左端控制油口 br1，推阀杆右移换向；一路进入 d 口控制右侧阀组内的中位回油换向阀，使其左移换向，从而切断右侧阀组的中位回油通道；一路进入 Ps 油口控制动臂合流优先控制阀，使其右移换向，切断 PR 压力油与 PO 油口之间的斗杆合流油道；一路进入 Pb 油口控制动臂合流控制阀，使其右移换向，使动臂合流逻辑阀 L2 打开。

这样操纵阀组内左边三联阀的第一联换向阀的阀杆右移，左分泵 PL 压力油会经过动臂合流逻辑阀与右分泵 PR 压力油合流，并经此换向阀流入动臂液压缸的无杆腔，动臂油缸有杆腔的油液经该阀另一油道流回油箱，这样实现了动臂油缸上升时的双泵合流，加快动臂的上升速度，提高作业效率。另外阀杆右移，切断了左侧阀组的中立位置回油道，但左边三联阀采用并联可以同时工作，由于节流孔 ZR 的节流作用，动臂具有优先权。

（2）动臂保持

驾驶室内的右先导阀操纵手柄回位，先导油路切断，动臂换向阀杆回中位，动臂油缸无杆腔内的油液被防降控制阀和防降逻辑阀 L1 切断，实现动臂保持功能，可防止因阀组内部泄漏等原因引起的动臂自动下降现象。

（3）动臂下降

动臂下降时，前推右先导阀操纵手柄，先导泵的压力油经右先导阀分为两路进行控制，一路进入阀组内左边三联阀的第一联换向阀的右端控制油口 ar1，推阀杆左移换向；一路进入 3Pi 油口控制动臂防降控制阀，使其右移换向，先导泵的压力油经 Pg2 油口打开液压锁，使动臂防降逻辑阀 L1 打开。

这样阀杆左移，PR 压力油经阀内节流孔，一部分经负流量控制阀 FR 回油箱，一部分进入动臂油缸有杆腔，使动臂下降；无杆腔回油部分经阀内节流孔和阀外背压阀回油箱以减缓动臂的下降速度，另有部分回油可经阀内补油单向阀向有杆腔补油，实现动臂有杆腔的回油再生。动臂下降时，PL 压力油直接经左侧阀组内中位回油道回油箱。因此，动臂有杆腔是单泵供油,动臂下降不需很快速度,以保证作业的安全性。

3. 动臂的折叠

该挖掘机的动臂除了可以上升、下降以外,还可以折叠。可折叠的动臂分上、下两部分,如图7-33、图7-34所示。上动臂、下动臂用动臂销5连接,通过调整油缸3可使其张开和合拢。调整油缸收到最短位置时,工作装置处于挖掘作业状态,如图7-33所示;调整油缸伸到最长位置时,工作装置处于整车行走状态,如图7-34所示。

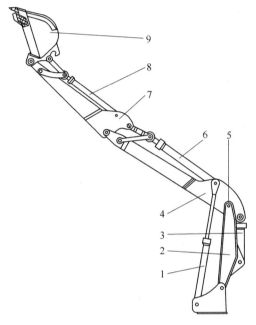

图 7-33　挖掘机动臂的作业状态

1—动臂油缸;2—下动臂;3—调整油缸;4—上动臂;5—销;6—斗杆油缸;7—斗杆;8—铲斗油缸;9—铲斗

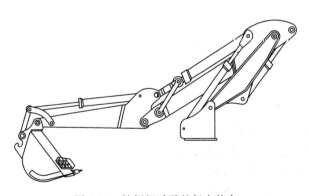

图 7-34　挖掘机动臂的行走状态

动臂折叠的动作由驾驶室座位左前方的动臂开合-支腿收放操纵手柄控制。将此手柄向前扳,先导泵的油经此先导阀,到达阀组中右侧第四联换向阀的右端控制油口,可使该换向阀的阀杆向左移动,阀组右边 PL 压力油经此阀进入动臂调整油缸的有杆腔,使动臂处于张开状态,挖掘机可进行挖掘作业;将此手柄向后扳,先导泵的油经此先导阀,到达操纵阀组中右侧第四联换向阀的左端控制油口,可使该阀阀杆向右移动,阀组右边 PL 压力油进入动臂调整油缸的无杆腔，使动臂处于合拢状态，挖掘机可安全行驶。并且，因为挖掘机动臂的合拢，降低了整机重心的高度，可提高机械的行驶安全性和机动性，提高行驶速度。动臂调整为单泵供油。

此外，动臂升降和调整先导油路中的两位五通换向阀，称为限位阀，是一个机动换向阀。用于动臂由工作状态收拢到行驶状态时的限位。当机械作业完毕，动臂向后收拢到位，压下此阀的顶杆，使该换向阀杆移动，将动臂升降油缸和调整油缸两换向阀的先导油引回油箱，使两换向阀回复中位。此时，即使操作手没有停止两先导阀的操纵，动臂升降油缸和调整油缸也可停止动作，动臂处于合拢行驶状态。

4. 挖斗的动作

挖斗的动作由右先导阀控制，向左、右扳动先导阀的操纵手柄，先导泵的压力油进入阀杆左右两端油口 ar2 或 br2 的同时，也会经两油口之间的梭阀进入控制油口 b，使右侧阀组的中位回油换向阀左移，从而切断右侧阀组的中位回油。此时，阀组中左侧第二联换向阀的阀杆左、右移动，就会将 PR 压力油引入挖斗油缸的两腔，实现挖斗的双向动作，同时 PL 压力油会经过阀组内合流油道与 PR 压力油在右侧四联换向阀均无作业动作时，进行挖斗合流以加快其作业速度。

5. 斗杆的伸曲

挖掘机斗杆的动作由左先导阀控制，向前、后扳动左先导阀的操纵手柄，可使操纵阀组中右侧第三联换向阀的阀杆左、右移动，分别将 PL 压力油引入斗杆油缸的两腔，实现斗杆的动作。斗杆控制阀在左右两个工作位置时，先导控制油 al3、bl3 会通过 a 口控制左侧阀组内的中位回油换向阀，使其右移从而切断 PR 油路的中位回油通道，故 PR 压力油通过合流阀和外接合流管 Po-Pi 与 PL 压力油并联后可以实现斗杆油缸两腔合流动作，提高斗杆的移动速度。

斗杆无杆腔进油时，有杆腔内的油液将逻辑阀 L3 打开并通过阀内节流阀流回油箱，因而回油腔有一定压力，可避免空气进入；同时油箱油液还可经阀外换向阀、阀内单向阀向无杆腔补油以实现回油再生。

当阀杆处于中位时，有杆腔的油液被逻辑阀 L3 切断，这样可以实现斗杆保持功能，防止斗杆下掉。

6. 行走装置的运动

挖掘机行驶时，首先驾驶室里将停车制动器解除，向上扳动停车制动开关；然后关闭作业系统的伺服开关，将其手柄向上抬起；再操纵换挡阀手柄到合适挡位；踏下行驶速度阀，先导泵的油可以到达主控阀组中行走马达换向阀的两控制油口 A、B，使操纵阀组中左侧最上联换向阀的阀杆左、右移动，即可实现挖掘机的前进、后退或转弯，参见图7-35，踏下行驶速度阀，即可实现挖掘机的前进、后退或转弯。

机械行驶时，先导控制油 al1、bl1 会通过 c 口控制左侧阀组内的中位回油换向阀，使其右移从而切断 PR 油路的中位回油通道，故 PR 压力油通过外接合流管 P1-P2 与 PL 压力油合流后经中央回转接头送入行走马达的工作油口。马达的动力输出轴将动力传给变速箱，再经传动轴、前后桥锥齿轮减速器、差速器、轮边行星减速器等部件的传动，最终驱动挖掘机行走。同时先导控制油还接通 Py 口调节系统安全阀，使最大行走压力由 30MPa 提高到 32MPa。行走在右侧阀组内具有优先功能。

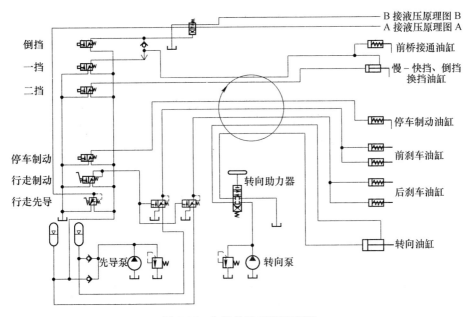

图 7-35　先导操纵系统原理图

7. 转台的回转

（1）转台开始回转。挖掘机转台的动作由左先导阀控制，当扳动驾驶室里的左先导操纵手柄向左或向右时，先导压力油首先进入马达换向阀两端，使操纵阀组中右侧第二联换向阀的阀杆左、右移动，分别将 PL 压力油经换向阀引入回转马达的一个油口（A 或 B），马达内部通入压力油后，可以实现转台的回转。

先导压力油通操纵阀组 Pg1 油口并经操纵阀组各换向阀中位接通油箱（见图 7-29 和图 7-30）；Pg1 油口也通 Px1 油口并连通马达壳体上制动解除控制阀的先导控制油口，当操纵阀组内除行走外任意一联换向阀换向时（包括回转马达换向阀），Pg1 油口与油箱之间的通路切断，则 Px1 油口建立油压，使 SH 油口接通 Pg1 油口，于是制动解除控制阀的二位二通换向阀向右移动，使先导泵来油经该部位的 PG 口进入制动油缸，解除马达内部常闭式制动器的制动，如图 7-36 所示。

在解除制动的同时，转台不能实现合流，为单泵供油。马达旋转后，带动减速器的输入轴转动，经过二级行星齿轮减速后，由减速器的输出轴将动力输出。减速器输出轴输出的转台回转速度为 15r/min。

（2）转台停止回转。挖掘机正常作业时，回转马达制动器一直处于解除制动状态，对回转机构不起制动作用。当要停止转台时，操纵左先导阀回位，马达换向阀阀杆也回到中位，切断回转马达工作油路。与此同时，Pg1 油口经操纵阀组各换向阀中位接通油箱，Px1 油口与 SH 口均通油箱，二位二通阀回位，切断 PG 口压力油，马达内部制动活塞腔内的压力油经阻尼阀芯处的泄油口经马达内部缓慢泄压，5~8s 后泄压完成，制动活塞对马达实施制动，保证挖掘机在斜坡上或在运输过程中其回转部分不会因此而转动，从而保证挖掘机的安全性能，如图 7-37 所示。

（3）回转马达的安全保护。马达盖上有两个溢流阀和单向阀，组成过载保护阀组，对

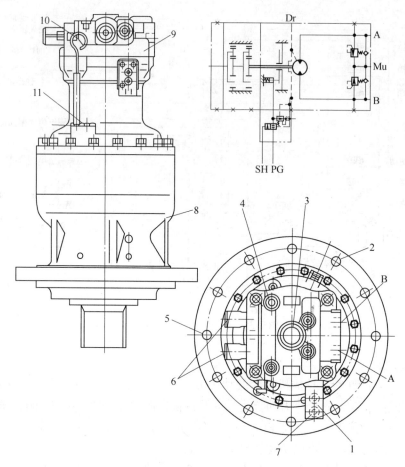

图 7-36 回转马达与减速器

Dr—泄漏油口；Mu—补油口；A，B—进出油口；PG—伺服油口；SH—制动解除控制口；
1—PG 伺服油压口；2—法兰螺孔；3—卡簧；4—Dr 漏油口；5—定位销；6—马达安全阀；
7—SH 制动解除控制油口；8—减速器；9—回转马达；10—油标尺；11—加油口

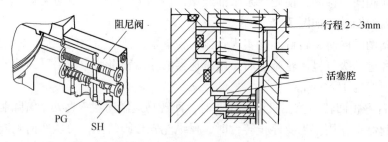

图 7-37 回转马达制动原理

马达过载起到保护作用，使系统主油路无须再设置过载保护阀，如图 7-38 所示。液压阀组还起到挖掘回转时缓冲启动和缓冲制动作用，当挖掘机回转到位需停止时，马达换向阀回中位，马达工作油路被切断，由于回转部分的惯性（具有较大的转动惯量），将带动马达继续旋转，而马达因油路被封闭，出口压力升高，从而产生一个反向制动力矩，迫使回转机构停止转动，制动力矩的大小由高压溢流阀的开启压力所决定，通过调整溢流压力，可以获得满意的制动效果。

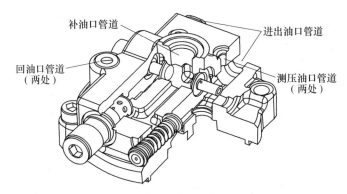

图 7-38　回转马达的安全保护

补油单向阀用于换向阀回中位时，防止马达进口油液吸空。单向阀可感受马达进出口端与补油压力的压差，自动完成补油。高压溢流阀直接相对马达进出口，当马达进出口压力超高时，可直接泄油，保护马达免受超压损伤，也可避免上车回转的急速刹车。

8. 支腿的收放

挖掘机前后各有两个液压支腿，支腿的收放动作由驾驶室座位左前方的动臂开合-支腿收放手柄控制，将此手柄向左扳，可使操纵阀组中左侧第三联换向阀的阀杆向右移动，将左侧 PR 压力油引入支腿油缸无杆腔，四个支腿同时伸出；若将手柄向右扳，则支腿换向阀阀杆左移，使支腿同时收回。

支腿油路中也装有液压锁，其作用和原理在前面单向阀内容中已有介绍。

(三) 行走液压变速系统

某型高速挖掘机的动力传动系统由发动机、液压系统、变速箱、传动轴、前后桥锥齿轮减速器、差速器、轮边行星减速器、车轮等部件组成。发动机直接带动工作装置液压系统的工作主泵旋转，工作主泵输出的高压油通过阀组上的换向阀控制行走马达转动，两个行走马达旋转将动力传递到变速箱的两根输入轴上。操纵变速杆（换挡阀杆），拨动变速箱内的啮合齿套，即可将不同挡位的动力传递到变速箱的输出轴，经传动轴、锥齿轮、差速器后传递到轮边减速器，最后带动车轮旋转。发动机到行走马达的动力传递采用了液压传动方式，这在前面行走装置的运动中已有介绍；变速箱到车轮的动力传递则为机械传动方式，如图 7-39 所示；其中机械传动的变速控制也采用了液压传动方式，这里我们就重点介绍行走液压变速系统。

1. 行走液压变速系统组成

某型高速挖掘机的行走液压变速系统采用先导伺服操纵，如图 7-35 所示。该系统主要由先导液压泵、先导系统安全阀、单向阀、先导开关、变速控制阀（换挡阀）、梭阀、中央回转接头、换挡油缸、前桥接通油缸等组成。先导液压泵采用 CBKF1016 型齿轮泵，排量为 16mL/r；先导系统安全阀为直动型溢流阀，其调定压力为 4MPa。

2. 变速箱

某型高速挖掘机变速箱的结构如图 7-40 所示，变速箱由两个输入轴 1、4，一个输出

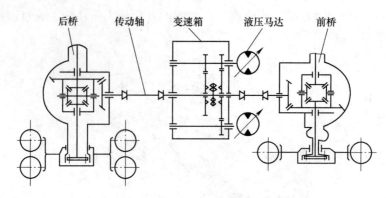

图 7-39　某型高速挖掘机机械传动原理图

轴 11，一个输入齿轮 8 和 2 个输出齿轮 5、7 等零件组成。左、右两个低速（慢）挡输入齿轮与输入轴制成一体，高挡输入齿轮 8 与右输入轴上的花键啮合，随输入轴一同旋转。高、低挡输出齿轮与输入齿轮常啮合，随输入齿轮一起旋转，两输出齿轮通过滚针和隔套套装在输出轴上。啮合套 6 通过内齿与输出轴连接，并可沿输出轴移动。

当换挡阀在空挡位置时，啮合套处于中间位置，不与输出两齿轮啮合，变速箱以空挡输出。

当操纵换挡阀在低速（慢）挡位置，先导泵排出的油液进入换挡拨叉油缸小腔内，使换挡拨叉轴 14 向右运动，啮合套 6 与低速挡齿轮 5 啮合，因啮合套与输出轴 11 常啮合，因此，低速（慢）挡输出齿轮通过啮合套带动输出轴一起转动，将动力由输出轴向外输出。在挂入低速挡的同时，伺服液压油也同时进入前桥接通油缸，推动前桥接通拨叉使前桥接通齿套 2 与输出轴花键啮合，输出轴 11 带动前桥接通输出轴 3 同步旋转，实现前、后桥同时驱动。

当操纵换挡阀在高速（快）挡位置时，先导泵排出的油液进入换挡拨叉油缸大腔，使换挡拨叉向左移动，下方啮合套向左运动与高速挡输出齿轮啮合，高速挡输出齿轮通过啮合套带动输出轴旋转，将动力输出。此时，高压油没能进入前桥接通油缸，所以，高速挡时只有后桥驱动。

挂入倒挡时，先导液压油还同时控制 UX28 阀组内行走马达换向阀的移动方向，使进入行走马达的油路换向，使两个输入轴反向旋转，实现挖掘机的倒退行驶。倒挡仅以低速挡挂入，高速挡无倒挡，所以机械倒退时，也是前、后桥同时驱动。

3. 行走液压变速系统工作原理

当某型高速挖掘机行驶时，驾驶员首先要在驾驶室里抬起左侧作业系统先导开关，关闭挖掘机的作业先导油路，踩下行驶速度阀，接通行走先导油路。这时，先导油泵排出的液压油经该阀，从 A（或 B）油口进入主油路操纵阀组中的行走换向阀的左端（或右端）（参考图 7-35），推行走换向阀向右（或向左）移动，工作主泵排出的高压油经该阀进入行走马达，推动马达输出动力给变速箱。

与此同时，若驾驶员把换挡阀手柄推到前进一挡位置，先导泵排出的油经换挡阀一挡位、中央回转接头，到达慢、快挡、倒挡换挡油缸的有杆腔，其无杆腔经换挡阀二挡回油箱；同时，压力油也进入前桥接通油缸，拨动变速箱内相应的换挡拨叉移动，实现一挡时

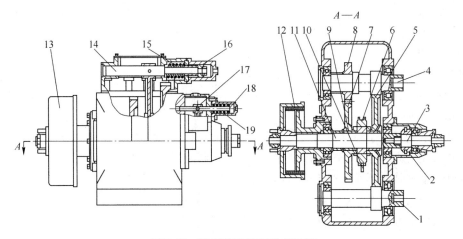

图 7-40 某型高速挖掘机变速箱

1—左输入轴；2—前桥接通齿套；3—前桥接通输出轴；4—右输入轴；5—低速挡输出齿轮；6—啮合套；
7—高速挡输出齿轮；8—高速挡输入齿轮；9—滚针；10，17—拨叉；11—输出轴；12—制动片；13—停车制动器；
14—拨叉轴（换挡）；15—弹簧；16—活塞；18—拨叉轴（前桥接通）；19—端盖

挖掘机前、后桥的同时驱动。

当把换挡阀手柄推到前进二挡位置，先导泵排出的油经换挡阀的二挡位、中央回转接头到达慢、快挡、倒挡换挡油缸的无杆腔，其有杆腔经换挡阀一挡回油箱，变速箱内换挡油缸带动换挡拨叉反方向移动，变速箱输出二挡速度。此时，前桥接通油缸内无压力油，所以，挖掘机挂二挡时，只有后桥驱动。

当驾驶员把换挡阀推到倒挡位置时，先导泵排出的油经换挡阀的倒挡位，推系统中的二位二通阀上移，变换行走换向阀中先导控制油液的流动方向，先导泵排出的油经行走先导阀（伺服开关），再经二位二通阀，从 B 油口进入行走换向阀，另一侧的回油由 A 油口流回油箱，行走换向阀向反方向移动，行走马达反向。同时，先导泵排出的油经倒挡阀、单向阀、中央回转接头进入一挡换挡油缸和前桥接通油缸，所以倒挡与前进一挡具有相同速度。

（四）制动液压系统

某型高速挖掘机的制动系统分为行走制动系统和停车制动系统两部分，两部分均为液压系统控制，均由先导齿轮泵供油。

1. 行走制动系统组成和工作原理

如图 7-35 所示，某型高速挖掘机的行走制动系统由先导泵、单向阀、蓄能器、行走制动阀、两位三通的液动换向阀、中央回转接头、前后制动（刹车）油缸和制动管路等组成。

机械行驶过程中，发动机正常工作，踩下制动踏板，先导泵排出的油经单向阀和行走制动阀，推油路中的两位三通液动换向阀右移，接通了前、后制动油缸和先导泵之间的通路。则先导泵的油可经这两个液动换向阀，经过中央回转接头，进入前、后车轮上的制动油缸，对机械实施制动。松开制动踏板，行走先导阀回位，先导泵排出的油经单向阀和行走制动阀回油箱，前、后制动油缸油路中的两个液动换向阀在弹簧作用下左移回位，切断了先导泵和制动油缸之间的通路，同时又接通了制动油缸和油箱之间的通道。所以制动油缸内的液压油，在弹簧作用下经中央回转接头被排回油箱，机械制动解除。

2. 停车制动系统组成和工作原理

如图 7-35 所示，某型高速挖掘机的停车制动系统由先导泵、单向阀、蓄能器、停车制动阀、中央回转接头、停车制动油缸和制动管路等组成。

机械到达作业场地，开始作业之前，操作手压下右手边的停车制动手柄，停车制动油缸内的液压油，经中央回转接头、停车制动阀流回油箱，停车制动蹄块在弹簧力作用下，使变速箱输出轴制动。机械作业完毕，收好作业装置，抬起左手边的作业系统伺服开关，关闭作业系统的先导控制油路，然后抬起右手一侧的停车制动手柄，接通先导泵与停车制动油缸之间的通路。先导泵排出的油经单向阀、停车制动阀和中央回转接头，进入停车制动油缸，压缩制动弹簧，解除变速箱输出轴的制动状态。此时，踩下行走速度阀，挖掘机即可行走。该系统中的两个蓄能器，用于发动机熄火、先导泵不能正常供油时，为制动系统提供液压油，使机械能够实施制动，防止事故的发生。两个单向阀，可防止系统油液倒流。

二、某型高速挖掘机液压总成件修理

（一）UX28 操纵阀组的修理

UX28 操纵阀组如图 7-41 所示。

1. 换向阀修理

（1）拆卸。先拆下换向阀两端的先导油管，再拆下换向阀两端的端盖，最后从回位弹簧一端旋转地抽出换向阀阀杆。

（2）分解。将换向阀阀杆垫以胶皮后固定，注意不要损伤阀杆。用内六脚扳手拧下回位弹簧座限位螺栓，尔后分别取出弹簧座、回位弹簧、限位套和密封弹簧座。

动臂和斗杆换向阀阀杆内装有防点头单向阀，用内六脚扳手拧下阀杆的堵头，分别取出其中的回位弹簧和单向阀阀芯。

（3）检修。

1）阀杆。换向阀阀杆表面粗糙度 Ra 0.2μm，与阀孔的配合间隙为 0.005~0.015mm。阀杆应光洁无划痕，且在阀体里移动应灵活，若有轻微划痕或卡滞现象时，可进行研磨。

2）防点头单向阀。防点头单向阀阀芯与阀座的密封环带应完好，否则应研磨。

3）弹簧。弹簧若有弯曲、自由长度变短、折断等现象均应更换。

（4）装配。

1）换向阀杆组装。先在换向阀杆上分别装上密封弹簧座、限位套、回位弹簧和弹簧座，拧紧回位弹簧座限位螺栓。装配弹簧组件时，应注意密封弹簧座与弹簧座位置不能装错，密封弹簧座、弹簧座与限位套间应有 10±0.3mm 的距离。动臂和斗杆换向阀阀杆还应装配防点头单向阀。将单向阀阀芯和回位弹簧分别装入阀杆内，最后拧入堵头。

2）换向阀杆装入阀体。用汽油和压缩空气将阀孔和阀杆彻底清洗干净，然后在换向阀杆上涂液压油，旋转装入阀杆，最后装上密封圈和端盖。

2. 主安全阀修理

（1）分解。

1）阀套与阀芯总成。将阀套与阀芯总成旋转拔出后，依次取出弹簧座、弹簧和阀芯。

2）调压螺栓。拧松调压螺栓的锁紧螺帽，然后拧下调压螺栓。

3）增压总成。拧松增压柱塞套锁紧螺帽，然后拧下增压总成，取出增压柱塞。

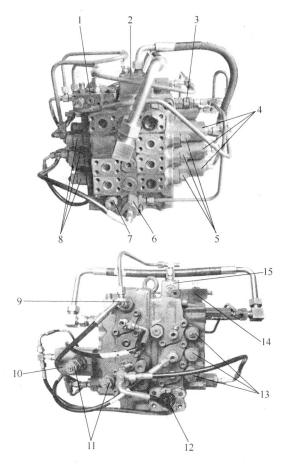

图 7-41　UX28 操纵阀组

1，14—动臂防降控制阀和逻辑阀；2，15—动臂合流优先斗杆阀；3—主安全阀；4—换向阀；

5，8，11，13—过载补油阀；6—中位回油控制阀；7—负流量控制阀；

9—动臂合流控制阀和逻辑阀；10—斗杆防降逻辑阀；12—回油口

4）阀体。从阀体内分别取出调压弹簧和锥阀，用铜棒铣出锥阀阀座。

（2）检修。

1）阀套。与操纵阀壳体接触密封面和与阀芯配合密封面及配合面，均应光洁无划痕，如有轻微划痕可进行研磨。

2）锥阀。锥阀与阀体的密封环带应完好，否则应研磨。

3）增压柱塞组件。增压柱塞与柱塞套的配合面，均应移动灵活且密封良好，否则应研磨或更换。

4）弹簧。若阀芯回位弹簧和调压弹簧有弯曲、自由长度变短、弹簧折断等，均应进行更换。

5）O 形密封圈。若 O 形密封圈出现老化变质、断裂等，均应更换新件。

（3）装配。

1）阀体。在锥阀阀座上装上 O 形密封圈，用细铜棒将锥阀阀座打入阀体，再分别装上锥阀和调压弹簧。

2) 增压套与柱塞总成。在增压套上装上柱塞，然后将增压套总成拧到安全阀阀体上。

3) 调压螺栓。将调压螺栓及锁紧螺母拧入增压套上。注意：锁紧螺母暂不拧紧，待主安全阀压力调整好后再将其拧紧。

4) 阀套与阀芯总成。将阀套内装入阀芯、回位弹簧和弹簧座，然后将其旋转插入阀体内。

（4）将组装好的主安全阀再拧入操纵阀组的阀体上。

3. 过载补油阀修理

（1）分解。

1) 拆卸螺套。将过载补油阀固定在台虎钳上，用扳手分别拧下调压螺栓和螺套，然后从螺套内取下弹簧上座。

2) 分解阀体。依次取出调压弹簧、调压弹簧下座、活门、主阀芯回位弹簧、空心小柱塞及弹簧、主阀芯。

（2）检修。

1) 阀体。与操纵阀壳体接触密封面、与阀芯配合密封面及配合面和与活门接触密封面，均应光洁无划痕，如有轻微划痕可进行研磨。

2) 主阀芯。主阀芯与阀体的密封环带应完好，主阀芯在阀体内移动应灵活，空心柱塞在主阀芯内也应移动灵活，否则均应进行研磨。

3) 活门。活门与阀体的配合面，与弹簧上座的配合面，均应密封良好，否则应研磨或更换。

（3）装配。

1) 阀体。在阀体上依次装上主阀芯、空心柱塞及弹簧、主阀芯回位弹簧、活门、弹簧下座、调压弹簧。

2) 螺套。在螺套上装上调压弹簧上座，然后拧入调压螺栓及锁紧螺母，最后将螺套总成拧入阀体。

（4）将组装好的过载补油阀再拧入操纵阀组的阀体上。

4. 动臂合流控制阀与逻辑阀修理

（1）拆卸与分解。

1) 先从阀体上拧下动臂合流控制阀及单向阀总成，再从操纵阀组阀体内取出合流逻辑阀弹簧，最后取出逻辑阀阀芯。

2) 从阀体上旋转拔出单向阀总成后，分别取出单向阀弹簧和单向阀。

3) 从动臂合流控制阀阀体内取出阀杆，再取出回位弹簧。

4) 最后将推力柱塞向上从阀体里取出。

（2）检修。

1) 逻辑阀阀芯。与操纵阀壳体接触密封面和配合面，均应光洁无划痕，如有轻微划痕可进行研磨；节流孔应畅通。

2) 单向阀。单向阀与单向阀座的密封环带应完好，否则应研磨。

3) 换向阀。换向阀阀杆与阀体的配合面，均应移动灵活且密封良好，否则应研磨或更换；节流孔应畅通。

（3）装配。

1) 将推力柱塞涂上液压油后，从阀体下面装入阀体。

2）在换向阀阀体内分别装入阀杆回位弹簧和阀杆，再将换向阀总成插入阀体。

3）在单向阀阀座上分别装入阀芯和回位弹簧，再将单向阀总成插入阀体。

4）先将逻辑阀阀芯装入操纵阀组体内，再装入逻辑阀回位弹簧，最后将动臂合流控制阀总成拧入操纵阀组。

5. 动臂防降控制阀和逻辑阀总成修理

（1）拆卸与分解。先将阀总成上的四条内六角螺栓拧下，依次取出动臂防降控制阀、逻辑阀回位弹簧、逻辑阀阀芯。

（2）动臂防降控制阀分解。

1）拧下三条内六角螺栓，然后将两控制阀体分开。

2）先取出换向阀体内回位弹簧，再取出换向阀杆。

3）拧下螺堵，取出单向阀回位弹簧和单向阀。

4）拧下螺堵，取出单向阀杆回位弹簧，然后再拧下另一端螺堵，取出推力柱塞。最后用细铜棒将单向阀杆及阀套打出。

（3）检修。

1）逻辑阀。逻辑阀主阀芯密封环带与阀组壳体接触密封面及配合面，均应光洁无划痕，如有轻微划痕可进行研磨，节流孔应畅通。

2）控制换向阀。控制换向阀阀杆应光洁，无毛刺，且在阀体内应移动灵活，否则应研磨。

3）单向阀组件。两个单向阀密封面，均应密封良好；推力柱塞应移动灵活，否则应研磨或更换。

（4）装配。

1）逻辑阀总成。将逻辑阀阀芯涂上液压油后，装入阀孔内，再装入回位弹簧，最后装上 O 形密封圈。

2）换向阀总成。在换向阀阀杆上涂上液压油，将其装入换向阀阀孔内，然后装入换向阀回位弹簧。

3）单向阀总成。依次装入单向阀、回位弹簧和螺堵，然后装入推力柱塞和螺堵。

4）换向阀与单向阀组装。将两组阀之间装上 O 形密封圈，然后拧上三条内六角螺栓。

5）控制阀装入操纵阀组。将 O 形密封圈装到操纵阀组上，再将动臂防降控制阀装入操纵阀组上并拧上螺栓。

6. 斗杆防降控制阀和逻辑阀总成修理

（1）拆卸。拧下四条内六角螺栓，取下斗杆防降控制阀和逻辑阀总成。

（2）分解。

1）拔出斗杆防降控制阀，然后依次取出弹簧座、逻辑阀回位弹簧、逻辑阀。

2）拧下斗杆油缸过载补油阀。

3）斗杆防降控制阀分解。拧下斗杆防降控制阀的堵头，依次取出换向阀回位弹簧、换向阀杆。

（3）检修。

1）逻辑阀。逻辑阀主阀芯密封环带与阀组壳体接触密封面及配合面，均应光洁无划痕，如有轻微划痕可进行研磨，节流孔应畅通。

2）控制换向阀。控制换向阀阀杆应光洁，无毛刺，且在阀体内应移动灵活，否则应研磨。

（4）装配。

1）逻辑阀总成。将逻辑阀阀芯涂上液压油后，装入阀孔内，再装入回位弹簧，最后装上弹簧座。

2）换向阀总成。在换向阀阀杆上涂上液压油，将其装入阀孔内，然后装入换向阀回位弹簧，拧上堵头。

3）换向阀与单向阀组装。将控制阀平正地插入逻辑阀阀体上，最后装上过载补油阀。

4）斗杆防降控制阀总成装入操纵阀组。将斗杆防降控制阀总成装上 O 形圈，再将其装入操纵阀组上并拧上固定螺栓。

7. 动臂合流优先斗杆阀修理

（1）拆卸。拧下动臂合流优先斗杆阀上四条内六角固定螺栓，取出动臂合流优先斗杆阀总成。

（2）分解。

1）将动臂合流优先斗杆阀固定在台虎钳上，然后用扳手拧下螺套。

2）依次取出换向阀回位弹簧、弹簧座平面垫圈，最后抽出换向阀阀杆。

（3）检修。换向阀杆在阀体里移动应灵活，若有卡滞现象时，可进行研磨。

（4）装配。

1）将换向阀阀杆上涂上液压油，旋转地插入。注意：阀杆的方向，阀杆细的一端朝外。

2）依次装上弹簧座平面垫圈和回位弹簧，最后拧上螺套。

3）将 O 形密封圈装到操纵阀组上，再将动臂合流优先斗杆阀总成装入操纵阀组上，最后拧上四条内六角固定螺栓。

8. 中位回油换向阀修理

（1）拆卸与分解。

1）拧下推力柱塞总成，抽出换向阀阀杆及弹簧。

2）将推力柱塞体内的推力柱塞拔出，然后拧下螺套。

（2）检修。

1）换向阀。控制换向阀阀杆应光洁，无毛刺，且在阀体内应移动灵活，否则应进行研磨。

2）推力柱塞。推力柱塞应光洁，无毛刺，且在推力柱塞体内移动灵活，否则应进行研磨。

（3）装配。

1）推力柱塞总成。将螺套拧入推力柱塞体上，再将推力柱塞涂上液压油后，装入推力柱塞体孔内。

2）换向阀组装。在换向阀阀杆上先套上回位弹簧，然后涂上液压油。

3）装入操纵阀组。将换向阀阀杆及弹簧装入操纵阀组孔内，再拧入推力柱塞总成。

9. 负流量控制阀修理

（1）拆卸。用开口扳手拧下负流量控制阀总成。

（2）分解。从阀体内拔出阀芯，然后拧下螺套，最后抽出弹簧。

（3）检修。负流量控制阀芯的密封环带，应光洁无划痕，如有轻微划痕可进行研磨；节流孔与回油孔应畅通，否则应疏通。

（4）装配。

1）负流量控制阀组装。将弹簧装入阀体，再拧入螺套，最后将阀芯插入阀体内。

2）装入操纵阀组。将负流量控制阀总成拧入操纵阀组内。

（二）中央回转接头的修理

中央回转接头由上回转接头（小回转接头）与下回转接头（大回转接头）两部分组成。常出现的故障是密封圈损坏，造成回转接头相邻环槽之间的窜油泄漏，一般应拆开更换密封圈。

1. 拆卸与分解

（1）上回转接头拆卸与分解（如图 7-42 所示）。

1）拆下上回转接头壳体上的液压油管，并分别做上记号。

2）拆下固定板上的固定螺栓，取下固定板。

3）拧下上回转接头固定座上固定螺栓，抬起上回转接头。再拆下上回转接头芯上的液压油管，并分别做上记号。

4）拧下上回转接头盖上的固定螺栓，取下盖及垫圈。

5）将上回转接头壳体与芯分开，再取出密封圈。

（2）下回转接头拆卸与分解（如图 7-43 所示）。

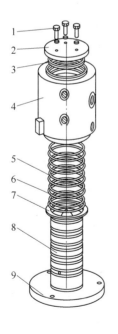

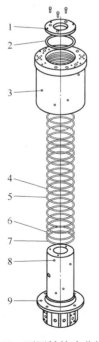

图 7-42　上回转接头分解图

1—固定螺栓；2—盖；3，7—垫圈；4—壳体；
5—密封圈；6—O 形圈；8—芯；9—固定座

图 7-43　下回转接头分解图

1—盖；2—垫圈；3—壳体；4，6—O 形圈；
5，7—密封圈；8—芯；9—固定座

1）拆下下回转接头壳体上的液压油管，并分别做上记号。

2）拆下下回转接头芯上的液压油管，并分别做上记号。

3）拧下下回转接头固定座上固定螺栓，吊出下回转接头。

4）拧下下回转接头盖上的固定螺栓，取下盖及垫圈。

5）将下回转接头壳体与芯分开，再从壳体内取出密封圈和 O 形密封圈。

2. 检修

（1）上回转接头。

1）芯。外圆直径 $\phi 86_{-0.126}^{-0.072}$ mm，允许不修为 $\phi 85.834$ mm，使用限度为 $\phi 85.824$ mm。$\phi 86e8$ 圆柱度公差值为 0.020mm，表面粗糙度 Ra 值不大于 $0.8\mu m$。

2）外壳。内孔直径 $\phi 86_{+0.120}^{+0.207}$ mm，允许不修为 $\phi 86.240$ mm，使用限度为 $\phi 86.245$ mm。97H9 相对于 $\phi 86D9$ 轴线的同轴度公差值为 $\phi 0.08$ mm。$\phi 86D9$ 圆柱度公差值为 0.025mm。$\phi 109H9$ 相对于 $\phi 86D9$ 轴线的同轴度公差值为 $\phi 0.08$ mm。

（2）下回转接头。

1）芯。外圆直径 $\phi 170_{-0.208}^{-0.145}$ mm，允许不修为 $\phi 169.754$ mm，使用限度为 $\phi 169.744$ mm。$\phi 170d8$ 圆柱度公差值为 0.023mm，表面粗糙度 Ra 值不大于 $1.6\mu m$。

外圆直径 $\phi 185_{-0.242}^{-0.170}$ mm，允许不修为 $\phi 184.730$ mm，使用限度为 $\phi 84.720$ mm。$\phi 185d8$ 相对于 $\phi 170d8$ 轴线的同轴度公差值为 $\phi 0.05$ mm，表面粗糙度 Ra 值不大于 $1.6\mu m$。$\phi 185d8$ 圆柱度公差值为 0.02mm。

2）外壳。内孔直径 $\phi 170_{0}^{+0.1}$ mm，允许不修为 $\phi 170.14$ mm，使用限度为 $\phi 170.15$ mm。$\phi 170H9$ 圆柱度公差值为 0.025mm，表面粗糙度 Ra 值不大于 $1.6\mu m$。

内孔直径 $\phi 185_{0}^{+0.115}$ mm，允许不修为 $\phi 185.165$ mm，使用限度为 $\phi 85.175$ mm。$\phi 185H9$ 相对于 $\phi 170H9$ 轴线的同轴度公差值为 $\phi 0.1$ mm。$\phi 185H9$ 圆柱度公差值为 0.029mm，表面粗糙度 Ra 值不大于 $1.6\mu m$。

（3）芯与壳配合要求如表 7-5 所示。

表 7-5　芯与壳配合要求

序号	名称	件号	标准尺寸	间隙（+）或过盈（-）		
				标准	允许不修	使用限度
1	芯	23 12902 01 11	$\phi 86_{-0.126}^{-0.072}$	+0.333	+0.350	+0.360
	壳	23 12902 03 11	$\phi 86_{+0.120}^{+0.207}$	+0.192		
2	壳	23 12903 01 20	$\phi 170_{0}^{+0.100}$	+0.309	+0.328	+0.340
	芯	23 12903 03 20	$\phi 170_{-0.208}^{-0.145}$	+0.145		
3	壳	23 12903 01 20	$\phi 185_{0}^{+0.115}$	+0.357	+0.380	+0.390
	芯	23 12903 03 20	$\phi 185_{-0.240}^{-0.170}$	+0.170		

（4）密封件。中央回转接头最易出现损伤一般就是密封圈磨损，O 形密封圈老化变质和弹性减弱而失去密封和弹性补偿作用，应更换新的密封组件。

3. 装配

（1）下回转接头的装配：

1）将下回转接头壳体内先装上 O 形密封圈，再装上密封圈，并在密封圈表面涂上黄油，便于装配阀芯。

2）将下回转接头芯装入壳体，装上垫圈及盖，并拧上固定螺栓。

3）检查壳体与底座的轴向间隙应为0.4～0.9mm，径向间隙为0.08～0.16mm。若不合适应进行调整。

（2）上回转接头的装配。上回转接头的装配方法与下回转接头装配方法基本相同。

（3）回转接头装入挖掘机：

1）将下回转接头装入挖掘机，并拧上固定座上的固定螺栓。

2）装上上回转接头芯上的液压油管，再装上上回转接头固定座上固定螺栓，最后装上上回转接头固定板。

3）装上其余的液压油管。

（4）装配后试验。中央回转接头装配后应进行密封性能试验，在（30±0.5）MPa油压下试压10min，应无外漏和窜油现象。

（三）先导操纵阀的修理

1. 拆卸与分解

（1）拆卸：

1）拆下先导操纵阀的先导进油管、回油管及先导油管，拔下电线，拆拔前应注意分别做上记号，便于装配时能正确安装。

2）拆下先导操纵阀固定螺栓，取下先导操纵阀。

3）将拆下的先导操纵阀外表面清洗干净，放在铺有橡皮的工作台上。

（2）分解（参见图7-44）：

1）将皮碗翻起，用开口扳手拧松锁紧螺母，然后再拧下连接套，将手柄和压块分离。

2）先用连接套与压块两螺纹相对拧紧，再用开口扳手逆时针拧压块，即可拧出十字传动轴，尔后取出压板。

3）拧下下盖固定螺栓，取下下盖。

4）用专用工具拉出柱塞套和柱塞（或用一字起子翘出柱塞套和柱塞；还可以拆下下盖，用细铜棒顶动阀杆将柱塞套和柱塞顶出），然后依次取出阀杆总成和大弹簧。压缩阀杆总成上的弹簧座，取出两半圆卡环，依次取出弹簧座和小弹簧。

2. 检修

（1）柱塞与柱塞套。柱塞套的内外密封圈应完好，否则应更换。柱塞在柱塞套内移动应灵活，无卡滞现象。

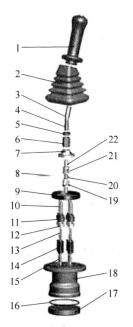

图7-44 先导操纵阀分解图

1—手柄；2—皮碗；3—销子；4—弯轴；
5—锁紧螺母；6—连接套；7—压块；
8—短销；9—压板；10—柱塞；11—柱塞套；
12—弹簧座；13—小弹簧；14—大弹簧；
15—阀杆；16—O形圈；17—下盖；18—阀体；
19，22—万向节；20，21—销子

（2）阀杆。阀杆表面粗糙度 Ra 不大于 $0.2\mu m$，与阀孔的配合间隙为 $0.005 \sim 0.015mm$。阀杆应光洁无划痕，且在阀体里移动应灵活，若有轻微划痕或卡滞现象时，可进行研磨。

（3）下盖。阀体下端面与下盖配合的平面，应配合良好，无损伤或变形。下盖若出现变形或损伤应进行光磨配合面。

（4）弹簧。大小弹簧若有弯曲、自由长度变短、弹簧折断等均应进行更换。

3. 装配与调整

先导操纵阀装配参见图 7-45。先导操纵阀需要装配的零件经检查合格后，应先对其零件进行清洗，清洗干净后应整齐摆放在清洁的工作台上，等待下一步装配。

（1）将阀体下端装上 O 形圈，再装入下盖，应注意定位销对正，最后拧紧固定螺栓。

（2）将大弹簧装入阀体；再将小弹簧和弹簧座装到阀杆上，压缩弹簧座装上两半圆卡环，尔后将阀杆总成上涂上液压油，插入阀体内。

（3）将柱塞套内外分别装上密封圈，再将柱塞装到柱塞套内，最后将柱塞与柱塞套总成压入阀体。注意四个柱塞伸出阀体的高度应一致。

（4）装上压板，拧紧十字传动轴。

（5）先将锁紧螺母拧入手柄的螺杆内，再将连接套拧入。

（6）将压块拧入十字传动轴，当压块下平面刚好接触四个柱塞上端面时，应停止拧动。

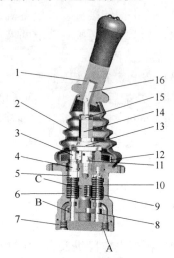

图 7-45 先导操纵阀装配剖视图
1—手柄；2—皮碗；3—柱塞；4—柱塞套；
5—弹簧座；6—阀体；7—下盖；8—阀杆；
9—大弹簧；10—小弹簧；11—传动轴；
12—压板；13—压块；14—连接套；
15—锁紧螺母；16—弯轴

（7）将手柄上的连接套拧入十字传动轴，当与压块接触时，用一开口扳手将压块固定不动，再用另一开口扳手将连接套与压块拧紧，最后将锁紧螺母与连接套锁紧。

（8）将皮碗放下，套到压板下。

至此，先导操纵阀装配完毕。扳动先导操纵手柄时，应灵活、无卡滞现象。

三、某型高速挖掘机工作装置液压系统检查与调整

（一）先导系统调整

先导系统的调整主要是先导压力的调整，调定压力应为 4MPa。先导压力检测和调整如图 7-46 所示，具体调整方法如下：

（1）将先导泵出口处螺堵拧下，接上压力表。

（2）启动发动机，观察压力表的读数是否符合规定值，若压力不符合要求，可调整液压油箱前侧的先导限压阀。

（3）用手拧下限压阀护帽，再用扳手拧松锁紧螺母，最后用起子拧动调压螺钉。顺时针拧动调压螺钉，先导压力升高，反之压力降低。

（4）先导压力调好后，用起子固定住调压螺钉不动，再用开口扳手拧紧锁紧螺母，最

图 7-46 先导压力检测和调压位置示意图

后拧上护帽。

（5）拆下压力表并拧上螺堵。

（二）变量泵调试

调试变量泵前，需准备转速表、流量计、压力表（40MPa，两个）等仪器。下面介绍调试（在挖掘机上）的方法与步骤：

（1）将流量计串联于一分泵主油路的回路中。

（2）在两泵出油口接两个 40MPa 的压力表。

（3）将调节器上的起调点压力调节螺栓和壳体上最大流量限位调节螺栓（如图 7-46 所示）拧进约总拧入长度的一半。

（4）使挖掘机转速升至 1000r/min 左右，运转约 30min，观察泵有无异常振动、啸叫声等不正常现象，若有则停机排除之。

（5）使挖掘机转速升至额定转速（2000r/min），操纵接流量计一侧分泵控制任一动作的先导阀作空载动作，观察流量计的读数，最大流量应为 212L/min。若最大流量小于规定值，应拧出最大流量限位螺栓；若最大流量大于规定值，应拧进最大流量限位螺栓，直至最大流量达到规定值为止。

（6）把主安全阀的溢流压力值调到变量泵的功率曲线起调压力点（18MPa）。操纵接流量计一侧分泵控制任一动作的油缸先导阀使油缸杆碰到挡块，主安全阀溢流，分别记录压力表、流量计的读数。若流量计的读数大于 210L/min 时，应拧出起调压力流量限位螺栓；若流量计的读数小于 210L/min 时，应拧进起调压力流量限位螺栓，直至符合要求为止。

（7）把流量计接到另一分泵出油口主油路的回路中，再按上述方法这一分泵调整最大流量和起调点压力。

（8）把主安全阀的溢流压力值调到额定溢流值（30MPa），再验证最大流量和起调点压力是否符合要求，若数据差别太大，则应反复调整，直到较为理想为止。

在调试过程中，若流量还未达到理想值，而柴油机已明显减速，且柴油机确无故障，则一般为液压泵漏损严重所致，应修理变量泵。

（三）行走马达调试

A6V 系列液压变量马达由"高压"调节其"变量"，调节器根据 A、B 处的工作压力，达到起调点压力（即变量起点压力）后，在最小到最大摆角之间摆动。即摆角最小时，马达输出小力矩、高转速；摆角最大时，马达输出大力矩、低转速。

某型高速挖掘机的行走变量马达的起调点压力为 25MPa。最小排量和起调点压力生产厂家在出厂前已调整好。若因故障需检测变量调节功能，调节摆动角度或需重新调整起调压力时，必须按下述方法和步骤进行：

（1）将一只压力表接到变量泵的测压口上，另一只压力表接到行走马达变量活塞大端相通的测压口上。

（2）将流量计串联接到被测行走马达的进油口上。

（3）将挖掘机支腿支起，使车轮离开地面。

（4）放松制动器，操纵行驶机构，在压力为 8～11MPa 时，变量马达应处于最小摆角位置。此时观察流量计读数应为 46L/min。若流量不合适，可通过调整最小排量限位螺钉进行调整；向里拧最小排量限位螺栓可增加最小排量，向外旋则减小最小排量。

（5）操作手可慢慢操纵制动器，由另一人观察两只压力表。当变量活塞大端相通的压力表刚有压力时，与变量泵相接的压力表的读数应为 25MPa。若此起调点压力不合适，可通过调整调压导杆进行调整；向里拧调压导杆可增加起调点压力，向外旋则减小起调点压力。

（6）观察压力表和流量计，压力表的读数在 30～32MPa 时，流量计读数应为 160L/min。

（7）最后，取下压力表和流量计。

四、某型高速挖掘机工作装置液压系统常见故障分析

某型高速挖掘机工作装置液压系统常见故障主要有：各执行机构均无动作，各执行机构均动作迟缓无力，单侧阀组控制的执行机构均动作迟缓无力，液压系统油温过高，液压系统噪声，回转马达油路故障，行走系统故障，动臂升降油路故障，斗杆伸缩油路故障，挖斗油路故障，支腿油路故障。

（一）各执行机构均无动作

若柴油机运转正常，但操作各先导手柄时，各执行机构均没有动作，则可拧松变量泵的两个出油口接头进行观察或用手触摸泵出油口的两根高压软管感觉。这时又分为出油口不排油和出油口排油两种情况。

1. 出油口不排油

若液压泵出油口不排油，首先检查油箱开关是否打开，然后再检查液压油箱油位是否符合要求。若油箱油位过低，则应添加液压油；若油位符合要求，则应再检查液压泵进油口是否堵塞；若液压泵进油口堵塞，则应清除异物；若液压泵进油口未堵塞时，则应检查液压泵轴是否随柴油机运转；若液压泵的轴不随柴油机运转，则可能是液压泵轴或联轴器折断或松动造成的。

2. 出油口排油

若液压泵出油口排油，这时首先要用压力表测量先导压力，正常的先导压力应为 4MPa。测量结果可能会出现以下两种情况：

（1）先导压力过低或没有压力。如果先导压力过低或没有压力，就会造成先导压力油

不能推动操纵阀组的任意一联换向阀移动，这时即使系统工作油压力正常，工作压力油也不能进入各执行机构，使各执行机构均无动作。而造成先导压力过低或没有压力的原因，可能是由于以下几方面引起的：

1）液压油油位太低，先导泵吸空（应将液压油添加到规定的高度）。

2）先导齿轮泵泄漏严重或已损坏（应更换齿轮泵）。

3）先导泵进油管堵塞（应排除管内污物）。

4）先导溢流阀已损坏（应更换先导溢流阀）。

5）先导溢流阀的溢流压力调整值不符合要求（按要求重新调整）。

（2）先导压力符合要求。如果先导压力符合要求，而全部先导控制油路仍无先导压力油，则可能是先导滤清器堵塞、单向阀装反或油口堵塞、先导溢流阀至各先导阀进油口之间的油管堵塞等，都可能造成先导压力油不能进入各先导操纵阀，也就不能推动操纵阀组的任意一联换向阀移动，同样使各执行机构均无动作。因此，先导压力符合要求，而各执行机构均无动作时，还需要进一步检查、保养先导滤清器、单向阀和相关油管。

如果先导油路经检查后一切正常，而各执行机构还是均无动作，再用压力表测量主系统工作压力，正常的主系统工作压力应为30MPa。这时系统工作压力肯定过低，则应调整主安全阀调压螺钉看系统压力能否提高。

1）若系统压力可以提高，则应将压力调到额定值。

2）若系统压力经调整不能提高，则可能是以下原因造成的：

① 安全阀阀芯（锥面或球面）被异物堵塞（应清除异物）。

② 安全阀中阻尼小孔堵塞（应清除异物）。

③ 安全阀调节弹簧疲劳或折断（应更换弹簧或更换安全阀）。

④ 安全阀阀芯、阀套磨损严重，关闭不严（应针对磨损情况进行修理或予更换）。

⑤ 液压泵的零件磨损严重，容积效率太低（更换或修理相应的零件）。

（二）各执行机构均动作迟缓无力

若柴油机运转正常，而操作先导手柄时，对应的执行机构均动作迟缓无力，故障点应处于操纵阀以前的部分。具体可按下列顺序由易到难、先外后内进行检查、分析和维修。

1. 检排液压系统中是否有空气

若液压油中有空气，会使各执行元件动作无力，一般还伴随有异常响声。具体应按下列顺序进行检查：

（1）该挖掘机是否长期停置未用。若是，则可能是空气从油中分离出来后，悬浮在操纵管路、液压油缸等执行元件中，致使各执行元件动作无力。因此，应对油液作化学分析，根据需要更换规定牌号的液压油。

（2）油中混入空气也会造成各执行元件运动无力。主工作泵或先导泵吸空、液压泵的壳体有砂眼、进油管焊接有气孔、进油管接头处密封不严等，均会使液压系统混入空气。其次，更换液压油、泵、阀时，也会使油中混入空气。若油泵吸空，应添加液压油；若更换液压油、阀、泵时，使空气混入油中，可操作挖掘机使其作15min小负荷运转，待油中空气排尽后方可带负荷工作。若泵壳体砂眼、进油管或不密封的位置难以寻找，可先将液压油箱密封起来，再在油箱里施加0.2~0.4MPa气压，这样可方便地找到漏气处，即是故障点。

2. 检排先导系统

若液压系统中没有空气或空气已排除，而各执行机构仍动作迟缓无力，这时应首先要检查先导系统的压力，正常的先导压力应为 4MPa。若先导压力符合要求，故障点可能在工作系统；若先导系统的压力偏低，应先排除先导系统的故障。因先导系统的压力偏低时操纵先导操纵阀，先导压力油进入操纵阀组里推动换向阀的推力不能完全克服换向阀回位弹簧的弹力，使换向阀阀杆移动的距离减小，造成工作油路开度减小，引起各执行机构均工作缓慢。具体应按下列顺序进行检查与调整：

首先将压力表接到先导泵出油口的测压口上，尔后启动柴油机使其在额定转速下运转时，观察压力表的指针。当先导压力偏低时，拧下先导溢流阀调压螺栓护帽，拧松调压螺栓的锁紧螺母，用起子按顺时针方向作小角度调整，并同时观察压力表指示值有无变化。

（1）若有变化，可将先导压力调整到 4MPa。

（2）若没有变化，则可能存在以下几种故障：

1）先导溢流阀弹簧屈服或折断，应更换弹簧。

2）先导溢流阀阀芯磨损严重，阀芯与阀座密封不严，需要更换阀芯。

3）先导泵内泄漏严重，需拆下修理或更换。

3. 检排工作系统

若先导压力正常或经调整后正常，而各执行机构仍动作迟缓无力，则应按下述顺序继续进行检查排除。

（1）检查主安全阀。首先将两个压力表分别接到工作主泵两个出油口的测压口上，尔后启动柴油机使其在额定转速下运转时，操作先导阀，使执行机构油缸伸或收到极限位置，并保持先导手柄不动，同时观察压力表的指示。正常的系统工作压力应为 30MPa。若一个或两个主安全阀溢流压力值偏低（U28 操纵阀有两个主安全阀，UX28 操纵阀有一个主安全阀），可拧松溢流压力较低的主安全阀锁紧螺帽，操作该主安全阀控制的对应的执行机构，顺时针方向一边作小角度调整，一边观察压力表指示值。

若压力值随调整角度变化而变化，可将压力调到规定值。若调整主安全阀，溢流压力值不变，一般由下面原因所致：

1）主安全阀安装在阀体上的拧紧扭矩不够，需进一步拧紧主安全阀。

2）异物卡结在阀芯与阀套的接触面，使阀芯不能回到原位，应消除异物。

3）阀芯阻尼孔堵塞，应清除阻尼孔内的异物。

4）主安全阀阀芯、阀套磨损严重，可配对研磨，使其接触面密封严密。

5）主工作泵的内泄漏量过大，容积效率降低，可做如下检查修理：

① 柱塞与缸体柱塞孔配合间隙过大，可单配柱塞或缸体，使其配合间隙符合规定尺寸。

② 缸体球面与配油盘球面、配油盘弧面与调节器导轨面等处磨损起沟槽，可进行研磨或更换。

③ 碟形弹簧弹性减弱或破裂，应予以更换。

④ 检查调节器导轨面、配油盘、缸体等的配合间隙，在中心杆处添加适当厚度的调整垫片。

（2）检查变量泵的流量和起调点压力。将流量计串联于主油路上，接上两个压力表，尔后启动柴油机使其在额定转速下运转时，操作先导阀，使执行机构运动，同时观察压力表和流量计。此时可以检查以下几种情况：

1）检查变量泵的最大流量。压力表的压力值低于主工作泵的起调点压力时（起调点压力应为18MPa），此时流量计的流量值即为最大流量，正常最大流量应为107mL/r。若最大流量值过小，可按下列顺序进行检查排除：

① 检查液压油箱油位。若油箱油位较低，应将液压油添加到规定的高度。

② 检查液压油黏度。若液压油黏度过大，应预热到一定温度后进行操作；若液压油黏度较小，需检查所用液压油是否符合要求，更换不符合该机规定牌号的液压油。

③ 检查最大流量限位调整螺栓位置。若最大流量限位调整螺栓位置不合适，应进行调整。即拧松最大流量限位调整螺栓的锁紧螺母，用内六角扳手逆时针方向调整，最大流量增加，反之最大流量减少，调整好后拧紧锁紧螺母。

若上述检查与调整均不能提高工作主泵的最大流量，则可能的原因是：变量活塞卡在小排量位置，应检修调节器。

2）检查变量泵的最小流量。若最大流量符合要求或经检排后符合要求，操作先导阀，使执行机构油缸伸或收到极限位置，并保持先导手柄不动，同时观察压力表和流量计，这时的压力表指示应为30MPa，流量计的指示应为最小流量，正常的最小流量应为30.8mL/r。若最小流量值过小，可能是主工作泵的内泄漏量过大，容积效率降低，应检修液压泵。

3）检查主工作泵开始变量时的压力。若最大流量符合要求或经检排后符合要求，而各执行机构运动仍动作缓慢，则应按下述顺序继续进行检查排除：

① 检查调整起调点压力。若最大流量符合要求，随着压力的升高，最大流量就会在某个压力下开始减少（即开始变量），这个压力若低于起调点压力时（起调点压力应为18MPa），可按下列方法进行调整：拧松起调点压力调整螺栓的锁紧螺母，用内六角扳手顺时针方向调整，起调点压力增加，反之减少，调整好后拧紧锁紧螺母。

② 检查调节机构。若调整起调点压力调整螺栓后，起调点压力没有变化或变化不大，则应检查调压大小弹簧、大小功率弹簧是否有折断，若弹簧折断，应进行更换。同时还应检查变量阶梯柱塞、负流量反馈大小柱塞和伺服柱塞是否发卡，若发卡，应清洗和检修。

4. 排查操纵阀阀组

若以上故障均已排除后，各执行机构仍动作迟缓无力，则应认真测量多路阀的阀杆与阀孔的配合间隙。若多路阀使用时间已经很长，经过频繁换向，磨损严重，内泄量大，也会导致各执行机构运动无力，此时应更换那些阀杆与阀体配合间隙过大的多路阀，也可单配阀杆或阀体，减小配合间隙，若选配不上，还可采用刷镀修理。

（三）单侧阀组控制的执行机构均动作迟缓无力

1. 判断哪一侧阀组所控制的子系统有故障

某型高速挖掘机采用UX28操纵阀组，该操纵阀组分为左右两组阀组，左侧阀组有动臂、挖斗、支腿三联换向阀；右侧阀组有行走、回转、斗杆和调整四联换向阀，左、右阀组共用一个主安全阀。系统在工作时，动臂的上升、挖斗、斗杆和行走的双向动作均为双泵合流，其余动作为单泵供油。根据各换向阀的位置和供油情况分析：

（1）若左侧阀组有故障，应表现为动臂、挖斗、支腿、斗杆和行走动作缓慢，尤其同时操作挖斗和右侧任意一换向阀时，挖斗动作缓慢明显，而回转和调整工作正常。

（2）若右侧阀组有故障，表现为行走、回转、斗杆、调整、动臂上升和挖斗动作缓慢，尤其同时操作斗杆和动臂上升换向阀时，斗杆动作缓慢明显，而支腿工作正常。

2. 检查、分析和维修单侧阀组所控制的子系统的故障

由于另一侧阀组所控制的子系统全部正常，因此两侧阀组所共用部分不存在故障的可能。又根据几个动作同时不正常这一现象分析，故障点应在这几个动作的公共部分，大体可按下列顺序由易到难、先外后内进行检查、分析和维修。

（1）检排故障所在子系统液压泵故障。子系统液压泵损坏、装配不当会造成挖掘机相应的几个动作全部丧失，子系统液压泵磨损会使得此组动作缓慢无力。具体的检查方法：对有怀疑的子系统液压泵还是用换位对比法。即调换泵出口管路，从而改变子系统的工作泵，观察其子系统的故障是否改变。若改变，则为子系统液压泵故障，否则故障不在液压泵。确定了大致故障点后，应检修液压泵。

（2）检排故障子系统液压泵调节机构故障。某型高速挖掘机均采用 LY-A8V107ER 分功率恒定控制液压泵，子系统液压泵均为单独调节机构控制。当某一子系统液压泵调节机构发生故障，该子系统就不能随工作装置工况的改变而改变。具体检查以下几个方面：

1）检查故障子系统最大流量限位调整螺栓和起调点压力调整螺栓是否松动或有人调过。若是，应重新调整。

2）检查故障子系统调压大小弹簧、大小功率弹簧是否有折断。若有折断，应更换弹簧并重新调整起调点压力。

3）检查故障子系统变量活塞、变量阶梯柱塞、负流量反馈大小柱塞和伺服柱塞是否发卡。若发卡，应清洗和检修。

4）检查故障子系统调节机构的油道和节流孔是否有堵塞。若堵塞，应疏通和清洗。

（四）液压系统油温过高

1. 液压系统油温过高的危害

液压系统油温过高是挖掘机较为普遍的一种故障现象，亦是分析处理较为复杂的常见故障。某型高速轮式挖掘机正常工况下，液压系统油温应在80℃以下，如果超出较多，则称之为液压系统油温过高。其故障特征为：挖掘机冷车工作时，各种动作较正常，当挖掘机工作约 1h 后，随着液压油温度升高，出现挖掘机各执行机构迟缓无力，特别是挖掘力不够、行走困难等。

液压系统出现油温过高现象如不能及时处理，就会对系统产生极为不利的影响。具体表现为：

（1）油液黏度下降，泄漏增加，又使系统发热，形成恶性循环。

（2）加速油液氧化，形成胶状物质，堵塞元件小孔，使液压元件失灵或卡死，无法正常工作。

（3）使橡胶密封件、软管老化失效。

（4）液压系统的零件因过热而膨胀，破坏了相对运动零件原来正常的配合间隙，导致摩擦阻力增大、液压阀容易卡死，同时，使润滑油膜变薄、机械磨损加剧，造成液压泵、马达和控制阀等的精密配合面因过早磨损而失效，甚至报废。

2. 液压系统油温过高的原因分析与排除

（1）液压系统设计不合理。如管路中有的管径太小、有的管子接头处油流不畅、有的

管子弯曲半径太小或阀孔开口量过小等，均会产生节流，导致温升。这些均需要通过改进设计来解决。

（2）液压油箱内油位过低。由于液压油箱内油位过低，引起液压系统缺油，使液压油循环过快，未能充分静置散热，结果油温升高；若液压油箱内油量太少，也会使液压系统没有足够的流量带走其产生的热量，导致油温升高。所以，若发现液压油箱内油位过低，要及时按规定加足液压油。

（3）液压油牌号选用不当、液压油污染或液压油变质。

1）液压油选择不当。液压油的品牌、质量和黏度等级不符合要求，或不同牌号的液压油混用，会造成液压油黏度过低或过高。若油液黏度过高，则功率损失增加，油温上升；如果黏度过低，则泄漏量增加，油温升高。

2）液压油污染严重。施工现场环境恶劣，随着挖掘机工作时间的增加，油中易混入杂质和污物，受污染的液压油进入液压泵、马达和阀的配合间隙中，会划伤其配合表面，破坏其配合精度，使泄漏增加、油温升高。

3）液压油变质。若液压油变质，将会使其黏温性能变差，易乳化、产生气蚀，当液压油在高压时，局部可产生高温并加剧元件的磨损。

若出现上述任一种情况，皆应更换符合要求的液压油并加注到规定的油位。

（4）液压系统中混入空气。液压油中混入的空气，在低压区时会从油中逸出并形成气泡，当其运动到高压区时，这些气泡将被高压击碎，受到急剧压缩而放出大量的热量，引起油温升高，同时伴有液压噪声。若出现上述故障现象，应检查进油管接口等处的密封性，进行紧固密封；同时每次换油后要排尽系统中的空气。

（5）散热器散热性能不良。散热器散热性能不良的主要形式有：外部散热翅片变形或堵塞；冷却风扇皮带打滑；液压油散热器内部管道阻塞。前两者除可直观判断外，还可从散热器进、出油管温差变化不大可以得知，此时应清理散热片，调整风扇皮带张紧度或更换新皮带等。对液压油散热器内部管道阻塞的判断，可通过在散热器进、出口油道安装压力表，检查二者之间的压差。当油温在 65℃ 左右时，压差在 0.12MPa 以下，说明散热器属于正常情况；如果压差高于 0.12MPa，则表明散热器油管阻塞严重，应疏通管道。

（6）吸油滤油器堵塞。磨粒、杂质和灰尘等通过吸油滤油器时，会被吸附在滤油器的滤芯上，造成吸油阻力和能耗均增加，引起油温升高，同时伴随工作迟缓无力。此时应清洗或更换滤油器。

（7）液压回油滤芯单向阀失灵。液压系统回油滤芯单向阀与液压油散热器并联在回油滤芯的出口上。其功用是当回油散热器压差在 0.2MPa 以上时自动开启，短接散热器构成回油通路。实际工作中，因该阀安装在回油滤芯底部，难以检查保养，加之长期不换油及年久失修等，使油液污染严重，导致该阀卡死在常开位置上（还有的擅自将此阀拆除），于是回油散热器不起散热作用，势必引起油温过高。在每次更换液压油时，应检查此阀有否卡滞现象。

（8）主安全阀或过载阀调整不当。主安全阀压力过高或过低都会引起液压系统油温过高。若系统压力调节过高，会使液压泵在超过额定压力下运行，使液压泵过载，导致油温升高，同时伴随泄漏或爆管现象；反之，如果主安全阀压力或过载阀调节过低，会使工作机构在正常负载下，频繁出现主安全阀或过载阀开启卸荷现象，造成液压系统溢流发热，同时伴随有工作无力现象。此时应重新调整主安全阀或各过载阀。

即使主安全阀或各过载阀符合要求时，也应正确使用挖掘机，可以防止主安全阀或过载阀开启频繁：

1）单一动作不宜过多，在挖掘时应尽量多做复合动作。

2）挖掘时尽量少碰或不碰挡块，减少或避免主安全阀或过载阀溢流。

（9）操纵阀组上负流量控制阀阀芯关闭不严。若操纵阀组上负流量控制阀阀芯关闭不严，中间油道液压油直接流回油箱，从而信号口 FR 或 FL 不产生负流量控制压力，也就不能反馈到主泵斜盘角度控制油口，这样即使各换向阀均处于中立位置或油缸缓慢动作时，主泵斜盘角度还在最大供油位置，压力损失较大，油温升高。此时，应拆下负流量控制阀，进行清洗或修理。

（10）阀组换向阀阀杆与阀孔配合间隙过大。检查阀组换向阀阀杆与阀孔配合间隙是否过大，若配合间隙过大，泄漏量过大，液压油在阀体内产生节流，不仅影响作业速度，而且液压油温升急剧上升。配合间隙过大的阀杆和阀孔，应单配修理或更换。

（11）液压泵和马达的容积效率过低。液压泵和马达的柱塞与缸体柱塞孔配合间隙过大，调节器导轨槽与配油盘配合间隙以及配油盘与缸体的球形面配合间隙过大等，均会导致液压泵容积效率降低，液压油不同程度从高压腔向低压腔泄漏或节流而产生高温，且温度越高，黏度越小，泄漏量越大；泄漏量越大，温度越高，形成恶性循环。此时的工作压力和流量也会大大降低，工作迟缓无力。因此，容积效率很低的液压泵应更换或及时维修后才能使用。

（五）液压系统的噪声

液压系统的噪声主要由以下液压元件产生的噪声所引起，其原因、排除方法介绍如下。

1. 液压泵或马达的噪声

（1）液压泵吸空现象。当油液中混入空气后，易在其高压区形成气穴现象，并以压力波的形式传播，造成油液振荡，导致系统产生气蚀噪声。其主要原因有：

1）液压泵的滤油器、进油管堵塞或油液黏度过高，均可造成泵进油口处真空度过高，使空气渗入。

2）液压泵、先导泵轴端油封损坏，或进油管密封不良，造成空气进入。

3）油箱油位过低，使液压泵进油管直接吸空。

当液压泵工作中出现较高噪声时，应首先对上述部位进行检查，发现问题及时处理。

（2）液压泵内部元件过度磨损。若液压泵的缸体与配油盘、柱塞与柱塞孔等配合件的磨损、拉伤，使液压泵内泄漏严重，当液压泵输出高压、小流量油液时将产生流量脉动，引发较高噪声。此时可适当加大变量机构的偏角，以改善内泄漏对泵输出流量的影响。液压泵的伺服阀阀芯、控制流量的活塞也会因局部磨损或拉伤，使活塞在移动过程中脉动，造成液压泵输出流量和压力的波动，从而在泵出口处产生较大振动和噪声。此时可对磨损、拉伤严重的元件进行刷镀研配或更换处理。

（3）液压泵或马达配油盘卸荷槽的位置不正确。配油盘在使用中因表面磨损或油泥沉积在卸荷槽开启处，都会使卸荷槽变短而改变卸荷位置，产生困油现象，继而引发较高噪声。在正常修配过程中，经修磨的配油盘也会出现卸荷槽变短的后果，此时如不及时将其适当修长，也将产生较大噪声。在装配过程中，配油盘的大卸荷槽一定要装在泵的高压腔，并且其尖角方向与缸体的旋向须相对，否则也将给系统带来较大噪声。

2. 溢流阀的噪声

溢流阀易产生高频噪声，主要是先导阀性能不稳定所致，即为先导阀前腔压力高频振荡引起空气振动而产生的噪声。其主要原因有：

（1）油液中混入空气，在先导阀前腔内形成气穴现象而引发高频噪声。此时，应及时排尽空气并防止外界空气重新进入。

（2）针阀在使用过程中因频繁开启而过度磨损，使针阀锥面与阀座不能密合，造成先导流量不稳定、产生压力波动而引发噪声，此时应及时修理或更换。

（3）先导阀因弹簧疲劳变形造成其调压功能不稳定，使得压力波动大而引发噪声，此时应更换弹簧。

3. 液压缸的噪声

（1）油液中混有空气或液压缸中空气未完全排尽，在高压作用下产生气穴现象而引发较大噪声。此时，必须及时排尽空气。

（2）缸头油封过紧或活塞杆弯曲，在运动过程会因别劲而产生噪声。此时，须及时更换油封或校直活塞杆。

4. 管路噪声

管路死弯过多或固定卡子松脱也能产生振动和噪声。因此，在管路布置上应尽量避免死弯，对松脱的卡子必须及时拧紧。

（六）回转马达油路的故障

常见的回转马达油路的故障有：平台回转失控，平台单方向不能回转，平台不能回转或回转无力等。下面分别介绍各故障的分析、检查并予以排除方法。

1. 平台回转失控

平台回转失控一般是下述原因所致：

（1）先导控制油压失控。造成先导油压失控的一般故障有：

1）先导阀芯黏结或被卡结在阀孔内，使阀芯不能灵活换向，先导油压不受操纵手柄控制，应配对研磨阀芯、阀孔或清除异物，使先导阀芯能上下活动自如。

2）控制柱塞卡结在滑套内，回位弹簧不能使控制柱塞回位，造成先导失控，应清除柱塞与滑套间异物，使柱塞能上下自如地活动。

3）先导弹簧折断卡住先导阀芯，应更换折断弹簧。

（2）回转换向阀阀杆的回位弹簧折断，也能导致回转失控。若换向阀阀杆的回位弹簧折断，多路换向阀阀杆不能回中位，处于半关闭状态，主油路油流通过半关闭阀孔流向回转马达，使马达运转，导致平台回转失控，故更换折断的回位弹簧即可排除故障。

（3）回转换向阀阀杆黏结或被异物卡结在阀孔内，阀杆不受先导油压控制，主油路油流直接流向或不能流向回转马达，导致回转失控，故配对研磨或清除异物，使阀杆换向自如即可。

2. 平台单方向不能回转

若平台单方向不能回转，一般为对应不能回转的马达安全阀压力过低所致。此时，可将压力表安装到回转油路中，操作控制回转的先导手柄，观察压力表显示值，若压力表显示值小于 24MPa，则可能是以下原因所致：

（1）对应不能回转的马达安全阀弹簧折断或节流孔堵塞，应清洗马达安全阀或更换弹簧。

（2）对应不能回转的马达安全阀拧紧扭矩不够，应进一步拧紧。

（3）马达安全阀失效，应更换马达安全阀。

（4）对应不能回转的马达补油阀密封不严，应研磨阀芯与阀座。

（5）对应不能回转的马达安全阀壳体有砂孔串油，应更换有砂孔的壳体。

3. 平台不能回转或回转无力

若工作装置和行走均可正常工作，而操作控制平台回转的先导操作手柄后，回转平台不能回转或回转无力，可按下列顺序检查、分析、排除故障：

（1）检查回转先导阀。若先导阀阀芯不能被压到位或被堵塞，操纵回转先导时就不能将回转制动器解除并且先导油也不能将回转换向阀杆推到位，从而造成平台不能回转或回转无力。此时，可将回转的先导油管与正常的先导油管（如斗杆、挖斗、动臂等）对调后试机，若回转正常，说明先导阀有故障，应修理或更换先导阀。

（2）检查回转制动器。若回转制动器不能解除或不能完全解除，就会造成平台不能回转或回转无力。而造成回转制动器不能解除或不能完全解除，一般由于下述原因所致：

1）回转制动解除控制阀阀杆发卡。若回转制动解除控制阀阀杆被异物卡死在阀孔内，阀杆不受先导油压控制，先导油就不能流向回转马达里的回转制动解除活塞腔内，回转制动器不能解除。此时，应拆下回转制动解除控制阀，清除异物，使阀杆能活动自如。

2）回转制动解除活塞密封圈损坏。若制动解除活塞密封圈损坏，先导压力油经回转制动解除控制阀，进入回转制动解除活塞腔里，再通过损坏的密封圈流向回转马达回油腔，造成回转制动解除活塞腔里建立不起压力，故回转制动器不能解除或不能完全解除。此时，可将压力表接到回转制动解除控制阀的 PG 口上，启动挖掘机至额定转速，观察压力表的数值应为 4MPa，操纵回转先导手柄后，压力表的数值迅速降低并且一直很低，说明制动解除活塞腔里漏油，一般是活塞密封圈可能损坏，应拆卸马达，更换制动解除活塞的密封圈。

3）操纵阀组上 Pg1 口的节流孔堵塞。若操纵阀组上先导油压 Pg1 口的节流孔堵塞，操纵阀组上 Pg1 口先导压力油不能到达操纵阀组上 Px1 口，也就不能到达回转马达制动解除控制阀的 SH 口，回转制动也就不能解除。此时，可将制动解除控制阀的 SH 口油管拆下，操纵回转先导手柄后，观察拆下的 SH 口油管是否有油流出。若没有油流出，可能是 Pg1 口的节流孔堵塞，应拆下节流孔套，疏通并清洗。

（3）检查回转减速机。若回转先导阀与回转制动解除皆完好，而左右方向还不能回转，此时可开动挖掘机，使斗杆、挖斗油缸全伸，且挖斗离地 1.0m 左右，操作先导手柄，由 2 人顺平台回转方向推挖斗，此时若平台能回转，说明回转减速机并未损坏，而是其他故障引起平台不能左右回转。若 2 人推挖斗时，平台不能回转，故障则是因回转减速机损坏引起的。对此应分解回转减速机，检查排除故障。

（4）测量马达进油口压力。若其余动作均正常，仅平台不能回转或回转无力，可先设法锁住回转机构，给回转增加一定阻力，再操纵回转先导阀，使平台回转，并测量马达进油口压力。此时，会有下面两种情况：

1）马达进油口压力一直很低或无压力，则可能是以下原因所致：

① 回转马达安全阀溢流压力低，有下面几种情况：

如果回转马达安全阀性能良好，只是压力调整值偏低，应将马达安全阀压力调到规定值。

如果回转马达安全阀弹簧折断或节流孔堵塞，应更换弹簧并疏通清洗。

如果回转马达安全阀拧紧扭矩不够，应按规定扭矩将其拧紧。

如果回转马达安全阀失效，应修理或更换马达安全阀。

如果回转马达安全阀阀体损坏，使高低压腔油液相通，应更换损坏的阀体。

② 回转马达内泄漏严重，应按下面方法检查：将回转马达漏油口的油管拆下，操纵回转控制系统，使马达回转，测量马达的漏油情况。若泄漏量大于 0.8L/min，可以判断马达内泄漏严重，马达的容积效率太低或已损坏，应修理或更换马达。

③ 回转换向阀杆与阀体配合间隙过大，内泄漏严重，应单配阀杆。

2）马达进油口压力正常，平台若仍不能回转，应用手摸马达出油管。若感觉不到管内有油流动，而感觉到马达振动，可判断是马达内部损坏，应修理马达。若感觉到液压马达出油管内有油流动，平台仍不能回转，则可能是以下原因所致：

① 回转马达输出轴颈折断，应更换或修复马达。

② 减速机输入轴内花键被剪切，应更换损坏件。

③ 由于在长期使用中未对回转支承加黄油，使回转支承咬紧，应加注黄油，使其得到较好的润滑（用检查回转减速机的方法也可检查出来）。

④ 回转支承隔离体等损坏且咬紧，应更换损坏件并加注黄油（用检查回转减速机的方法也可检查出来）。

（5）检查回转换向阀杆能否灵活换向。若不能灵活换向，大致由于以下三个原因所致：

1）回转换向阀杆的回位弹簧折断。

2）回转换向阀杆黏结或被异物卡住。

3）进入回转换向阀杆先导控制室的压力小，不足以使阀杆灵活换向。

（七）行走系统的故障

若挖掘机工作装置均工作正常，只是不能行走或行走无力等，可按下列顺序检查分析排除故障：

1. 检查制动系统

制动系统主要有停车制动系统和行车制动系统两种。若停车制动器打不开或行车制动器制动后不能解除，均会造成不能行走或行走无力。具体的检查排除方法如下：

（1）检查停车制动系统。若停车制动器不能解除或不能完全解除，就会造成不能行走或行走无力。检查时，一人向上扳动停车制动手柄，另一人同时观察停车制动油缸活塞杆是否伸出，若停车制动油缸活塞杆不伸出或伸出行程过小，可能由于下述原因所致：

1）停车制动阀阀杆卡滞。若停车制动阀阀杆被异物卡死在阀孔内，先导压力油就不能流向停车制动油缸里，停车制动器不能解除。此时，可将工作正常的先导油管接到停车制动油缸进行检查（即换位对比法）。若制动能够解除，就可以判定故障在停车制动阀，应将其拆下进行维修。

2）停车制动油缸漏油。若停车制动油缸活塞密封圈损坏，先导压力油经中央回转接头，进入停车制动油缸无杆腔里，再通过损坏的密封圈流向有杆腔，造成停车制动油缸无杆腔里建立不起压力，故停车制动不能解除或不能完全解除。应更换停车制动油缸的密封圈。

3）上回转接头泄漏。若中央回转接头泄漏，先导压力油经中央回转接头后，进入停车制动油缸的流量不足，甚至没有流量，同样也会造成停车制动油缸无杆腔里建立不起压力，使停车制动不能解除或不能完全解除。应更换中央回转接头的密封圈。

4）停车制动器调整不当。若停车制动器调整不当，即使停车制动油缸活塞杆在最大行程也不能将停车制动器完全解除。应重新检查调整停车制动器。

（2）检查行车制动系统。若行车制动器制动后不能解除，也会造成不能行走或行走无力，一般由于下述原因所致：

1）凸轮机构失灵，应修理或更换。

2）制动蹄片回位弹簧折断，应更换回位弹簧。

3）制动油缸卡死在制动位置，应修理或更换制动油缸。

4）制动间隙调整不当，应按要求调整制动器的间隙。

2. 检查行走先导控制系统

（1）检查挡位先导油路。若挡位先导油路有故障，挖掘机挂上挡时，会引起换挡油缸没有动作，使变速器处于空挡位置，从而造成挖掘机不能行走。

1）检查换挡阀。若换挡阀进油口堵塞，挂上任意一挡，换挡油缸皆不进先导压力油，变速器处在空挡位置，即挂任意挡皆不能行走；若换挡阀某一挡先导阀阀芯不能被完全压到位或被堵塞，挂上该挡时，致使先导油不能顺利通过，挡位油缸没有动作，故该挡不能行走，应检修换挡阀。

2）检查梭阀：

① 一挡与倒挡之间的梭阀。若一挡与倒挡之间的梭阀钢球与阀座密封不严，挂一挡或倒挡时，先导压力油到达梭阀后泄漏，经换挡阀的倒挡或一挡流回油箱，挡位先导油路压力会较低，造成换挡油缸没有动作，挖掘机不能行走，应更换梭阀。

② 一挡与二挡之间的梭阀。若一挡与二挡之间的梭阀钢球与阀座密封不严，挂一挡或二挡时，先导压力油到达梭阀后泄漏，经换挡阀的二挡或一挡流回油箱，挡位先导油路压力会较低，造成换挡油缸没有动作，挖掘机不能行走，应更换梭阀。

3）检查行走换向阀。若行走换向阀阀杆发生卡滞现象，脚踩下行使速度阀时，先导压力油不能推动行走换向阀阀杆，工作压力油不能进入行走马达，挖掘机则不能行走。此时，应修理或更换行走换向阀。

4）检查上回转接头。若上回转接头泄漏，也会引起挡位先导油路压力较低，造成换挡油缸与行走换向阀没有动作，挖掘机不能行走，应更换上回转接头的密封圈。

5）检查换挡油缸。若换挡油缸密封圈损坏或高低挡拨叉轴弯曲、卡死，均会引起换挡困难或不能换挡，应修理换挡油缸。

（2）检查行走先导油路：

1）检查行驶速度阀。若行驶速度阀阀芯卡滞不能被压到位或被堵塞，踏下行驶速度阀踏板时，就不能将行走换向阀杆推到位，从而造成不能行走或行走无力，应修理或更换行驶速度阀。

2）检查梭阀。若操纵阀组上行走换向阀两端之间的梭阀钢球与阀座密封不严，踏下行驶速度阀后，行走先导压力油一路到达行走换向阀一端，另一路到达该梭阀时，会泄漏到行走换向阀另一端流回油箱，行走先导油路压力会较低，从而引起先导油不能推动阀组上行走换向阀或推不到位，造成挖掘机不能行走或行走无力，应更换梭阀。

3）检查行走合流切断阀。若行走合流切断阀卡死，则会引起行走时不能实现双泵合流，从而造成挖掘机不能高速行驶，应清洗或修理行走合流切断阀。

4）检查主安全阀（增压）。若先导式主安全阀的先导增压有故障，则会引起挖掘机行走时遇到大阻力后，最大行走压力达不到 32MPa，从而造成行走动力不足。应检修与调整主安全阀。

3. 检查操纵阀组上的行走换向阀

（1）若行走换向阀的阀杆回位弹簧折断或弹性减弱，不能使阀杆换向到位，使阀孔处于半关闭状态，油流量被部分堵截，行走马达流量不足，行走速度变慢。此时应更换折断的回位弹簧。

（2）若行走换向阀的阀杆黏结或有异物卡结，虽有足够的先导油压，仍不能使阀杆灵活换向，导致没有压力油流向行走马达，马达不能运转，因而挖掘机也就不能行走。此时，应配对研磨阀杆阀孔或清除异物，使阀杆能灵活换向。

（3）若行走换向阀的阀杆与阀孔配合间隙过大，内泄漏量增加，则流量损失增大，使行走马达转速降低，车速减慢，应修理或更换阀杆。

4. 检查下回转接头

若下回转接头内漏，也会造成挖掘机不能行走或行走无力。这时，应主要检查下回转接头：

（1）下回转接头内密封圈。若下回转接头内密封圈已损坏，行走的工作油流便会在高、低压腔串通，使高压不能建立；行走马达不能正常运转。对此，应更换损坏的密封件。

（2）下回转接头壳体。若下回转接头壳体损坏造成泄漏，使行走油压不能建立，则应更换损坏件。

5. 检查行走马达

某型高速挖掘机的行走马达采用 LY-A6V160HA 型双向变量斜轴式柱塞马达，马达有故障时，应主要检查以下几个方面：

（1）检查变量马达的最小摆角。变量马达标准的最小摆角应为 12°，若最小摆角过大，会造成挖掘机没有高速，应进行调整。即拧松最小摆角限位调整螺栓的锁紧螺母，用内六角扳手顺时针方向调整，最小摆角增加；反之，最小摆角减小。调整好后，应拧紧锁紧螺母。

（2）检查变量马达开始变量时的压力（起调点压力）。若最小摆角符合要求，随着压力的升高，最小摆角就会在某个压力下开始增大（即开始变量），这个压力若低于起调点压力时（起调点压力应为 25MPa），可按下列方法进行调整：拧松起调点压力调整螺栓的锁紧螺母，用内六角扳手顺时针方向调整，起调点压力增加；反之则减少。调整好后，应拧紧锁紧螺母。

（3）检查调节机构。若上述调整还不能提高挖掘机的行驶速度，则应检查调压弹簧是否有折断。若弹簧折断，应进行更换。同时还应检查马达的变量活塞和伺服柱塞是否有卡滞现象。若出现卡滞，应清洗和检修。

（4）检查变量马达容积效率。若马达的内泄漏量过大，容积效率降低，也会造成挖掘机不能行走或行走无力。此时，应做如下检查修理：

1）检查柱塞与缸体柱塞孔配合间隙是否过大，若是，可单配柱塞或缸体，使其配合间隙符合规定要求。

2）检查缸体球面与配油盘球面和配油盘弧面与调节器导轨面等部位是否磨损起沟槽，若有，可进行研磨或更换。

3）检查碟形弹簧是否磨损严重，若有，应予以更换。

4）检查调节器导轨面、配油盘、缸体、碟形弹簧垫圈等处的配合间隙，若不符合，应在中心杆处添加适当厚度的调整垫片。

（5）检查马达的花键轴。若行走马达的花键轴已折断或花键已磨平，则应更换马达花键轴。

（八）动臂升降油路故障

动臂升降油路常见故障有：动臂不能上升、动臂不能下降和动臂升降缓慢等。下面分别对各故障现象进行分析、检查并予以排除。

1. 动臂不能上升

若挖掘机其他工作装置均工作正常，动臂却只能降不能升，可按下列顺序检查、分析、排除故障：

（1）检查限位阀。若挖掘机在行驶状态时，把动臂开合先导手柄向前推，使调整油缸活塞杆收回，能使动臂处于张开状态，此时，扳动动臂升降先导手柄，动臂却只能降却不能升，然后再扳动动臂开合先导手柄，调整臂也只能开而不能合，基本可以判定限位阀有故障，即限位阀的顶杆可能没有回位。而造成限位阀顶杆不能回位的原因，可能是回位弹簧折断或顶杆卡死，应修理限位阀。

（2）检查动臂上升时的先导油压。若动臂上升时先导油的压力过低或先导油管堵塞，先导油就不能推动动臂换向阀，造成动臂不能上升。此时，用压力表测量动臂上升时先导油压，若先导油压很低或没有压力，应检修动臂升降先导阀或疏通先导油管。

（3）检查动臂上升时的工作油压。用压力表测量动臂上升时工作油压，若工作油压很低或没有压力，其故障一般为：

1）动臂上升时的过载补油阀有故障。若动臂上升时的过载补油阀调整压力过低或阀关闭不严，引起动臂上升时工作油压过低，则造成动臂不能上升。此时，可将动臂上升时的过载补油阀与其他工作装置正常的过载补油阀进行对调后试机（换位对比法），如果故障移到调换的工作装置上，则可断定动臂上升时的过载补油阀有故障，应检修过载补油阀。

2）动臂换向阀杆有阻滞现象。若动臂换向阀阀杆在向动臂上升方向移动时发生卡阻，先导油就不能推动此阀杆向上升的方向运动，则动臂就不能上升。此时，应清洗或研磨换向阀。

2. 动臂不能降

若挖掘机其他工作装置均工作正常，动臂却只能升不能降，可按下列顺序检查分析排除故障：

（1）检查动臂下降时先导油路。若动臂下降时先导油的压力过低或先导油管堵塞，就不能推动动臂换向阀和动臂下降控制阀，从而造成动臂不能下降。此时，可将动臂下降时先导油管与其他工作装置正常的先导油管进行对调后试机（换位对比法），如果故障移到调换的工作装置上，则可断定动臂下降时先导油路有故障，应检修动臂先导阀或疏通先导油管。

（2）检查动臂防降控制阀和逻辑阀。若动臂防降控制阀或逻辑阀有故障，即动臂防降控制阀的换向阀阀杆卡滞或逻辑阀的节流孔堵塞等，会造成动臂不能下降。此时，应检修动臂防降控制阀和逻辑阀。

（3）检查动臂下降时的过载补油阀。若动臂下降时的过载补油阀调整压力过低或阀关闭不严，引起动臂下降时工作油压过低，也会造成动臂不能下降。此时，可将动臂下降时的过载补油阀与其他工作装置正常的过载补油阀进行对调后试机（换位对比法），如果故障移到调换的工作装置上，则可断定动臂下降时的过载补油阀有故障，应检修过载补油阀。

（4）检查动臂换向阀杆。若动臂换向阀阀杆在向动臂下降的方向移动时发生卡阻，先导油就不能推动此阀杆向下降的方向运动，则动臂也不能下降。此时，应清洗或研磨换向阀。

3. 动臂升降缓慢

若挖掘机其他工作装置均工作正常，只有动臂升降缓慢，可按下列顺序检查分析排除故障：

（1）检查动臂先导油路。若动臂先导油的压力过低，则不能推动动臂换向阀、动臂合流控制阀和右侧阀组内的中位回油换向阀，从而造成动臂升降均缓慢。此时，可将动臂先导油管与其他工作装置正常的先导油管进行对调后试机（换位对比法），如果故障移到调换的工作装置上，则可断定动臂先导油路有故障，应检修动臂先导阀。

（2）检查动臂合流油路。该挖掘机在动臂上升时是可以实现双泵合流的，若此时双泵不能合流，则可能由于以下几种原因所致：

1）中位回油换向阀发生卡阻。若右侧阀组内的中位回油换向阀发生卡阻，则不能切断中位回油至油箱的通道，也就不能实现双泵合流。应检修中位回油换向阀。

2）动臂合流总成阀有故障。若动臂合流总成阀有故障，即动臂合流控制阀的换向阀阀杆卡滞或逻辑阀的节流孔堵塞等，使合流油路打不开，也就不能实现双泵合流，从而造成动臂上升缓慢。此时，应检修动臂合流控制阀和逻辑阀。

（3）检查动臂合流优先斗杆阀。若动臂合流优先斗杆阀有故障，同时做动臂上升和斗杆的复合动作时，就不能切断斗杆合流油路，引起动臂上升时工作油流量不足，从而造成动臂上升缓慢；但做动臂上升单一动作时，动臂上升正常。若出现这种情况，一般应检修动臂合流优先斗杆阀。

（4）检查动臂过载补油阀。若动臂过载补油阀调整压力过低，会引起动臂工作油压过低，而造成动臂升降缓慢。此时，可将动臂过载补油阀与其他工作装置正常的过载补油阀进行对调后试机（换位对比法），如果故障移到调换的工作装置上，则可断定动臂过载补油阀有故障，应检修过载补油阀。

（5）检查动臂换向阀。若动臂换向阀弹簧折断、阀杆卡阻或阀杆与阀孔间隙过大，使流向动臂油缸的油液处于被节流状态，或者换向阀内泄漏严重，使流到油缸的流量大大减少，造成动臂升降缓慢，则应更换弹簧或修理阀杆和阀孔。

（6）检查动臂油缸。若动臂油缸内漏严重，也会造成动臂升降缓慢。要检查油缸是否有内漏，在不分解油缸的情况下，具体的检查方法是：将动臂的活塞杆收到底，拧下动臂无杆腔的工作油管，启动发动机，向前推动动臂先导操纵手柄，根据松开油缸无杆腔接口处的漏油情况即可判断油缸油封的好坏。若松开处接口不漏油或漏油很少，则说明该油缸活塞油封密封性能较好；若无杆腔接口处漏油比较多，则说明该油缸活塞油封密封不良或油封损坏。此时，应检修动臂油缸或更换油缸活塞密封圈。

（九）斗杆伸缩油路故障

斗杆伸缩油路常见故障有：斗杆不能伸、斗杆不能缩和斗杆升降缓慢等。下面分别对各故障现象进行分析、检查并予以排除。

1. 斗杆不能伸

若挖掘机其他工作装置均工作正常，斗杆却只能缩不能伸，可按下列顺序检查、分析并排除故障：

（1）检查斗杆上升时先导油压。若斗杆伸出时先导油的压力过低或先导油管堵塞，就不能推动斗杆换向阀和斗杆伸出控制阀，造成斗杆不能外伸。此时，用压力表测量斗杆伸出时先导油压，若先导油压很低或没有压力，应检修斗杆先导阀或疏通先导油管。

（2）检查斗杆防降控制阀和逻辑阀。若斗杆防降控制阀或逻辑阀有故障，即斗杆防降控制的换向阀阀杆卡滞，造成斗杆不能外伸。此时，应检修斗杆防降控制阀。

（3）检查斗杆伸出时工作油压。用压力表测量斗杆伸出时的工作油压，若工作油压很低或没有压力，其故障一般为：

1）斗杆伸出时的过载补油阀有故障。若斗杆伸出时的过载补油阀调整压力过低或阀关闭不严，引起斗杆伸出时工作油压过低，将造成斗杆不能伸出。此时，可将斗杆伸出时的过载补油阀与其他工作装置正常的过载补油阀进行对调后试机（换位对比法），如果故障移到调换的工作装置上，则可断定斗杆伸出时的过载补油阀有故障，应检修过载补油阀。

2）斗杆换向阀杆有阻滞现象。若斗杆换向阀阀杆在向斗杆伸出的方向移动时发生卡阻，先导油就不能推动此阀杆向伸出的方向运动，则斗杆不能伸出。此时，应清洗或研磨换向阀。

2. 斗杆不能缩

若挖掘机其他工作装置均工作正常，斗杆却只能伸不能缩，可按下列顺序检查、分析并排除故障：

（1）检查斗杆收缩时先导油路。若斗杆收缩时先导油的压力过低或先导油管堵塞，就不能推动斗杆换向阀，从而造成斗杆不能收缩。此时，可将斗杆收缩时先导油管与其他工作装置正常的先导油管进行对调后试机（换位对比法），如果故障移到调换的工作装置，则可断定斗杆收缩时先导油路有故障，应检修斗杆先导阀或疏通先导油管。

（2）检查斗杆收缩时的过载补油阀。若斗杆收缩时的过载补油阀调整压力过低或阀关闭不严，引起斗杆收缩时工作油压过低，也会造成斗杆不能收缩。此时，可将斗杆收缩时的过载补油阀与其他工作装置正常的过载补油阀进行对调后试机（换位对比法），如果故障移到调换的工作装置，则可断定斗杆收缩时的过载补油阀有故障，应检修过载补油阀。

（3）检查斗杆换向阀杆。若斗杆换向阀阀杆在向斗杆收缩的方向换向时发生卡阻，先导油就不能推动此阀杆向收缩的方向运动，则斗杆不能收缩。此时，应清洗或研磨换向阀。

3. 斗杆伸缩缓慢

若挖掘机其他工作装置均工作正常，只有斗杆伸缩缓慢，可按下列顺序检查、分析并排除故障：

（1）检查斗杆先导油路。若斗杆先导油的压力过低，就不能推动斗杆换向阀和左侧阀组内的中位回油换向阀移动到位，从而造成斗杆伸缩均缓慢。此时，可将斗杆先导油管与其他工作装置正常的先导油管进行对调后试机（换位对比法），如果故障移到调换的工作装置上，则可断定斗杆先导油路有故障，应检修斗杆先导阀。

（2）检查斗杆过载补油阀。若斗杆油缸过载补油阀调整压力过低，会引起斗杆工作油压过低，造成斗杆伸缩缓慢。此时，可将斗杆过载补油阀与其他工作装置正常的过载补油阀进行对调后试机（换位对比法），如果故障移到调换的工作装置上，则可断定斗杆过载补油阀有故障，应检修过载补油阀。

（3）检查左侧阀组内的中位回油换向阀。若左侧阀组内的中位回油换向阀阀杆出现卡阻现象，就会造成斗杆工作时不能合流，使斗杆动作缓慢，尤其在斗杆伸出到接近垂直位置时特别慢，此时的工作压力也特别低，只有到斗杆完全伸出时，工作压力才恢复正常。这主要是工作油流量不够，应重点检查左侧阀组内的中位回油换向阀。

（4）检查斗杆换向阀。若斗杆换向阀弹簧折断、阀杆卡阻或阀杆与阀孔间隙过大，使流向斗杆油缸的油液处于被节流状态或者换向阀内泄漏量严重，使流到油缸的流量大大减少，造成斗杆伸缩缓慢，尤其斗杆伸出时缓慢更加明显，应更换弹簧或修理阀杆和阀孔。

（5）检查斗杆油缸。若斗杆油缸内漏严重，也会造成斗杆升降缓慢。在不分解油缸的情况下，检查油缸是否内漏，具体的检查方法同动臂油缸。

（十）挖斗油路故障

挖斗油路常见故障有：挖斗不能挖掘、挖斗不能卸载、挖斗缓慢等。下面分别对各故障现象进行分析、检查并予以排除。

1. 挖斗不能挖掘

若挖掘机其他工作装置均工作正常，挖斗却只能卸载不能挖掘，可按下列顺序检查、分析和排除故障：

（1）检查挖斗挖掘时先导油压。若挖斗挖掘时先导油的压力过低或先导油管堵塞，就不能推动挖斗换向阀，从而造成挖斗不能挖掘。此时，用压力表测量挖斗挖掘时先导油压，若先导油压很低或没有压力，应检修挖斗先导阀或疏通先导油管。

（2）检查挖斗挖掘时工作油压。用压力表测量挖斗挖掘时的工作油压，若工作油压很低或没有压力，其故障一般为：

1）挖斗挖掘时的过载补油阀有故障。若挖斗挖掘时的过载补油阀压力调整过低或阀关闭不严，使挖斗挖掘时工作油压过低，造成挖斗不能挖掘。此时，可将挖斗挖掘时的过载补油阀与其他工作装置正常的过载补油阀进行对调后试机（换位对比法），如果故障移到调换的工作装置上，则可断定挖斗挖掘时的过载补油阀有故障，应检修其过载补油阀。

2）挖斗换向阀杆有阻滞现象。若挖斗换向阀阀杆在向挖斗挖掘的方向换向时发生卡阻，先导油就不能推动此阀杆向挖掘的方向运动，则挖斗不能挖掘。此时，应清洗或研磨换向阀。

2. 挖斗不能卸载

若挖掘机其他工作装置均工作正常，挖斗却只能挖掘不能卸载，可按下列顺序检查、分析并排除故障：

（1）检查挖斗卸载时先导油路。若挖斗卸载时先导油的压力过低或先导油管堵塞，就不能推动挖斗换向阀，从而造成挖斗不能卸载。此时，可将挖斗卸载时先导油管与其他工作装置正常的先导油管进行对调后试机（换位对比法），如果故障移到调换的工作装置上，则可断定挖斗卸载时先导油路有故障，应检修挖斗先导阀或疏通先导油管。

（2）检查挖斗卸载时的过载补油阀。若挖斗卸载时的过载补油阀调整压力过低或阀关闭不严，使挖斗卸载时工作油压过低，造成挖斗不能卸载。此时，可将挖斗卸载时的过载补油阀与其他工作装置正常的过载补油阀进行对调后试机（换位对比法），如果故障移到调换的工作装置上，则可断定挖斗卸载时的过载补油阀有故障，应检修其过载补油阀。

（3）检查挖斗换向阀。若挖斗换向阀阀杆在向挖斗卸载的方向换向时发生卡阻，先导油就不能推动此阀杆向卸载的方向移动，则挖斗不能卸载。此时，应清洗或研磨换向阀。

3. 挖斗缓慢

若挖掘机其他工作装置均工作正常，只有挖斗缓慢，可按下列顺序检查、分析并排除故障：

（1）检查挖斗先导油路。若挖斗先导油的压力过低，就不能推动挖斗换向阀和右侧阀组内的中位回油换向阀，从而造成挖斗挖卸均缓慢。此时，可将挖斗先导油管与其他工作装置正常的先导油管进行对调后试机（换位对比法），如果故障移到调换的工作装置上，则可断定挖斗先导油路有故障，应检修挖斗先导阀。

（2）检查右侧阀组内的中位回油换向阀。若右侧阀组内的中位回油换向阀卡阻，会使挖斗工作时不能实现双泵合流，造成工作油流量减少，使挖斗挖卸均缓慢。此时，应检修左侧阀组内的中位回油换向阀。

（3）检查挖斗过载补油阀。若挖斗过载补油阀调整压力过低，会引起挖斗工作油压过低，而造成挖斗挖卸缓慢。此时，可将挖斗过载补油阀与其他工作装置正常的过载补油阀进行对调后试机（换位对比法），如果故障移到调换的工作装置上，则可断定挖斗过载补油阀有故障，应检修其过载补油阀。

（4）检查挖斗换向阀。若挖斗换向阀弹簧折断、阀杆卡阻或阀杆与阀孔间隙过大，使流向挖斗油缸的油流处于被节流状态或内泄漏量严重，使流到油缸的流量大大减少，造成使挖斗挖卸缓慢。此时，应更换弹簧或修理阀杆和阀孔。

（5）检查挖斗油缸。若挖斗油缸内漏严重，也会造成挖斗挖卸缓慢。在不分解油缸的情况下，检查油缸是否内漏，具体的检查方法同动臂油缸。

（十一）支腿油路故障

支腿油路常见故障有：支腿不能收放或收放无力和支腿软腿现象等。下面分别对各故障的现象进行分析、检查并予以排除。

1. 支腿不能收放或收放无力

若挖掘机其他工作装置均工作正常，只有支腿不能收放或收放无力，可按下列顺序检查、分析并排除故障：

（1）检查支腿先导油路。若支腿先导油的压力过低，就不能推动支腿换向阀，从而造成支腿不能收放或收放无力。此时，可将支腿先导油管与其他工作装置正常的先导油管进行对调后试机（换位对比法），如果故障移到调换的工作装置上，则可断定支腿先导油路有故障，应检修支腿先导阀。

（2）检查支腿过载补油阀。若支腿过载补油阀调整压力过低，会引起支腿工作油压过低，造成支腿不能收放或收放无力。此时，可将支腿过载补油阀与其他工作装置正常的过载补油阀进行对调后试机（换位对比法），如果故障移到调换的工作装置上，则可断定支腿过载补油阀有故障，应检修其过载补油阀。

（3）检查支腿换向阀。若支腿换向阀弹簧折断、阀杆卡阻或阀杆与阀孔间隙过大，使流向支腿油缸的油流处于被节流状态，或者换向阀内泄漏量严重，使流到油缸的流量大大减少，造成支腿收放缓慢。此时，应更换弹簧或修理阀杆和阀孔。

（4）检查下回转接头。若下回转接头产生内漏，会造成支腿不能收放或收放无力。主要应检查下回转接头的如下部位：

1）下回转接头内密封圈。若下回转接头内密封圈损坏，支腿的工作油液便在高低压腔串通，使高压不能建立，因而支腿不能收放或收放无力。对此，应更换损坏的密封件。

2）下回转接头壳体。若下回转接头壳体损坏造成泄漏，使支腿油压不能建立，支腿也就不能正常收放。此时，则应更换损坏件。

（5）检查支腿油缸。若支腿油缸油封损坏或出现胀缸，也会造成支腿不能收放或收放无力。由于支腿在工作过程中为防止软腿现象，一般都装上液压锁，挖掘机工作过程中的额外冲击载荷特别大，可引起支腿油缸内部压力急剧升高，极易造成支腿油缸胀缸现象。为此，对支腿油缸进行分解检查时，一般应重点检查缸筒圆柱度，若发现有胀缸时，应更换支腿油缸。若油缸缸筒正常而油封损坏，应更换油封。

2. 支腿软腿现象

支腿软腿现象主要表现为：支腿在收回位置时易下掉，在支撑位置时易回缩。若出现此现象，一般是支腿液压锁关闭不严造成的，应检修液压锁。

第四节　重型冲击桥架设系统液压系统

一、液压系统

（一）功用

液压系统是完成架桥动作的动力传动系统。它通过传动箱从柴油机接受动力，带动液压油泵旋转，把液压油箱中的液压油转变成高压油，通过管路、阀等控制元件送往液压马达、油缸等执行元件，驱动架设装置完成桥的连接、架设、撤收和折叠等动作。

（二）结构及工作原理

液压系统由液压油泵、液压马达、液压缸、多路换向阀、平衡阀、液压锁、单向阀、油管、油箱、滤清器、压力表及开关、油温表、各种管接头等组成，如图 7-47 所示。

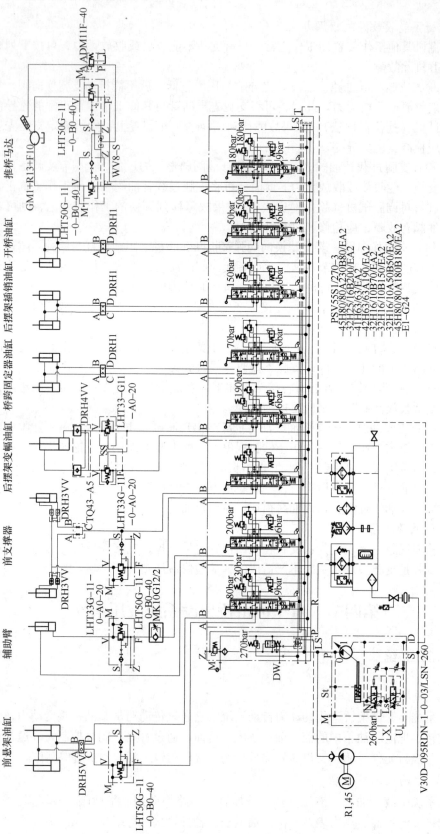

图 7-47 液压系统原理图

　　在战斗室右侧装有一台液压油泵，它的轴与传动箱输出轴连接。用操纵杆可操纵传动箱使液压油泵接通或切断动力，在柴油机动力驱动下液压油泵将液压油从油箱中吸出并加压成高压油经单向阀送往多路换向阀，按指令由多路阀控制液压油送往相应的油缸或液压马达，实现指定的架、收桥动作。

　　冲击桥配有应急液压油泵，当主液压油泵损坏而又急于架桥或必须移动桥体保养车时，用它作补充动力代替主液压油泵供油完成移桥任务。它由电机带动，因此连续工作时间不得超过20min，否则车内蓄电池组的电量将被耗尽。

　　在车体内右侧布置了多路换向阀，安装在两个三脚架上。

　　在车体内右前部设有液压油箱。油箱顶部布置了空气滤清器、油温传感器、回油滤油器等附件，油箱容积约为250L，添加液压油可将回油滤油器的顶盖打开，注入清洁的液压油。

　　平衡阀安装在前悬臂、辅助臂、支撑铲、后摆架、推桥液压马达等油路上，用于调节执行元件的稳定停止，保证执行元件负载停止时，无滑溜现象。

　　液压锁安装在前支撑铲、后摆架定位油缸、后摆架插销油缸等油路上。用于液压油缸的锁紧，防止液压油缸带动的锁紧机构自动脱开。

　　在车首前端有一对驱动前支承器的油缸。

　　前悬臂内装有液压马达，它输出扭矩驱动链条带动横轴转动，横轴上的一对销齿轮与安装在桥体上的销齿啮合，驱动桥体沿前悬臂前进或后退。前悬臂的内部前侧装有平衡阀和辅助臂油缸。前悬臂的尾部与底盘车的顶甲板之间由前悬臂油缸连接，它的伸缩可使前悬臂绕其轴摆动以保证桥体的俯仰。在前悬臂中部外侧装有开桥油缸，顶开桥跨上连接钩的拐臂，可使桥断开。

　　车尾的后摆架横梁与车尾的支座间装有后摆架变幅油缸，它的伸缩可使后摆架绕其轴摆动，完成连桥和叠桥动作。后摆架上横梁中布置了插销油缸用于带动桥跨运动。

　　系统共由8个支路组成：前悬臂、辅助臂、前支撑铲、后摆架变幅、后摆架插销、开桥、推桥马达等油路。液压油通过液压油泵后变成了高压油，通过多路换向阀到达各自的执行元件。多路换向阀是由八片独立换向阀组成的组合式换向阀。控制原理：高压液压油从液压泵出来后进入多路换向阀的进油联（第一联），并通过其内部油道到各联阀（第二联~第九联）的P口待命，各联阀可通过电信号控制或者手柄控制的方式来换向。如液压油进入第七联后摆架插销控制联后，手柄置于A位，液压油由P口进入B口，进入液压锁的右通道，进入液压缸的无杆腔，有杆腔的液压油通过液压锁的左通道，进入A口，通过T口流回进油联（第一联），再通过回油滤油器进入油箱，完成进销定位动作。当需要退销时，手柄置于B位，液压油由P口进入A口，进入液压锁的左通道，进入液压缸的有杆腔，无杆腔的液压油通过液压锁的右通道，进入B口，通过T口流回进油联（第一联），再通过回油滤油器进入油箱，完成退销动作。其他支路的工作原理与其相似，不再重复。

二、液压系统各主要元件

（一）液压油泵

1. 功用

液压油泵为动力转换装置，它把发动机的机械能转换成液压能。型号为V30D-

095RDN-1-03/LSN-260，由德国哈威（HAWE）公司生产。该泵为恒压控制和负载敏感控制的斜盘结构轴向柱塞变量泵，额定压力为 35MPa。

2. 工作原理

其工作原理图如图 7-48 所示。

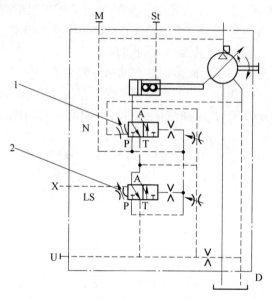

图 7-48　液压油泵
1—压力切断阀；2—负载敏感阀

泵的斜盘在传动箱动力的带动下转动，通过滑靴带动柱塞作往复运动，柱塞腔膨胀时进油阀打开，吸入从油箱来的液压油，柱塞腔压缩时进油阀关闭，排油阀开启，被柱塞压缩的高压油流出完成泵油动作。在泵的顶部有负载敏感阀和压力切断阀。负载敏感阀能根据多路换向阀开口大小，调整泵斜盘的倾斜角度，输出所需的流量。它的压力（1.6MPa）出厂时调定，不要随便调整。当系统压力超过 26MPa 时，压力切断阀迅速使泵排量处于最小位置，几乎不向系统供油，减小系统发热并且节约能源。26MPa 压力出厂时调定，不要随便调整。负载敏感口传递外载压力，控制泵排量的大小。

为防止泵体内有空气，损坏泵，在初次起动时必须使泵体内充满油液（从泄油口注油），油泵方可投入正常运转。

（二）液压马达

1. 功用

液压马达的功用为接受液压油泵的高压油并转变成扭矩驱动桥节前进和后退。型号为 GM1-300 7 GP V D47 +R13—/F10，由意大利 Sai 公司生产。该马达为曲轴结构径向柱塞马达，额定压力为 25MPa。

2. 结构及工作原理

液压马达由缸体、柱塞、偏心轴、耳轴、静压轴承、向心滚柱轴承、柱塞夹持环、轴流式配油盘、配油器、壳体等组成，如图 7-49 所示。

缸体和柱塞的轴线始终通过曲轴轴承套的中心，因而缸体与柱塞无侧向力，高压油从

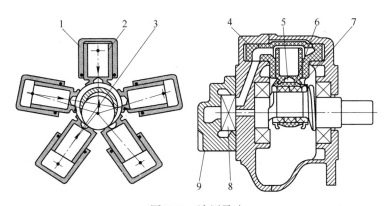

图 7-49　液压马达
1—缸体；2—柱塞；3—偏心轴；4—耳轴；5—静压轴承；6—向心滚柱轴承；
7—柱塞夹持环；8—轴流式配油盘；9—配油器

配油器的进油口进入与曲轴一起旋转的配油盘，并经壳体油道和摆缸耳轴处进入活塞上部，再经节流小孔进入柱塞下部平衡腔，此时通高压油的柱塞在油压力作用下，通过球面轴承套和滚柱把力传递到偏心轴上，曲轴在偏心力矩作用下转动，随着高压油进入，柱塞向轴心方向移动直到下死点止，柱塞腔通过配油盘开始与回油口接通，此时柱塞在曲轴的推动下被推离轴心方向移动，柱塞腔容积减小，低压油经摆缸耳环处通道、壳体油道、配油盘、配油器排到回油口，各柱塞依此接通高压和低压，各通高压的柱塞对输出轴中心所产生的驱动力矩同向相加，就使液压马达输出轴获得连续而稳定的回转扭矩。当改变油流方向时，便可改变液压马达的转向，如果将配流盘转过 180° 装配，也可实现液压马达的反转。注意：在初次使用或检修过液压马达后，必须在液压马达泄油口注满液压油后再开机。初次使用 15~20h 后必须将减速机中的液压油放尽（出厂时已做），注入清洁的液压油；每使用 800~1000h 后再将减速机中的液压油放尽，注入清洁的液压油。

（三）负载敏感多路阀

1. 功用

负载敏感多路换向阀可以用电信号控制也可用手柄控制，并且流量可按控制电流的大小或手柄开度的大小进行线性比例控制，这样就可控制油缸或马达的速度。型号为PSV55S1/270-3，由德国哈威（HAWE）公司生产，额定压力为 35MPa。

2. 结构及工作原理

负载敏感多路换向阀由十联独立的换向阀组成，可分为首尾联和中间联（图 7-50）。首联（第一联）布置了与泵和油箱连接的进出油口，同时内置压力保护阀和换向控制油路，用于限制系统最高压力和改变油液流向，尾联（第十联）为各油道的封堵块，用于封堵和沟通油道。第一联与油泵连接的口为进油口 P，与油箱连接的为回油口 R，在靠近电磁铁一侧标有 Ls 为负载压力传感口，与油泵 Ls 口相连，用于传递负载的压力，使泵变量。该阀换向既可以用电控制又可以用手柄控制，并且流量可按各阀手柄开启角度的大小进行线性比例控制。第二联到第九联上方为与执行元件连接的 A、B 口。手柄用于换向，改变它的角度或调整控制电流的大小可以改变流量的大小，进而改变液压缸和马达的运动速度。在换向联 B 口侧还有螺钉堵头，内置次级压力限制阀，用于限制相应液压缸、马达在该运动方向时的压力，保护液压缸或马达。每联换向阀中，除了主阀芯外，还有压力补偿阀，主阀芯用于换向和控制流量大小，压力补偿阀用于不管外负载如何变化，确保流量大小的精确控制。该阀所有压力在出厂时已经调定，不得随意改变。

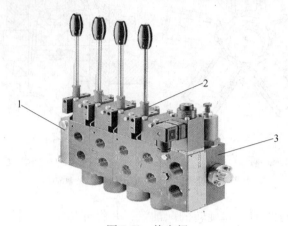

图 7-50　换向阀
1—首联；2—换向联；3—尾联

（四）平衡阀

1. 功用

在液压马达回路中连接了两只平衡阀，主要起安全作用和补油作用。当液压马达在桥的带动下作被动运转时，例如向低处架桥出桥时，液压马达被桥拖动旋转，桥跨会超速下行，失去控制，采用平衡阀后，可以稳定桥跨的运动速度。当使用换向阀使马达停止运动时，由于桥跨存在惯性，迫使马达还有运转趋势，为防止马达吸空，平衡阀会向吸油腔补油，保证液压马达不损坏。

在前悬臂油缸回路中在油缸上腔回路中装一只平衡阀，限制前悬臂超速下降，后摆架油路上有两只平衡阀，辅助臂及支撑铲油路上各有一只平衡阀。用于调节执行元件所控制机构的下降速度及确保稳定停止。

2. 结构及工作原理

平衡阀由单向阀、阀芯、平衡阀杆、阀体等组成，如图 7-51 所示。

当平衡阀处于供油工况时，压力油经管路进入平衡阀 II 腔，并顶开单向阀的阀芯，进入单向阀的压力油一路经单向阀从 A 口流出，进入工作缸，另一路经 IV 腔进入平衡阀杆上的油道，该油道在弹簧力的作用下，被钢球封闭。当平衡阀处于回油状况时，由于 C 口与液压缸进油口相连，且具有一定压力，于是，C 口的压力油推动阀芯，顶开平衡阀，使从 A 口进入的回油，经单向阀进入 III 腔，进入平衡阀杆与阀体的环形槽内，再经 II 腔从 B 口回油箱。当液压工作回路停止工作时，平衡阀杆在弹簧力作用下关闭油路，使液压缸不能回油而将油路单向锁住，保证液压缸负载停止时，无滑溜现象。

（五）液压锁

1. 功用

液压锁保证油缸在不工作时可靠的被锁死在固定状态，避免因油缸自行滑溜引起事故，在前支撑铲、后摆架插销、开桥等油路都装有液压锁。

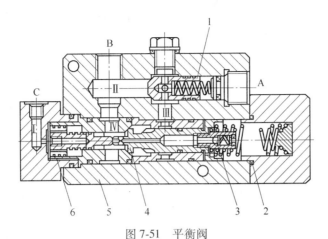

图 7-51 平衡阀

1—单向阀阀芯；2—O 形密封圈；3—钢球；4—平衡阀杆；5—阀体；6—阀芯

2. 结构及工作原理

液压锁由阀体、滑阀、单向阀等组成，如图 7-52 所示。

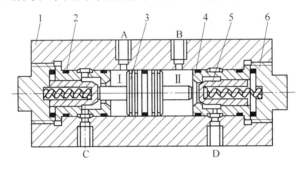

图 7-52 液压锁

1—阀体；2—O 形密封圈；3—滑阀；4—阀座；5—单向阀；6—螺塞

A、B、C、D 为四个油口，其中 A、D 接油路的进、出油管，B、C 接液压缸的进、出油管。当压力油从"A"口进入 I 腔后，I 腔的压力增加，一路使滑阀向右移动，顶开右边的单向阀，使得液压缸中排出的油进入 II 腔，经 B 口回油箱；另一路在滑阀右移的同时，顶开左边的单向阀，使 I 腔的油经 C 口进入液压缸，推动液压缸工作，此时形成 A→C→液压缸→D→B 的通路。反之形成 D→C→液压缸→B→A 的通路。如果供油停止，滑阀居中间位置，则 A 与 C、B 与 D 油道均被堵塞，实现双向锁紧。

（六）液压缸

架桥车上采用的液压油缸是普通、常见的液压缸，主要由缸体、活塞杆、活塞、密封圈等组成。其中前悬臂油缸、辅助臂油缸、后摆架油缸内部布置了行程传感器，属于精密元件，在检修油缸时注意不要用力碰撞。油缸性能参数如表 7-6 所示。

（七）滤油器

滤油器采用温州黎明液压件厂生产 GP-A500×10Q2Y 和 RFA-25×10L-Y 型回油滤油器装在液压油箱上部，过滤精度 10μm，带发讯装置，当滤芯堵塞到进出口间压差 0.35MPa 时便发出讯号，作业的操作面板指示灯便会亮起示意，这时应及时清洗或更换。GP-A500

×10Q2Y 型滤油器的滤芯型号为 GP500×10Q2，RFA-25×10L-Y 型滤油器的滤芯型号为 FAX-25×10。

表 7-6 油缸性能参数表

序　号	名　　称	行程/mm	缸径/mm	杆径/mm	数量
1	前支撑铲	810	160	85	2
2	前悬臂	1090	190	55	2
3	辅助臂	545	80	40	1
4	后摆架变幅	960	125	63	1
5	后摆架插销	+126，−126	50	25	1
6	开桥	100	40	25	2

CFF-515×100 吸油滤油器装在油箱下方，在清洗滤油器、更换滤芯时应先关闭自封阀（将端盖螺钉旋出），防止油箱内液压油流出，在完成维修工作后，必须将螺钉位置拧回原位。

（八）液压油箱

液压油箱是液压油的贮存、滤清和散热的装置。粗滤器、磁性精滤清器、加油滤网都在其中，油箱下部有沉淀池也起一定的滤清作用。

（九）应急液压泵

应急液压泵为径向柱塞泵，当主液压油泵损坏而又急于架桥或必须移动桥体保养车时，用它作补充动力代替主液压油泵供油完成移桥任务，它由电机带动，因此连续工作时间不得超过 20min，否则车内蓄电池组的电力将被耗尽。

三、作业装置液压系统修理

（一）修理工艺流程

液压系统由液压油泵、液压马达、液压缸、多路换向阀、平衡阀、液压锁、单向阀、油管、油箱、滤清器、压力表及开关、油温表、各种管接头等组成。修理前，首先对液压系统各元件外部进行清洗；检查油管油路及各类接头是否连接紧固，无泄漏、滑丝、破损，如有进行油管、接头更换；检查油箱箱体是否锈蚀、变形、破裂，如有对油箱进行除锈、校正或补焊，检查滤油器滤芯是否符合技术要求，若不符合要求更换滤芯；拆卸分解各液压元件。在液压元件的修理过程中，油泵修理重点是检查轴承、柱塞、滑靴是否有裂纹、磨损、变形，密封件是否失效，酌情进行修复或更换；对滤清器重点检查感应塞连接线是否有破损，滤芯是否破损或堵塞，酌情进行清洗或更换；对阀组需检查阀杆、阀芯是否有划痕或锈蚀，弹簧、密封件是否失效，酌情进行修复或更换；对液压缸需检查活塞杆是否有拉伤或磨损，缸体内壁有无拉伤、偏磨、锈蚀，导向套有无磨损、破裂，密封件是否失效，酌情进行修复或更换；对液压马达需检查缸体、柱塞、配油盘、偏心轴、花键轴是否有拉伤或磨损，检查密封件是否失效，酌情进行修复或更换。修理完成后转入装配环节，按技术要求装配各液压元件，对油泵、各阀组、各液压缸、液压马达进行压力试验，进行液压系统元件总装与检验。液压系统修理工艺流程如图 7-53 所示。

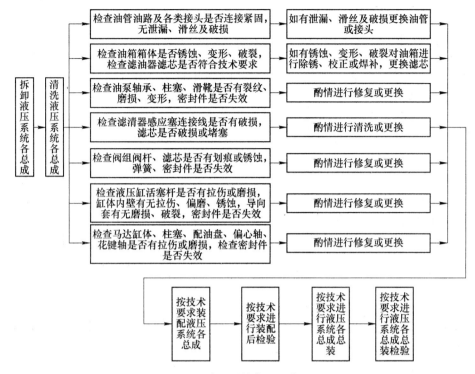

图 7-53　液压系统修理工艺流程

（二）液压油泵的修理

1. 拆卸

（1）用扳手拆下油管接头。

（2）拆下固定螺钉。

（3）拆下进油阀、排油阀、负载敏感阀和压力切断阀。

（4）拆下连杆销、连杆、轴承。

（5）拆下泵体。

（6）取出缸体。

（7）拆下柱塞、滑靴、斜盘。

2. 检修

（1）柱塞与孔的配合间隙应为 0.02~0.03mm。

（2）柱塞与滑靴的轴向配合间隙为 0.05mm。

（3）在装配前，将所有零件、部件全面检查一次，各部毛刺、飞边是否均已清除，是否划伤、碰磕损坏，各配合表面是否达到精度。

（4）检查轴承是否有裂纹或变形。

（5）检查油封、O 形密封圈是否有裂纹或变形。

3. 装配

（1）装配次序为：

1）将柱塞、滑靴组按顺序置于回程盘上，然后垂直地把柱塞对号放入缸体孔内。

2）放置缸体。

3）安装泵体。

4）安装连杆销、连杆、轴承。

5）安装进油阀、排油阀、负载敏感阀和压力切断阀。

6）安装固定螺钉。

7）安装油管接头。

（2）装配技术要求为：装车后，液压油泵应正、反向运转正常，不允许漏油和有异常噪音。

4. 修竣检验

（1）油泵转动无卡滞现象。

（2）密封性能应良好，无漏油现象。

（3）各油管接头应拧紧，无渗漏现象。

（4）进行排量检查试验、容积效率检查试验、变量特性试验和外渗漏检查试验。

5. 注意事项

（1）各零部件在装配前均要仔细清洗，严防杂质、污物、织物混入。

（2）柱塞要装回原柱塞孔，以保持自然磨损间隙。

（3）拆前应在泵体及泵盖上作对应记号，以便重新装配时斜盘保持原有的倾斜方向。

（4）在清洗零件时应注意各密封件不得清洗，以防密封件腐蚀变形，影响密封性能。

（5）安装时用力要均匀。

（6）液压泵是较为复杂的机构，采用原装配件维修。

（三）液压马达的修理

1. 拆卸

（1）用扳手拆下油管接头。

（2）拆下固定螺钉，取下马达。

（3）拆下配油盘的固定螺钉，卸下配油盘。

（4）取出配油器。

（5）取出耳轴、缸体、柱塞。

（6）拆下轴承、偏心轴。

（7）拆下静压轴承、向心滚柱轴承及柱塞夹持环。

2. 检修

（1）柱塞与孔的配合间隙应为 0.02~0.03mm。

（2）在装配前，将所有零件、部件全面检查一次，各部毛刺、飞边是否均已清除，是否划伤、碰磕损坏，各配合表面是否达到精度。

（3）检查轴承是否有裂纹或变形。

（4）检查油封、O形密封圈是否有裂纹或变形。

3. 装配

（1）装配次序为：

1）在偏心轴上装上静压轴承、向心滚柱轴承及柱塞夹持环。

2）将柱塞对号放入缸体内。

3）安装耳轴。

4）安装轴承。

5）安装壳体。

6）安装配油器及配油盘。

7）安装固定螺钉。

8）安装油管接头。

（2）装配技术要求为：装车后，液压马达应正、反向运转正常，不允许漏油和有异常噪声。

4. 修竣检验

（1）马达转动无卡滞现象。

（2）密封性能应良好，无漏油现象。

（3）各油管接头应拧紧，无渗漏现象。

5. 注意事项

（1）各零部件在装配前均要仔细清洗，严防杂质、污物、织物混入。

（2）柱塞要装回原柱塞孔，以保持自然磨损间隙。

（3）在清洗零件时应注意各密封件不得清洗，以防密封件腐蚀变形，影响密封性能。

（4）检修过液压马达后，必须在液压马达泄油口注满液压油后再开机。

（四）负载敏感多路换向阀的修理

1. 拆卸

（1）用起子拆下电源插头。

（2）拆下固定螺钉，取下电磁阀。

（3）取下阀体底部的 O 形圈。

（4）卸下橡胶螺母，取出 O 形圈。

（5）取下电磁线圈。

（6）取下另一端的橡胶螺母、O 形圈、电磁线圈。

（7）取下电磁线圈。

（8）卸下电磁铁，取出弹簧、阀片。

（9）取出阀芯。

（10）卸下另一端的电磁铁，取出弹簧、阀片。

2. 检修

（1）用清洗液对拆下的零部件进行清洗，在清洗零件时应注意各密封件不得清洗，以防密封件腐蚀变形，影响密封性能。

（2）检查阀芯是否有拉伤或磨损，阀芯表面应光洁无伤。

（3）密封圈是否有裂纹或变形。

（4）检查弹簧弹力是否符合要求。

3. 装配

（1）装配次序为：

1）在阀体内壁和阀芯表面注入少量液压油，以便于润滑和装配。

2）装上阀芯，装上阀片及弹簧。

3）装上电磁铁。

4）装上另一端的阀片、弹簧，装上电磁铁，用扳手拧紧到位。

5）装上电磁线圈、O形圈，装上橡胶螺母，并拧紧。

6）装上另一端的电磁线圈、O形圈，装上橡胶螺母，并拧紧。

7）装上阀体底部的O形圈。

8）装上电磁阀，装上固定螺钉。

9）装上电源插头。

（2）装配技术要求包括：

1）安装固定必须位置正确、牢固可靠，与安装底板的结合面必须清洁，密封件完好无损。

2）要求手动换向和电动换向连续动作10次，多路阀手柄操作应轻便灵活，无卡滞现象，定位准确可靠。

4. 修竣检验

（1）电磁阀工作应正常，无卡滞现象。

（2）阀体密封应良好，无渗漏现象，多路换向阀装上全部接头，进行耐压35MPa的泄漏试验，如有漏油现象，不能使用。

5. 注意事项

（1）各零部件在装配前均要仔细清洗，严防杂质、污物、织物混入。

（2）在清洗零件时应注意各密封件不得清洗，以防密封件腐蚀变形，影响密封性能。

（3）安装时用力要均匀。

（五）油缸的修理

1. 拆卸

（1）用扳手拧松油管接头。

（2）拔出开口销。

（3）卸下固定螺母。

（4）用铜棒打出固定螺杆，取下油缸。

（5）用月牙扳手拧松油缸固定螺母，用手拉葫芦吊出活塞杆。

（6）取下卡簧，取下挡圈及锁片。

（7）拔出活塞。

（8）取下导向套，取下油环及密封圈。

2. 检修

（1）用清洗液对拆下的零部件进行清洗，在清洗零件时应注意各密封件不得清洗，以防密封件腐蚀变形，影响密封性能。

（2）检查活塞杆是否有拉伤或磨损；活塞杆表面应光洁无伤，其弯曲量在 0.05～0.15mm 时应进行校正；如活塞杆表面出现沟槽、凹痕，轻微时可用胶粘剂修补或用细油石修磨；如严重或镀铬层剥落、有纵向划痕时，应重新镀铬或更换新品。

（3）检查缸体内壁的磨损情况；有无拉伤、偏磨、锈蚀等现象；如拉伤、锈蚀不严重时可用细砂纸加润滑油进行打磨；如拉伤、偏磨或磨损严重时，应更换。

（4）检查油封、密封圈是否有裂纹或变形。

（5）检查防尘圈是否有裂纹或变形。

（6）检查导向套是否磨损严重，是否破裂，如有裂纹应更换；导向套内孔有无拉伤，与活塞杆的配合间隙超过1mm时，可将导向套内圆镀铁或镶套或者更换导向套。

3. 装配

（1）装复前在活塞杆的摩擦表面涂上少量液压油，以便于润滑和装配。

（2）装上O形圈，装上导向套。

（3）装上油环及密封圈。

（4）依次装上锁片、挡圈、卡簧。

（5）在缸体内壁和活塞杆上涂上液压油。

（6）装上活塞杆，并拧紧固定螺母。

（7）装上油缸，插入固定螺杆，拧紧螺母。

（8）装上开口销。

（9）装上油管接头。

4. 修竣检验

（1）油缸密封应良好。

（2）活塞杆运动应灵活，无卡滞现象。

（3）各油管接头应拧紧，无渗漏现象。

（4）进行耐压试验，不能漏油和渗油。

5. 注意事项

（1）各零部件在装配前均要仔细清洗，严防杂质、污物、织物及毛头混入。

（2）在清洗零件时应注意各密封件不得清洗，以防密封件腐蚀变形，影响密封性能。

（3）安装时用力要均匀。

（六）平衡阀的修理

1. 拆卸

（1）用扳手拆下各油管接头。

（2）拧松固定螺母，拔出螺杆，取下平衡阀。

（3）用内六角扳手卸下两端盖固定螺钉，卸下端盖。

（4）取出阀座，取出弹簧，拿出阀芯。

（5）用内六角扳手卸下前端的固定螺母。

（6）依次取出弹簧、阀芯。

2. 检修

（1）用清洗液对拆下的零部件进行清洗，在清洗零件时应注意各密封件不得清洗，以防密封件腐蚀变形，影响密封性能。

（2）检查阀芯是否有拉伤或磨损，阀芯表面应光洁无伤。

（3）密封圈是否有裂纹或变形。

（4）检查弹簧弹力是否符合要求。

（5）将拆卸下来的零部件进行外部检查，对锈蚀的部件用细砂纸进行除锈。

3. 装配

（1）装复前在阀芯、阀体内壁等摩擦表面涂上少量液压油，以便于润滑和装配灵活。

（2）装上阀芯，装上前端盖，用内六角扳手拧紧四个固定螺钉。

（3）装上阀芯，弹簧，拧紧固定螺母。

（4）装上弹簧，装上阀片，装上后端盖；并用内六角扳手拧紧固定螺钉。

（5）在阀体内注入少量液压油，装上平衡阀。

（6）插入固定螺杆，拧紧螺母。

（7）装上油管接头。

4. 修竣检验

（1）各油管接头应拧紧，无渗漏现象。

（2）阀体密封应良好。

（3）平衡阀性能稳定，工作应正常。

（4）进行开启压力试验，应符合设计要求，不得有外渗漏。

5. 注意事项

（1）各零部件在装配前均要仔细清洗，严防杂质、污物、织物混入。

（2）在清洗零件时应注意各密封件不得清洗，以防密封件腐蚀变形，影响密封性能。

（3）安装时用力要均匀。

（七）液压锁的修理

1. 拆卸

（1）拆下液压锁上连接油管。

（2）拆下四个固定螺栓。

（3）取下液压锁。

（4）拆下液压锁两端堵头。

（5）取出弹簧，取出单向阀。

（6）取下密封圈。

（7）取出阀体。

（8）取出阀座阀杆，取出阀芯。

（9）取下密封圈。

2. 检修

（1）用清洗液对拆下的零部件进行清洗，在清洗零件时应注意各密封件不得清洗，以防密封件腐蚀变形，影响密封性能。

（2）检查滑阀、阀座及单向阀是否有拉伤或磨损，表面应光洁无伤。

（3）密封圈是否有裂纹或变形。

（4）检查弹簧弹力是否符合要求。

（5）将拆卸下来的零部件进行外部检查，对锈蚀的部件用细砂纸进行除锈。

3. 装配

（1）装配前，在阀芯、阀体内壁等摩擦表面涂少量液压油。

（2）装上阀杆密封圈。

（3）装入阀芯。

（4）装入阀体。

（5）装入密封圈。

（6）装入单向阀。

（7）装入弹簧。

（8）装上堵头。

（9）将液压锁固定在车体上，连接各油管并拧紧。

4. 修竣检验

（1）各油管接头应拧紧，无渗漏现象。

（2）阀体密封应良好。

（3）性能稳定，工作应正常。

5. 注意事项

（1）各零部件在装配前均要仔细清洗，严防杂质、污物、织物混入。

（2）在清洗零件时应注意各密封件不得清洗，以防密封件腐蚀变形，影响密封性能。

（3）安装时用力要均匀。

（八）液压油箱的修理

1. 检查

（1）检查油箱箱体锈蚀、变形、破裂情况及油箱附属各元器件、紧固件有无变形或者损坏，有无漏油、渗油现象。

（2）放油活门处，在通入 0.0245~0.0736MPa 压力空气下，允许滴漏但不允许成流。

（3）严格清洗，箱内污染等级达 18/15 级要求。

（4）吸油过滤器法兰盘密封面不允许渗漏油。

2. 清洗

对油箱箱体除锈、清洗，对各元器件、紧固件进行清洗。

3. 更换

（1）按照保养规定更换滤油器滤芯。

（2）液压油清洁度、黏度若不符合技术要求应及时更换液压油。

（3）各元器件、紧固件若有变形或者损坏，应进行修复或者更换。

4. 安装

安装油箱时，固定爪外端要突出板条或与板条齐平，紧紧夹在胶垫之间，胶垫压紧厚度变形量不小于 3mm，以保证油箱固定牢固可靠。

（九）液压油滤清器的修理

1. 拆卸

（1）拆下两端连接油管，拆下感应塞连接线。

（2）拆下底座上螺母，拆下卡箍。

（3）取下滤清器。

（4）分解滤清器，拆下感应塞。

（5）拆下滤清罩。

（6）旋出滤芯。

2. 检修

（1）清洗滤清器滤芯。

（2）检查滤清器滤芯是否破损或严重堵塞，如有上述情况则更换。

（3）检查感应塞连接线是否有破损，如有需更换。

3. 装配

（1）装入滤芯。

（2）旋上滤清罩并拧紧。

（3）装上感应塞。

（4）将滤清器装到车上，并装上连接线。

（5）装上卡箍并将底座固定螺母装入。

（6）装上两端油管。

4. 修竣检验

（1）检查滤清器电源插头接触是否良好。

（2）检查油管连接处是否拧紧，有无渗漏现象。

（3）在 35MPa 压力下应无外漏现象。

5. 注意事项

（1）各零部件在装配前均要仔细清洗，严防杂质、污物、织物混入。

（2）在清洗零件时应注意各密封件不得清洗，以防密封件腐蚀变形，影响密封性能。

（3）安装时用力要均匀。

（十）液压系统的通用修理要求

1. 装配通用技术要求

（1）装配前必须清理或清洗干净，达到清洁度技术要求。

（2）安装位置正确，固定牢固可靠。

（3）所有安装的元件外观完好。

（4）管路走向符合要求，排列整齐，元件之间必须保持一定间隙。

2. 系统管道安装

（1）管路安装应符合管路安装图的要求，管路走向顺畅，排列整齐，固定可靠，并在适当位置安装管路固定夹。

（2）高压软管安装及工作时的最小弯曲半径不得小于外径的 5 倍。

（3）管子弯曲加工时，允许椭圆度为 10%，弯曲部分的内外侧形状应规则，外侧不允许有锯齿形，内侧不允许有波纹凸凹不平、扭坏或压坏，扁平弯曲部分的最小外径不得小于圆管外径的 70%。

（4）管子用锯或专用工具切断，其断面与轴方向垂直度为 90°±0.5°，锐边倒钝并清除铁屑。

（5）带法兰的管的连接，在拧紧螺钉时严禁使用不合适的扳手，且必须对称交叉逐次拧紧。

（6）安装所有管件，在安装前都必须是经酸洗或清洗，达污染等级要求后方能正式安装。

3. 试压与试运转

系统试压应在系统修竣安装完毕，并经系统清洗合格后进行。

试压前确定液压马达内部、液压油泵内部充满干净的油液，启动系统空运转 30min 以上，并逐步排除系统管道中的空气。

试压的试验压力用专门的测压仪表来测试，前悬架工作回路、支撑器工作回路的试验压力为工作压力（25MPa）的1.25倍，即30MPa，推桥回路、后摆架拉力回路试验压力为25MPa。

试验压力应逐级升高，每级3~5MPa，每升高一级稳压2~3min，试压过程中应经常检查，发现故障及时排除。达到试验压力后，保压10min，然后降至工作压力，进行全面检查，系统中所有焊接接头，接头和连接口处无漏油，管道无永久性变形为合格。

试运转主油路和各油路分别有不同的要求。

（1）主油路试运转的要求：

1）向油箱加注的液压油必须经过滤，污染度等级达到NAS7级，且加至规定的油面高度（液压液位计的液位显示范围内）。

2）液压泵空载运转10min，确认无任何异常后，以作业工况加载法，使各动作负荷压力分级升压，每级升压3~5MPa运转10min，最后调整主溢流阀至25MPa并锁紧调节螺母。

（2）各油路试运转的要求：

1）各油路通过油缸、马达多次动作，排尽管路及油缸内的空气，使之在工作中平稳无抖动现象。

2）马达在初次运转15~20h后，必须将减速机中的液压油放尽，重新注入液压油。

3）运转调试过程中，所有元件和管路均不应有漏油、异常振动和不规则的冲击声。

4. 液压系统的使用维护

（1）加注液压油时，要防止水进入液压油中，以免降低液压油的润滑性能和酸值增加腐蚀液压元件。不论油液是否为新买的，都必须反复过滤，达到17/14（ISO 4406）等级后，方可加入液压油箱。换油时须将油箱内的旧油全部放完，并把油箱的回油管拆开，用临时油桶接油，点动油泵，用新油把油管内的"旧油"推出。加油时注意油桶口、油箱口、滤油机进出油管的清洁。当滤油器报警时要立即更换滤芯（不推荐清洗被堵塞的滤芯），否则将会损坏油泵、换向阀等元件。

（2）长期停放的冲击桥，新起用液压油泵或液压马达时，一定先使液压油泵或液压马达充满油（在泄油口注入清洁油液），并在无荷载条件下启动运转10min，油泵空转时系统油压不应大于1MPa。

（3）工作过程中或二级保养时均要仔细检查油泵固定及对中是否良好。各管接头连接是否紧固。发现漏油应立即停车检查，排除故障后再投入运转。

（4）在二级保养时通过油压表检查液压系统压力是否达到25MPa以上，达不到时可调整泵上的调整螺钉，若调整后液压油泵压力仍达不到要求时，应更换或检修油泵。

（5）每次出车前应首先检查液压油是否加注到标准容量。

（6）操作过程中注意观察和监听各液压元件工作是否平稳、正确，如发现异常现象应及时停车检修以免造成大的损失，工作恢复正常后再继续架设。

（7）在液压系统进行耐压试验时禁止靠近高压管道。

（8）在高压系统工作时，即使有微小喷泄现象也应停机检修，严禁用手去堵，不许眼睛对着孔去看，避免压力油击伤人员。

（9）检查故障时按先易后难，先机构后电路再液压的顺序进行。液压系统的故障检查也应遵守由简到繁的原则进行。即：从仪表、附件、油缸、阀、泵的顺序先后进行。分区判断逐步缩小区域，找准故障再动手检修。

（10）为防止工作中油温过高造成液压油黏度降低、泄漏量增大、效率降低、液压油氧化加快、油的寿命降低、油封腐蚀等，应注意：连接运转时间不宜过长。夏季高温季节气温在 35℃ 以上时连续运转时间不宜超过 40min。冬季温度太低应注意使液压油温保持正常，在液压油温低于 5℃ 时不易给液压系统加负荷。待油温升高后再开始作业。

（11）冲击桥使用的液压油为：46 号低温液压油（46 号 HV 油）和 10 号低温液压油（10 号 HV 油）。夏季：用 46 号低温液压油。（最低气温在 -5℃ 以上地区冬、夏通用）。冬季：用 10 号低温液压油（最低气温在 -5℃ 以下地区）。一般结合换季时更换液压油。从五月一日到十月三十一日为夏季使用期间；从十一月一日到四月三十日为冬季使用期间。换液压油时应对液压系统及油箱进行清洗，但从冬用油向夏用油更换时不必做彻底清洗，而夏用油换成冬用时必须以冬用油或煤油，柴油把系统清洗干净，以免残留的夏用油在低温时析蜡，造成粗滤堵塞，使液压系统不能工作。如果通过液位计发现原先油箱中透明的油液变成了混浊或不透明，应更换液压油。

四、液压系统常见故障与排除

液压系统常见故障及排除方法见表 7-7。

表 7-7　液压系统常见故障及排除方法

序号	故障现象	原　因	排除方法
1	油泵已经接通，操纵盒上的工作油缸开关已扳向相应位置，但油缸不动作	1. 忘记将操纵盘盒的"电源开关"扳向工作位置，电路不通； 2. 液压油箱缺油； 3. 油泵损坏，油压上不去； 4. 发动机转速不够，油泵供油不足； 5. 进油管松动，有空气进入油泵或油管	1. 将"电源开关"扳向工作位置； 2. 添加液压油； 3. 拆卸油泵进行修理或整个更换油泵； 4. 加大油门，提高发动机的转速； 5. 拧紧管接头，必要时排除管路的空气
2	液压元件接头处漏油	1. 管接头松动； 2. 元件接头处衬垫或垫圈破坏	1. 拧紧接头； 2. 更换衬垫或垫圈
3	油缸受力活塞杆缓慢伸缩	平衡阀和双向液压锁漏油或损坏	更换油缸活塞上密封件修理或更换
4	油缸漏油	油缸端盖油封损坏	拆换油封
5	油马达漏油	油马达密封圈损坏	更换密封圈
6	各照明灯、指示灯中有的不亮	灯泡坏或线路断，或行程开关失灵	更换灯泡及行程开关或查找电路所断之处
7	扳动操纵盒上一个动作开关，出现 2 个（或多个）动作故障，指示灯发亮	控制线或接头处出现了并联故障	查找出并联部位并排除
8	滚轮轴承碎裂	1. 质量问题； 2. 局部过载	1. 更换轴承； 2. 保证轴承润滑良好

续表7-7

序号	故障现象	原 因	排除方法
9	滚轮组不易进入导轨	桥节小端两导轨的间距太小	检查两导轨的距离并根据需要进行调整： 1. 松开两端锁紧螺母； 2. 将撬杠或挺杆插入调整杆中间的调整孔内； 3. 转动调整杆，使两导轨腹板距离为1234±2mm
10	滚轮组容易脱出导轨	桥节小端两导轨的间距太大	

第五节 履带式综合扫雷车工作装置液压系统

一、液压系统组成与原理

液压系统由一个三联齿轮油泵（CBZ2050/040/032）的右矩形花键提供动力，执行元件有13个油缸（其中4个开盖油缸，2个发射架油缸，2个磁扫油缸，2个举升油缸，2个平衡油缸和一个通标油缸）。控制元件有电磁换向阀（DG4V-3-2B-M-H-40，DG4V-3-2C-M-W-H-40和4WE10E20B/AG24NZ5L）、电磁溢流阀（YFE1H-L20H4-S）、卸荷溢流阀（HY-HD20）、平衡阀（QY16-1210）、叠加式单向阀（Z2S6-3-40）、减压叠加阀（DGMX2-3-PP-FW-20）、节流阀、截止阀等，辅助元件有油箱、管路、接头、滤油器、蓄能器、压力表等。整个液压系统原理图见图7-54。

（一）主油路结构

主油路的结构（见图7-55）。它主要由三联齿轮泵20、压力油路滤清器5、回油路滤清器14、截止阀18、电磁溢流阀19、油箱17、四块阀板4、7、13、16及其各种阀和管路组成。

（二）爆扫液压系统组成与原理

爆扫液压系统主要由4个仓门油缸，2个发射架油缸，2个单向节流阀，1个叠加单向阀，2个电磁换向阀和与其他作业系统共用的齿轮泵、电磁溢流阀、各种油滤、压力表开关等件组成。原理图见图7-56。发射架液压油路结构见图7-57，它由两个发射油缸和两个节流阀及其管路组成。与其相连接的主油路阀板上装有叠加式单向阀。开盖液压油路结构如图7-58所示，它是由四个油缸、两个节流阀及其管路组成。

开盖、发射架、磁扫油路的电磁换向阀安装在同一块大阀板上，发射架油路中装有叠加式单向阀，由三联泵排量32mL/r的小泵供油，常开式电磁溢流阀限定压力，电磁铁不通电时，则溢流阀在调定压力（25MPa）下工作。

当DT1和DT16同时接通时，仓门油缸活塞杆伸出，将门打开；若DT2和DT16同时接通时，仓门油缸活塞杆回缩，门关闭。把两个单向节流阀调整到适当的开度，就能实现左、右门顺序打开。当DT3和DT16同时接通时，发射架油缸活塞回缩，发射架升起；若DT4和DT16同时接通时，活塞伸出，发射架下落。由于叠加式单向阀的作用，发射架升起来停在任何位置，不会自行下落。用节流阀来调节发射架升降速度。

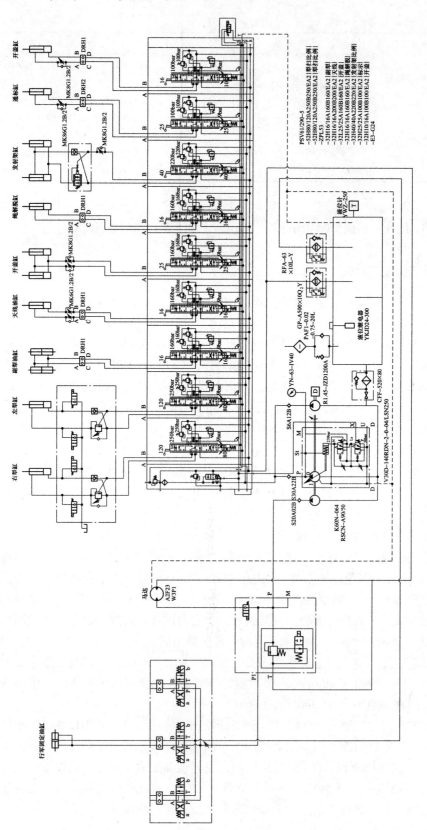

图 7-54 液压系统组成与原理

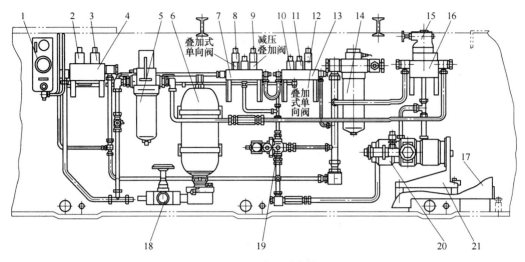

图 7-55　主油路安装

1—仪表盘　2，3—犁左右油缸电磁换向阀；4—阀板总成；5—压力油路滤清器；6—蓄能器；7，13—大阀板总成；
8—犁举升油缸电磁换向阀；9—标示口油缸电磁换向阀；10—磁扫油缸电磁换向阀；11—开盖油缸电磁换向阀；
12—发射架油缸；14—回油路滤清器；15—溢流阀；16—阀板总成；17—液压油箱；
18—截止阀；19—电磁溢流阀；20—三联齿轮泵；21—三联齿轮泵安装支架

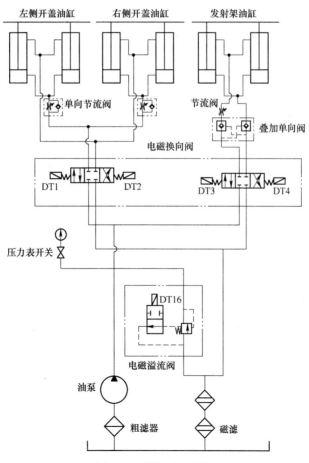

图 7-56　爆扫液压系统

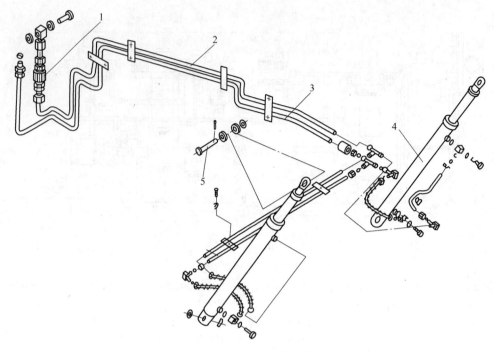

图 7-57 发射架油路安装

1—节流阀；2—由主油路进入油缸有杆腔管路；3—由主油路进入油缸无杆腔管路；

4—发射架油缸；5—油缸与发射架连接轴

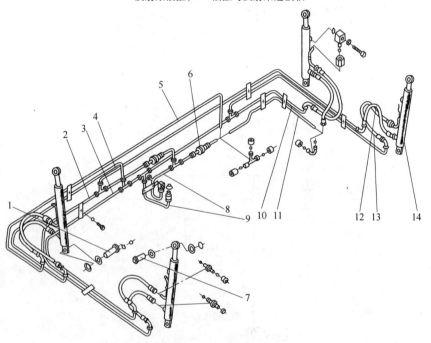

图 7-58 开盖油路安装

1—油缸与车体支座连接轴；2，5—进左侧两油缸无杆腔管路；3，4—进左侧两油缸有杆腔管路；

6—单向节流阀；7—油缸与仓门连接轴；8—由主油路到油缸无杆腔管路；9—由主油路到油缸有杆腔管路；

10，13—进右侧两油缸有杆腔管路；11，12—进右侧两油缸无杆腔管路；14—开盖油缸

（三）磁扫液压系统组成与原理

磁性扫雷装置液压系统是由 2 个油缸、1 个电磁换向阀、2 个分流集流阀和与其他作业系统共用的齿轮泵、电磁溢流阀、各种油滤、压力表开关等件组成，液压原理见图 7-59。磁扫液压油路结构见图 7-60。它由两个磁扫油缸、两个分流集流阀及其管路组成。磁扫、爆扫油路的电磁换向阀装在同一块阀板上，由三联泵中 32mL/r 的小泵供油，常开式电磁溢流阀限定压力，当通电时在调定的压力下工作。当 DT5 和 DT16 同时接通时，油缸活塞杆伸出，把磁棒举升。当 DT6 和 DT16 同时接通时，油缸活塞杆收缩，磁棒下落。磁扫油路中的两个分流集流阀能更有效地保证磁棒伸出、回缩同步进行。

其部件检修方法见爆扫液压系统修理。

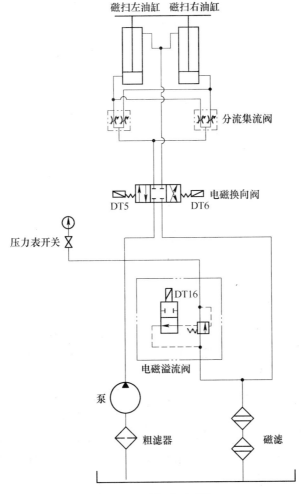

图 7-59　磁扫液压系统

（四）犁扫液压系统组成与原理

犁扫液压系统主要由 2 个举升油缸，2 个（左、右）平衡油缸，1 个叠加单向阀，2 个平衡阀，3 个电磁换向阀和与其他作业系统共用的泵、蓄能器截止阀、卸荷溢流阀、电磁溢流阀、压力表及开关、油滤等组成，原理如图 7-61 所示。犁扫高压油主要由两个大

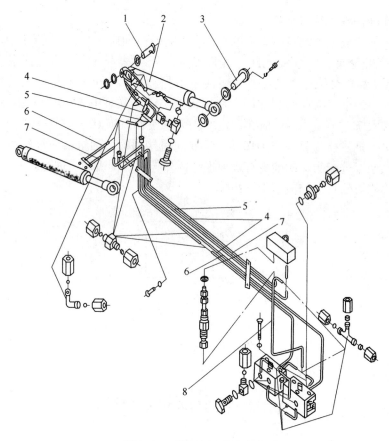

图 7-60 磁扫液压油路安装

1—与底座连接轴；2—油缸；3—与摆杆连接轴；4—由分流集流阀进右侧油缸无杆腔管路；
5—由主油路进右侧油缸有杆腔管路；6—由分流集流阀进左侧油缸无杆腔管路；
7—由主油路进左侧油缸有杆腔管路；8—由主油路进分流集流阀管路

泵和蓄能器供油，也可由两个大泵和小泵（通过电磁溢流阀调压，接通电磁换向阀 DT7），蓄能器同时供油。犁扫作业时，除通标油路外，其他作业系油路全部停止工作。卸荷溢流阀、电磁溢流阀都调到 25MPa 开始溢流卸荷。蓄能器补充系统内漏造成的压力损失。犁举升、通标油路的电磁换向阀和二通阀安装在一块阀板上，它由两个大泵及蓄能器供油，在举升油路中有叠加式单向阀。

犁举升液压油路结构如图 7-62 所示。它是由两个举升油缸及其管路组成。油缸无杆腔端与车体支座铰接，有杆腔一端与安装板铰接。当活塞直伸出时支撑安装板向上翻转，将整个犁扫装置举升。反之，下落。

犁平衡油路的两个电磁换向阀在一块阀板上，也由两个大泵及蓄能器供油，卸荷溢流阀控制蓄能器的充液，当系统压力降到 25MPa 的 90%~80% 时，泵给蓄能器充液（这时系统能正常工作），当压力达到 25MPa 时卸荷溢流阀卸荷。犁平衡油路结构如图 7-63 所示，它是由两个油缸、两个平衡阀及其管路组成。油缸无杆腔端与安装板铰接，有杆腔一端与犁体铰接。油缸活塞伸缩可以控制犁扫作业深度，并承受车体的向前推力。

当 DT8 接通，举升油缸活塞伸出，将犁举升，由于叠加式单向阀作用，犁停止在任何位置都不会自行下落。若接通 DT9，举升油缸活塞缩回，犁下落。当 DT12、DT14 和 DT7、DT16 同时接通时，左右平衡油缸活塞杆伸出，将犁提升；若 DT13、DT15 和 DT7、DT16 同时接通时，左右平衡油缸活塞杆回缩，犁下落。平衡阀保证油缸工作平衡并可定在任何位置。

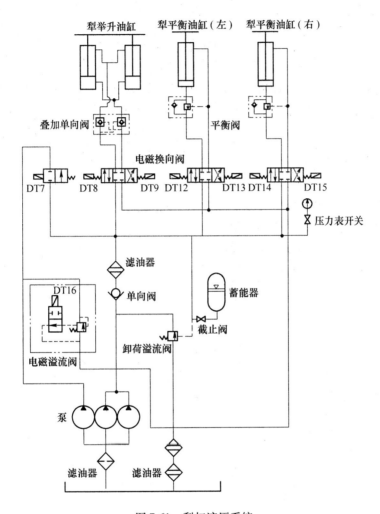

图 7-61　犁扫液压系统

（五）通路标示装置液压系统组成与原理

通路标示装置的液压系统包括通标油缸、节流阀及压力表、电磁换向阀、减压叠加阀以及与其他系统共用的泵、卸荷溢流阀、蓄能器、截止阀、各种油滤等。原理图见图 7-64，结构如图 7-65 所示。

通标油路所需要的压力小（10MPa），流量小，故油路中设有减压叠加阀、节流阀和测压表。减压叠加阀用于减少压力，节流阀可通过调节流量，控制投放速度，必要时可用测压表测定压力。电磁换向阀 DT10 接通，通标油缸活塞伸出，投放一个标示器，电磁换向阀 DT11 接通，活塞杆缩回。

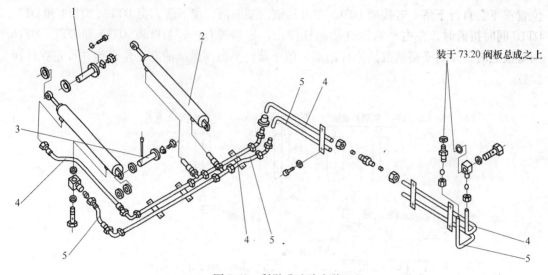

图 7-62   犁举升油路安装

1—油缸与安装板连接轴；2—油缸；3—油缸与车支座连接轴；

4—主油路进油缸有杆腔管路；5—主油路进油缸无杆腔管路

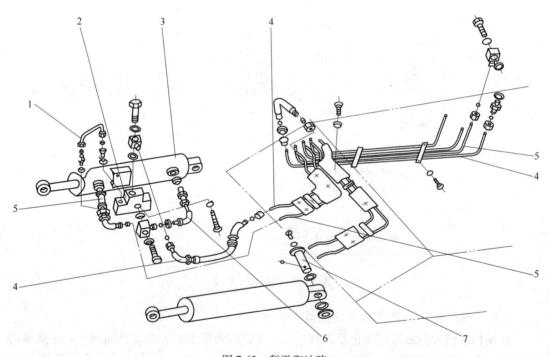

图 7-63   犁平衡油路

1—连接油缸有杆腔与平衡阀管路；2—平衡阀；3—平衡油缸；4—由主油路进平衡阀管路；5—由主油路
进油缸有杆腔管路；6—连接平衡阀与油缸无杆腔管路；7—连接油缸与安装支架轴

二、工作装置液压系统修理

（一）部件检修

液压系统及其元件根据其是否能满足工作要求，在必要时对系统元件进行检修。

1. 三联齿轮泵

（1）三联齿轮泵的技术要求包括：

1）油泵在工作时运转正常、平稳，不应有异响和撞击声。

2）油泵工作中表面温度不超过70°。

（2）三联齿轮泵的检修。三联齿轮泵的故障主要是由于齿轮端面与轴套端面或泵盖之间的端面磨损、齿轮顶圆与泵体内孔表面的径向磨损、齿轮轴与轴套的径向磨损等，致使油泵内漏严重，泵的效率降低。

1）泵体主要是内壁磨损，当泵体内壁与齿顶圆的间隙达到 0.3mm 时，泵的容积效率就显著下降，必须修理。修复后，泵体内孔的圆柱度公差为 0.1mm。

泵盖端面轻微变形时，可研磨或磨削修复。修后端面与孔的垂直度公差为 0.01~0.015mm。

2）齿轮的磨损部位主要有端面、轴颈、齿侧、齿顶等。当端面产生划痕，不平度达 0.02mm 或一对齿轮宽度差大于 0.02mm 时，可在磨床上磨平。磨后端面与轴线的垂直度不得大于 0.02mm，主、从动齿轮修后的宽度差应小于 0.005~0.01mm。

3）侧板主要是检查其与齿轮相接触的工作面磨损是否严重，有无沟槽、偏磨、烧蚀、裂纹

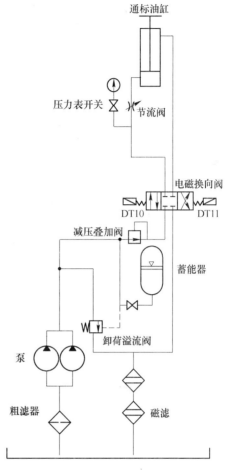

图 7-64　通标液压系统

变形、开裂等。如沟槽较浅，偏磨较轻，可用研磨法修复后继续使用，如磨损、变形、偏磨等严重，应更换。

（3）齿轮泵的装配要求为：

1）油泵在油泵支架上安装固定要可靠，其泵轴中心与传动箱中心不同轴度为 φ1mm。

2）油泵中心调好后应将油泵支座定位牢固。

3）油泵进油口和出油口处不许有渗漏油。

2. 液压油缸

（1）液压油缸的技术要求：

1）检查活塞杆，如有划伤或碰伤，应修磨或更换。

2）检查油缸工作时是否有明显内漏，如有则应拆修。

（2）液压油缸的检修：

1）缸体内孔表面的圆度、圆柱度及直线度不大于 0.02~0.03mm，缸体端面对内孔的垂直度在 100mm 上不大于 0.04mm，轴线歪曲度在 500mm 上不大于 0.02mm。内孔表面经研磨和珩磨后其表面粗糙度 Ra 为 0.8μm。

检查时应主要检查缸体内壁的磨损情况。有无拉伤、偏磨、锈蚀等，如拉伤、锈蚀不

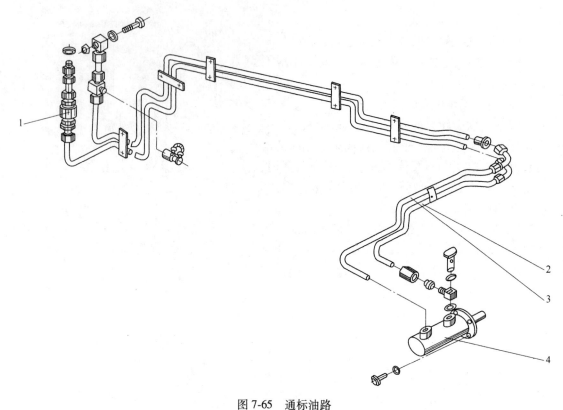

图 7-65　通标油路

1—节流阀；2—由主油路进油缸有杆腔管路；3—由主油路进油缸无杆腔管路；4—油缸

严重时，可用00号砂纸加润滑油进行打磨。如拉伤、偏磨严重时，可进行珩磨修理，使其几何形状误差小于 0.02~0.035mm，同时将活塞镀铁加大（或换用加大活塞）以恢复原配合间隙 0.20~0.35mm，粗糙度 Ra 为 0.4~0.1μm。

2）活塞的圆度、圆柱度和活塞外圆与内孔的同轴度均不大于活塞外径公差的一半，端面对中心线的垂直度在直径 100mm 上不大于 0.04mm。活塞外圆表面粗糙度 Ra 为 3.2~0.2μm，视是否装密封圈和活塞环而定。

3）缸盖用于配合的内孔和外圆的圆柱度均不大于各直径公差的一半，各内孔外圆的同轴度不大于 0.03mm，端面和内孔外圆的垂直度在直径 100mm 上不大于 0.04mm，配合表面粗糙度 Ra 不大于 3.2μm。

检查时，如活塞杆表面损伤出现沟槽、凹痕，轻微的可用细油石修磨，严重时需重新镀铬光磨或更换新品。

活塞杆与导向筒的配合间隙超过 1mm 时，更换导向套筒内的铜套或重新镶套。

4）活塞环的圆度、圆柱度均不大于其直径公差的一半，与活塞相接触的端面与轴心线的垂直度在直径 100mm 上不大于 0.04mm，活塞杆轴线弯曲度在 500mm 长度上不大于 0.03mm。活塞杆直径外表面的表面粗糙度 Ra 为 0.8~0.4μm。

检查导向套筒是否破裂，尤其其外端如有裂纹应更换，导向套筒内的铜套如拉伤严重或配合松旷，应更换铜套。

（3）液压油缸的装配注意事项包括：

1）检查加工零件上有无毛刺或锐角。

2）装入密封件时，要用高熔点润滑脂。

3）切勿搞错密封的方向。

4）注意密封件的挤出和拧扭。

5）保证密封圈能顺利通过螺纹和孔口。

3. 滤油器的修理

（1）拆洗精滤油器的方法（见图7-66）。

1）拧下滤油器外壳下面的放油螺塞，放出壳体内的液压油。

2）拧下壳体固定螺栓，将壳体取下（如果螺纹连接，无固定螺栓的直接拧下壳体即可）。

3）拧下滤芯中心拉杆上的螺母、垫圈、密封圈。

4）取出纸滤芯，更换新的滤芯。

5）除滤芯外，其他拆下的零件在汽油中清洗干净后复装。

（2）拆洗磁性滤油器的方法（见图7-67）：

1）拧下油箱上磁滤器端盖的22个固定螺栓，取下端盖。

2）取出端盖内的密封垫。

3）抽出磁性滤油器过滤板，拧下过滤板上的压板螺栓，取下压板。

4）取出永久磁铁放在汽油中，用毛刷刷洗其表面上的铁末（必要时用干净布擦拭）刷干净晾干后，再用压板、螺栓将其装在过滤板上。

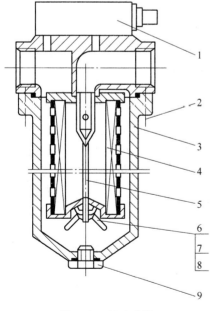

图 7-66　精滤油器

1—压差发讯装置；2—壳体固定螺栓；
3—壳体；4—纸芯；5—拉杆；6—螺母；
7—垫圈；8—密封圈；9—放油螺塞

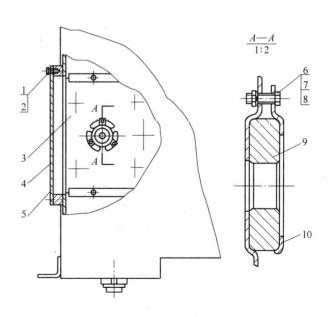

图 7-67　磁性滤油器

1，8—螺栓；2，7—垫圈；3—过滤板；4—密封垫；
5—端盖；6—螺母；9—永久磁铁；10—压板

5）用绸布或棉布擦干净过滤板（严禁用棉纱擦）再把它装回油箱导槽中。

6）检查拆下的密封垫是否完好，并将完好的密封垫装回原位。

7）装上磁滤器端盖，用螺栓固紧。

4. 蓄能器的修理

蓄能器是一种把液压油的压力能贮存起来，待需要时再把压力能释放出去的贮能装置。

（1）蓄能器的修理内容包括：

1）检查或更换密封件和易损件。

2）蓄能器壳体和活塞等不得有裂纹和损伤，否则整体更换。

3）气囊不得有泄漏和损伤，否则应予以更换。

（2）蓄能器在拆装修理时注意事项：

1）将蓄能器从车上拆下之前或需要搬动及拆开检查时，必须先将气放尽，在确认没有气压后方可进行。

2）蓄能器应充惰性气体，如氮气，不得充填氧气、压缩空气或其他易燃气体。

3）蓄能器安装完毕后才能充氮气，充气时，应缓慢地打开充气阀，待活塞被推移到尽头（从声音上可听出）而无异常现象后，再使充气压力达到规定值（一般为液压系统最低使用压力的 80%~85%），并检查有无漏气。

4）充气后，各部分绝对不准拆开及松动，以免发生危险。

5）最初充气一周后应检查一次，以后每月检查一次。

6）使用 3~6 个月后，应松开检查一次，尤其主要检查活塞上的 O 形密封圈有无损坏，如有损坏，应进行更换，以保证密封性能。

（3）蓄能器的充气。蓄能器充的是氮气，压力为 10MPa。

1）充气工具的作用。给蓄能器充气，在充气时气压过高进行修正或者检查充气压力。

2）充气工具的安装（见图 7-68）。在充气工具的 3 处连上氮气瓶（一般在充气工具与氮气瓶之间还应安装氮气减压器及截止阀），从蓄能器上卸下保护帽和气阀帽，放松充气工具螺母 4，把螺母 5 与蓄能器上的充气阀相连接，然后拧紧螺母 4 和放气塞 2，把手轮 1 逆时针旋转即可充气。

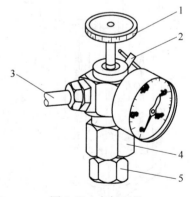

图 7-68 充气工具

3）充气操作。充氮气在蓄能器安装前后都可进行，在充气时，气阀必须朝上。不得使用氧气、压缩空气和其他易燃气体。

① 取下蓄能器的保护帽和气阀帽，压下气阀芯，放掉气囊内的空气。

② 装上充气工具。

③ 打开氮气瓶上的截止阀，即可充入所需压力的干燥氮气。

④ 充气完毕将手轮 1 关好，关掉氮气瓶截止阀，打开充气工具上的放气塞 B，放掉管路上的残余气体，卸下充气工具，检查有无漏气。

⑤ 牢固地装上气阀帽和保护帽。

5. 冷却器的修理

（1）检查或更换密封件和易损件，管子腐蚀和裂纹应予以更换。

（2）水冷式冷却器漏水应对钢管进行铜焊修补，水垢清除可用酸洗浸泡冲洗。

（3）冷却器的散热片泥垢应清除干净。

6. 其他主要部件的技术要求

（1）电磁换向阀：

1）阀芯可靠不应有卡滞。

2）不应有渗漏油。

（2）电磁溢流阀：

1）阀体上不许有裂纹，不应有渗漏油。

2）开启压力 28.8MPa，闭合压力 27.2MPa，内渗漏不大于 210mL/min，如无法满足，则应做相应调整，如调整无效，则应更换。

（3）卸荷溢流阀：

1）不允许有外泄漏现象，否则应更换。

2）开启压力 28.8MPa，闭合压力 27.2MPa，内渗漏不大于 210mL/min，如无法满足，则应做相应调整，如调整无效，则应更换。

（4）平衡阀：

1）检验项目与方法：

① 如图 7-69 所示，Ⅲ和Ⅰ端接压力油，当Ⅰ端油压达到 4.0~5.5MPa 时，Ⅲ端和Ⅱ端接通。

② 在压力 31.5MPa、流量 100mL/min 工况下，进行耐压试验，保压 1~3min，不许有外渗漏现象，否则应查明原因，进行维修调试或更换。

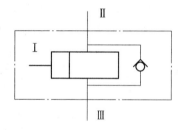

图 7-69　平衡阀检验管路连接原理图

2）技术指标：

Ⅲ端接 31.5MPa 的压力油管，检查Ⅰ、Ⅱ端接头的泄漏量不许大于 0.25mL/min 或每分钟 4 滴。

（5）叠加式单向阀：不允许有外泄漏现象。

（6）减压叠加阀：

1）不允许有外泄漏现象，否则应更换。

2）调压范围 10~25MPa、压力振摆±0.5MPa、压力偏移±1MPa、内泄漏量≤800mL/min，如无法满足，则应调试或更换。

（7）回油管滤油器：

1）在压力 2MPa 下不允许有外泄漏现象。

2）滤油器进、出油口的压力差为 0.30~0.35MPa 时，发讯装置应可靠发讯。如无法满足，则应查明原因，进行清洗或更换必要的部件。

（8）阀板总成：在 31.5MPa 压力下保压 3min，不许有外漏油现象。

（9）压力管路滤油器：

1）在 40MPa 压力下应无外渗漏油现象。

2）滤油器进、出油口的压力差为 0.30~0.35MPa 时，发讯装置应可靠发讯。如无法满足，则应查明原因，进行清洗或更换必要的部件。

（二）液压系统装配技术要求

1. 大小阀板总成装配

（1）装配前仔细清洗零件，阀板上油道孔内不许有加工毛刺和铁屑。

（2）阀与阀板的结合面在 31.5MPa 压力下试验，不许有外渗漏。

2. 液压系统的装配

（1）安装到系统上的接头、管子等零件必须预先清洗干净，零件内不许有铁屑、铁末及其他污物。

（2）凡装卡套的管子端头必须平整、光滑，没有裂纹、压伤、划伤等。

（3）安装卡套时，必须检查卡套的锐边，不应有裂纹或掉块、缺口和损伤，卡套在管子上应放正，压紧螺母应拧紧。

（4）安装到系统的橡胶密封圈表面不应有裂纹和划伤。

（5）所有管子的连接均应可靠。

（6）安装油缸时应在关节轴承内涂 2 号钙基润滑脂。

（7）安装好的系统往油箱加油时，必须预先过滤，过滤后油污染等级为 17/14 级。

（8）系统运转前必须用专用清洗设备，用 10 号航空液压油对系统清洗，清洗时间为1h（以检查排出的清洗油污染等级达到 17/14 为准）。

（9）清洗后对系统进行加压试验，在 31.5MPa（通标油路为 12.5MPa）压力下试验。压力试验应分挡升压，从低压开始每挡升 3~5MPa，稳压 1~3min，直到升至试验压力31.5MPa，保压 3min。降压后检查系统所有的接头连接处应无渗漏，管道无永久变形等现象。

（10）挂液压挡发动机转速在 1650r/m，系统额定压力 25MPa（通标油路为 10MPa，由减压阀调整）运转 10min 系统工作应正常并无渗漏。

（11）系统夏季用 40 号低凝液压油，冬季用 10 号航空液压油，油箱容量 220L。

（三）系统换油

1. 放掉油箱内的旧油

（1）将各扫雷机构处于行军状态。

（2）清除车外底甲板上液压油箱放油口盖及其周围的污垢，然后将盖打开。

（3）去掉油箱放油口螺塞上的铅封，拧下放油螺塞，并将盛油容器放在车下。

（4）把备品箱中专用放油软管的一端插入容器内，将有螺纹接头的一端拧入油箱放油口内，直到流出油为止。

（5）放完油，拧下软管，拧上放油螺塞，装上底甲板放油口盖。

（6）清洗油箱中磁性滤油器。

2. 放掉蓄能器中的旧油

（1）打开车长安全门，并将盛油容器放在车下。

（2）将一长胶管接于截止阀下部的放油管上，打开截止阀侧面手轮，蓄能器及部分管路中的旧油即流出。

（3）油放完，关紧截止阀侧面的手轮。

（4）装好安全门和座椅。

3. 加注新油

加注的新油，必须符合质量标准，并经过滤达到污染物等级标准。

（1）清除加油口盖的污垢，取下加油口盖，清除加油口螺塞的污垢，拧下加油口螺塞。

（2）用手摇加油泵或带滤网的专用漏斗，往油箱内加注按季节选用的液压油，到规定标准量（用量油尺测量）。

4. 更换系统中的旧油

（1）将油箱回油口上的铰接接头的螺母拧开，拔出回油胶管接头。

（2）把胶管接头拆下的一端，安放在另外的盛油容器内，这样回油就流不到油箱内。

（3）起动发动机，挂上液压挡，操纵控制盒上的各个电控开关，使各油缸依次从原始极限位置动作到另一极限位置（即：仓盖打开，发射架升起，磁棒伸出去，扫雷犁举升，犁体落到极限位置，标示装置油缸活塞杆伸出）。

（4）动作完成，立即摘掉液压挡（注意：一个机构动作完毕转到另一机构动作时，驾驶员在操纵控制开关的衔接上必须迅速果断，否则在停顿的瞬时，系统压力会迅速提高，形成高压溢流状态，这样刚加入的新油就会从系统的回油路中流到油箱外）。

（5）复装好拆下的胶管接头，换油完毕。

（6）挂上液压挡，使各机构反复动作几次后，要排除系统中的空气，停到行军状态。

5. 补加新油

（1）往油箱内补加新油到规定标准。

（2）检查加油口密封圈是否完好，然后拧上加油口螺塞，打上铅封，装上加油窗口盖。

（四）压力试验

（1）试压应有专门的试压设备，试验压力为工作压力的 1.25 倍（即 31.5MPa，通标油路压力为 12.5MPa）。

（2）压力试验应分档升压，每档 3~5MPa，稳压 1~3min，试压过程中应经常检查，发现故障排除后再试，达到试验压力后，保压 3min，降压后再进行全面检查，系统中所有焊缝、管接头、连接口无漏油，管道无永久变形为合格，否则应更换相应的元件。

（3）压力试验过程中，液压系统的油温不许高于 65℃，否则应检查原因，在排除故障后再试。

（五）系统调试与试运转

1. 主油路调试与试运转

（1）检查液压油箱中油面高度是否满足要求。

（2）打开蓄能器的截止阀，将电磁溢流阀、卸荷溢流阀和减压阀的调节螺杆全部拧松，将节流阀调至最大开度。

（3）挂上液压挡，使三联齿轮泵空转 10min，经仔细检查，无任何异常后，再分别调节电磁溢流阀、卸荷溢流阀和减压阀的调节螺杆，使系统分档逐渐升压。每档升压 3~5MPa，稳压 3min。电磁溢流阀和卸荷溢流阀调至 25MPa，压力调定后，将各个阀的调节螺杆全部锁紧。

2. 全系统各个油路的调试与试运转

各个油路在调试前均应充满液压油，排尽管路和液压缸中的空气，并补充液压油箱中的液压油至规定高度。

（1）开盖油路中的两个单向节流阀是为实现左右仓盖顺序开闭设置的。仓盖开启时，控制左侧仓盖的节流阀节流，以使右侧仓盖先开启，左侧仓盖后开启。仓盖关闭时，控制右侧仓盖的节流阀节流，以使左侧仓盖先关闭，右侧仓盖后关闭。在调节节流阀的开度时，只要左右侧仓盖能够实现顺序开闭，节流阀的开度即为合适。

（2）发射架油路节流阀的调整。调试时，节流阀从最大开度逐渐往小调，直至发射架自行军状态抬至发射角度所需时间不小于15s即为合适。

（3）磁扫油路节流阀的调整。调试时，节流阀从最大开度逐渐往小调，直至磁棒展收一次的时间不小于20s即为合适。

（4）通标油路节流阀的调整。调试时，节流阀从最大开度逐渐往小调，当调至油缸的伸出速度在150~250mm/s时，即为合适。

（5）犁举升油路和犁平衡油路的调试，主要是通过犁体的翻转和起落，排尽管路和液压缸中的空气，使之在工作中无抖动，即为合适。

（6）蓄能器的作用主要是补充各有关阀的内漏。故蓄能器截止阀的开度越小越好，但不许全部关闭，以扫雷犁能平衡作业为合适。

（7）最后检查系统中所有元件和管路均不应有漏油和异常振动。

第六节 某重型舟桥电控液压系统

一、概述

某重型舟桥主要用于结构漕渡门桥和架设浮桥，或与现装备的其他重型舟桥或特种舟桥架设混合浮桥，可保障各种重型装备克服长江、黄河等大中型江河障碍。

该重型舟桥主要由桥脚动力舟、锚定动力舟、桥跨、运载车、连指挥车、排以下通信指挥终端和辅助器材等组成。

二、主要液压部件

（一）液压油泵及液压马达

该重型舟桥的液压系统动力由运载车或桥脚（锚定）尾舟的 CBG 型定量齿轮泵提供。桥脚首舟的 φ12.5 起锚机，锚定中舟的 50kN 起锚绞车、5kN 储绳绞车，桥脚及锚定尾舟的 30kN 系缆绞盘，均采用宜宁液压股份有限公司的径向柱塞式液压马达。桥脚及锚定尾舟的喷水推进泵控制液压马达采用的是力士威迩液压传动有限公司的 QJM 型径向球塞轴转液压马达。

1. CBG 型定量齿轮泵

运载车液压系统为 CBG2080-BFXR 型定量齿轮泵，桥脚（锚定）尾舟液压系统为 CBG2063-BFP 型定量齿轮泵。

（1）CBG 系列齿轮泵的结构与工作原理。目前工程装备液压传动系统使用 CBG 系列齿轮泵较为普遍，国内生产厂家也较多。GZQ240 型重型舟桥的齿轮泵为合肥长源液压股份有限公司生产。图 7-70 所示为 CBG 系列齿轮泵的结构图。该泵主要由前泵盖 3、泵体 7、后泵盖 4、主动齿轮 15、被动齿轮 16 及前、后侧板 6 和 10 等组成。主、被动齿轮均与传动轴制成一体。图 7-71 为 CBG 齿轮泵分解图。

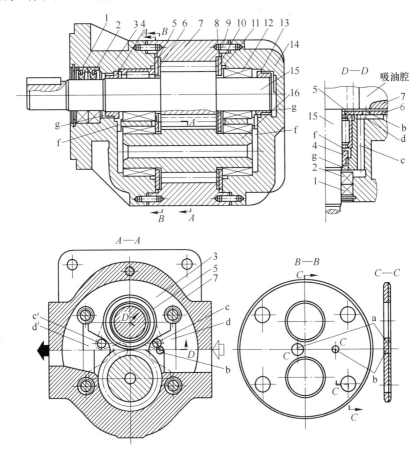

图 7-70　齿轮泵结构图

1，2—旋转轴密封；3—前泵盖；4，13—密封环；5，8，11—O 形密封圈；6，10—前、后侧板；
7—泵体；9—定位销；12—轴承；14—后泵盖；15—主动齿轮；16—被动齿轮

　　泵的特点之一是采用固定侧板。前、后侧板 6 和 10 被前后泵盖压紧在泵体上，轴向不能活动。侧板的材料为 8 号钢，钢背上压有一层铜合金或 20 号高锡铝合金，耐磨性好。通过控制泵体厚度与齿轮宽度的加工精度，保证齿轮与侧板间的轴向间隙为 0.05 ~ 0.1mm。在实际使用了一段时间后，此间隙增大不多，证明齿轮端面及侧板磨损很少。采用固定侧板虽然容积效率低些，但使用中磨损少，工作可靠。与之相比，采用浮动侧板虽可自动补偿轴向间隙，但侧板在油压作用下始终贴紧在齿轮端面上，磨损较快。另外，虽然从理论上讲，侧板两面所受压力基本相等，但实际上很难控制，油压力合力的作用线也不可能始终重合，这些都是造成侧板磨损快而且经常发生偏磨的原因。

　　该泵的第二个特点是采用二次密封。在主动齿轮轴的两端装有密封环 4 和 13，在泵盖、侧板和轴承之间装有橡胶密封圈 5 和 11。高压油经齿轮端面和侧板之间的间隙漏到各

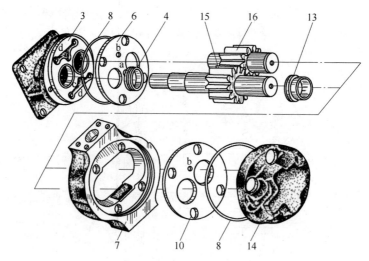

图 7-71   齿轮泵分解图

3—前泵盖；4，13—密封环；8—O 形密封圈；6，10—前、后侧板；

7—泵体；14—后泵盖；15—主动齿轮；16—被动齿轮

轴承腔 f（图中 D—D），各轴承腔的油是连通的。液压油从轴承腔 f 再向泵的吸油腔泄漏有两条可能的途径：一是直接穿过泵盖、侧板和轴承之间的橡胶密封圈 5 和 11 进入槽 d（图中 A—A），再经侧板的小孔 b（图中 D—D）进入吸油腔，因为橡胶圈周围各零件都是固定的，只要设计时保证橡胶圈有足够的压缩量，这种密封是很可靠的，因而可以说，这条路基本不通；这样，泄漏油须走第二条路，即沿主动齿轮轴向两端经轴与密封环 4、13 间的径向间隙和密封环与前、后泵盖间的轴向间隙进入旋转轴密封 2 处（g 腔），然后经前、后泵盖上的孔 c 到槽 d，再经侧板上的孔 b 进入吸油腔。只要能保证密封环内孔和与之相配合的轴的外圆以及密封环的大端突缘平面和与之相配合的前、后泵盖台肩处有较高的精度和较低的表面粗糙度，就可使这里的径向间隙和轴向间隙都很小，从而就可以使通过这里的泄漏量很小。相应的轴承腔（f 腔）的油压就提高了，排油腔与轴承腔之间的压差也就减小，因而经过齿轮端面与侧板之间轴向间隙的泄漏也就减少了。

所谓二次密封，是指齿轮端面与侧板之间的密封（即 0.05～0.1mm 间隙）为第一次密封；泄漏到轴承腔的油经密封环 4 和 13 的密封为第二次密封。在实际试验中，当排油腔压力为 15.7MPa 时，测得轴承腔（f 腔）的压力约为 11.8MPa，即齿轮端面与侧板间轴向间隙的两端压力差只有约 3.92MPa，这比一次密封结构的压力差小得多。所以，尽管这里因采用固定侧板而使轴向间隙大了一些，但泄漏量并不太大，即容积效率并不太低。同时，正是因为采用了二次密封，才能提高泵的工作压力。

若将 CBG 泵的泵体及两侧板转过 180°安装，即可使泵反向运转。从图 3-2 中可以看到前、后泵盖内端面的形状是左、右对称的，与孔 c 和槽 d 相对应的有孔 c′和槽 d′，反装后可起到与孔 c 和槽 d 相同的作用。

侧板上的卸荷槽只有一个（盲孔 a），这是属于前述的卸荷槽偏置的情况。侧板上孔 b 的作用是将经过两次密封后进入槽 d 的泄漏油引入吸油腔。装配齿轮泵时一定要注意：侧板上的通孔 b 一定要放在吸油腔，卸荷槽 a 放在排油腔，如果装反，将立即冲坏密封圈 1 和 2。

在传动轴和前泵盖之间装有两个旋转轴密封圈 1 和 2，里边的密封圈 2 唇口向内，防止轴承腔内的油向外泄漏；外边的密封圈 1 唇口向外，防止外部的空气、尘土和水等污物进入泵内。拆装时注意不要把方向搞错。

（2）拆装 CBG 系列齿轮泵的注意事项：

1）齿轮泵拆开后应检查以下部位：侧板是否有严重刮（烧）伤，合金层是否磨损严重或脱落，若有应立即更换；密封环 4、13 与轴径的间隙是否大于 0.05mm，若超过此值应修理；用千分表测量轴和轴承滚子之间间隙是否大于 0.075mm，超过此值时应更换轴承。

2）注意泵的转向与机械要求相适应，若需要改变泵的转向可按书中所述方法重新组装。

3）切记将侧板上的卸荷盲孔 a（偏置卸荷槽）放在排油腔一侧，而将通孔 b 放在吸油腔一侧，否则高压油会冲坏旋转轴密封圈。

4）轴承装在泵盖内后，其端面要低于泵盖端面 0.1~0.2mm。

5）O 形密封圈 5、11 放在轴承外边环槽内，再将尼龙挡圈放在 O 形密封圈上面，压平后自然弹出 0.3mm 为宜。注意总装时不要掉出外面，最好先涂上黄油固定。

6）两个旋转轴用密封圈 1 和 2，应"背对背"安装。

7）装配完毕，向泵内注入液压油，用手刚能转动，无过紧感觉为宜（拧紧连接螺钉的力矩 $M = 132N \cdot m$）。

2. 径向柱塞式液压马达

重型舟桥的液压系统中，桥脚首舟的 φ12.5 起锚机，锚定中舟的 50kN 起锚绞车、5kN 储绳绞车，桥脚及锚定尾舟的 30kN 系缆绞盘，均采用宜宁液压股份有限公司的径向柱塞式液压马达。

（1）结构与工作原理。图 7-72 为径向柱塞式液压马达原理图。摆缸 1 和活塞 2 的轴线始终通过曲轴轴承套的中心，因而摆缸与活塞无侧向力，高压油从通油盘 9 的进油口进入与曲轴一起旋转的配油盘 8，并经壳体油道和摆缸耳环 4 处进入活塞上部再经节流小孔进入活塞下部平衡腔，此时通高压油的活塞在油压力作用下，通过球面轴承套 5 和滚柱 6 把力传递到偏心轴 7 上，曲轴在偏心力矩作用下转动，随着高压油进入，活塞向轴心方向移动直到下死点止，活塞腔通过配油盘开始与回油口接通，此时活塞在曲轴的推动下被推离轴心方向移动，活塞腔容积减小，低压油经摆缸耳环处通道，壳体油道，配油盘，通油盘排到回油口，各活塞依此接通高压和低压，各通高压的活塞对输出轴中心所产生的驱动力矩同向相加，就使液压马达输出轴获得连续而稳定回转扭矩。当改变油流方向时，便可改变液压马达的转向，如果将配流盘转过 180°装配，也可实现液压马达的反转。

（2）检查与修理。在确认马达出故障或不能正常工作时，应对其进行检修。该马达是一种精密元件，一般情况下，如没有拆检条件，不要自行拆检修理，应与厂家联系检修或请其他专业工厂修理部门检修。检修时应按下列要求进行。

1）分解要求：分解时注意不要将零件敲毛碰伤，特别要保护好零件的运动表面和密封表面。分解出来的零件放于洁净的盛器内，要避免相互碰撞。分解时禁止用铁锤敲击。

2）装配要求：装配前应将全部零件清洗干净、吹干，不得使用棉纱、破布等擦抹零件。装配场所、使用的工具应洁净。配合部位应加入少量经过过滤的润滑油。装配时禁止用铁锤敲击。装配后转动输出轴，应灵活无卡滞现象。

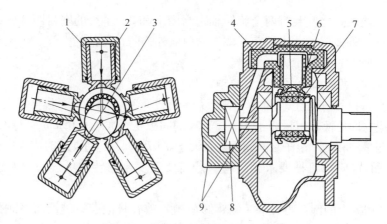

图 7-72　径向柱塞式液压马达原理图

3）检修要求：对拆下的零件应进行仔细的检查和修理，过度磨损损坏的零件应予更换。密封件原则上应全部更换。

3. 径向球柱塞轴转液压马达

桥脚及锚定尾舟的喷水推进泵控制液压马达采用的是力士威迩液压传动有限公司的 QJM 型径向球塞轴转液压马达。

（1）QJM 型径向球塞轴转液压马达结构原理。图 7-73 是 QJM 型径向球塞轴转液压马达结构原理图，球塞式内曲线液压马达是一种典型的多作用径向柱塞式低速大扭矩液压马达，该类型马达由前端盖 1，导轨 20，缸体（转子）5，柱塞 9，钢球 18，后端盖 19，配油轴 15 等基本部件组成。其他附件包括：油封 2，耐磨环 3 和 8，弹性挡圈 4，封油闷盖 6，O 形密封圈 7、10、12、14，螺钉 11、17，衬套 13，堵头 16 等。其中油封 2 防止泄漏油从缸体和前端盖的间隙中流出并同时起防尘作用；耐磨环 3、8 则是由耐磨性很好的材料制成，起润滑耐磨作用；弹性挡圈 4 起轴向定位作用，将封油闷盖 6 限定在缸体 5 左边的台肩上，以防止油液从花键处产生泄漏同时起到防尘作用；衬套 13 具有很高的耐磨性，表

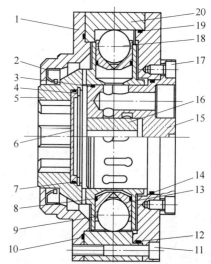

图 7-73　径向球塞轴转液压马达结构图原理图
1—前端盖；2—油封；3，8—耐磨环；4—弹性挡圈；
5—缸体；6—封油闷盖；7，10，12，14—O 形密封圈；
9—柱塞；11，17—内六角螺钉；13—衬套；15—配油轴；
16—油封堵头；18—钢球；19—后端盖；20—导轨

面是一层厚度 0.5mm 的巴氏合金；堵头 16 一方面将进口和出口的配油槽所构成的高低压腔隔开，另一方面在堵头中间开的圆孔可以使配油轴 15 沿圆周面处的轴向泄漏油排出；前端盖 1、缸体（转子）5、后端盖 19 由内六角螺钉 11 紧固；配油轴 15 和后端盖 19 则是通过六角螺钉 17 紧固，并在配油轴 15 的右端法兰安装面出开有顶丝孔，以方便拆卸。

图 7-74 是 QJM 型径向球塞轴转液压马达工作原理图。假定马达沿顺时针方向旋转，

则当马达通入压力油之后，高压油经配油轴 5 进入柱塞 3 底部，迫使柱塞紧贴导轨的曲线滚动，同时缸体配油轴上的配流窗口（通柱塞底部）周期地与高压进油路和低压回油路接通，缸体 2 按顺时针方向转动，AB 段为进油区段，BC 段为回油区段。其中在进油区段，高压油由配油轴 5 的进油口流入，经配油轴上的配流窗口 6 在柱塞 3 底部，推动柱塞使钢球作用在导轨 AB 进油区段上。柱塞在回油区段 BC 运动时，柱塞底部与缸体孔形成的腔体与回油窗口接通，钢球在导轨作用下做回程运动，将力传递给柱塞推动柱塞缩回，迫使底腔在回油区段排油。此时，缸体在其他处于进油区段的柱塞推动下继续转动。

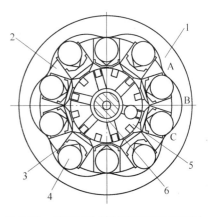

图 7-74　径向球塞轴转液压马达原理图
1—导轨；2—缸体；3—柱塞；4—钢球；
5—配油轴；6—配流窗口

图 7-75 是 QJM 型径向球塞轴转液压马达的组成图。

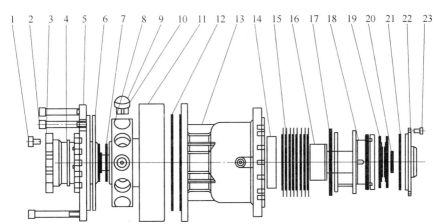

图 7-75　径向球塞轴转液压马达组成图

1—油轴口螺钉；2—装螺钉；3—配油轴；4，6，12，21—O 形圈；5—后盖；7—密封圈；8—转子体；
9—活塞（包括钢球）；10—活塞环；11—定子；13—前盖；14—轴承；15—摩擦组；16—输出轴；
17—挡块；18—移动块；19—碟形弹簧；20—骨架油封；22—端盖；23—端盖螺钉

（2）结构特点：

1）该型液压马达的滚动体用一只钢球代替了一般内曲线液压马达所用的两只以上滚轮和横梁，因而结构简单、工作可靠，体积、重量显著减少。

2）运动副惯量少，钢球结实可靠，故该型液压马达可以在较高转速和冲击负载下连续工作。

3）摩擦副少，配油轴与转子内力平衡，球塞副通过自润滑复合材料制成的球垫传力，并具有静压平衡和良好润滑条件，采用可自动补偿磨损的软性塑料活塞环密封高压油，因而具有较高的机械和容机效率，能在很低的转速下稳定运转，起动力矩较大。

4）因结构具有的特点，该液压马达所需回油背压较低，一般需 0.3～0.8MPa，转速越高，背压应越大。

5）因配油轴与定子刚性连接，故该型液压马达进出油管允许用钢管连接。

6）该型液压马达具有二级和三级变排量，因而具有较大的调速范围。

7）结构简单，拆修方便，对清洁度无特殊要求，油的过滤精度可按配套油泵的要求选定。

8）除壳转和带支承型外，液压马达的输出轴一般只允许承受扭矩，不能承受径向和轴向外力。

（3）拆卸和装配。QJM 液压马达拆卸时，先拧下外圈螺栓，然后用螺钉拧入前后盖上的启盖螺孔即可拆卸前、后盖，同时配油轴即可与转子体分离。注意勿拉伤配油轴。如要将配油轴与后盖拆开，只要拧下螺钉即可。液压马达各部件经检修或更换后，在装配前，应注意下列事项：

1）全部零件用柴油清洗并擦净，涂上清洁机油。

2）不准用脏的零件装配。转子体、配油轴、活塞、钢球的摩擦表面和密封槽不允许有伤痕、凹陷和毛刺等缺陷。

3）各密封件一般均应更换，（轴封一般在累计运转 2000h 后应更换一次）装配时密封件表面应涂以清洁机油，工作表面不得有任何损伤。

液压马达装配次序为：

1）配油轴与后盖用螺钉装成一体。

2）带后盖的配油轴装入转子体。

3）将钢球活塞装入转子体。

4）定子装入后盖止口中。

5）前盖止口装入定子。注意：前盖装入转子体时，避免由于转子体伸出端损坏油封。

6）把前、后盖定子用螺钉拧紧（注意定位孔必须对准，各密封圈不要遗忘），除带制动器的马达以外。装配后盘动输出轴，应转动均匀无轻重现象。

（二）控制调节装置

重型舟桥的控制阀主要包括单向阀、溢流阀、平衡阀、单向节流阀、分流阀和电液比例多路控制阀等，这些阀在本书第六章已做过介绍。本节仅介绍重型舟桥液压系统所用的几种典型控制阀。

1．支腿液压锁

图 7-76 为支腿油缸使用的液控单向阀，俗称液压锁。该液压锁主要由单向阀 1 和 4、阀体 2、控制活塞 3 等组成。阀体上的 A、B 口经换向阀分别与液压泵或油箱连通，A、B 口分别与支腿液压缸的有杆腔和无杆腔连通。

扳动换向阀，使液压锁的 A 口进油时，压力油便打开左边单向阀 1 从 A′口进入支腿液压缸的有杆腔，压力油同时把控制活塞 3 向右推，打开右边的单向阀 4，使液压缸无杆腔的压力油通过该单向阀和换向阀回油箱，这是收起支腿的动作；当需要放下支腿时，扳动换向阀，使液压锁的 B 口进油，压力油便打开右边单向阀 4，从 B′口进入液压缸的无杆腔，同时把控制活塞 3 向左推，打开左边单向阀 1，从而沟通液压缸的回油路。

当放下支腿进行作业时，换向液应放在中间位置，A、B 口封闭，由于重力的作用使支腿缸无杆腔内的油压很高，该腔的高压油把锥形单向阀芯压紧在阀座上，油压越高压得越紧，可以使液压油一点都不会漏回油箱，从而避免了液压缸活塞杆自动缩回的现象；当收起支腿行驶时，其锁紧原理与起重机作业时相似，真正起到"锁"的作用。因此，液压锁的作用是：在行走时，可防止支腿自行伸出；在作业时，可防止支腿自行缩入。凡有支

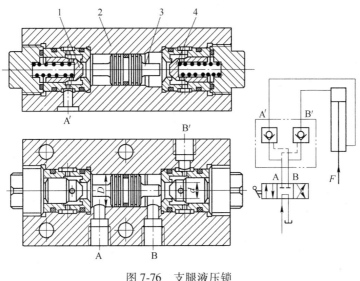

图 7-76　支腿液压锁

腿的工程装备在其支腿油路中均采用了液压锁。

2. 平衡阀

平衡阀（图 7-77）是由单向阀、阀芯、平衡阀杆和阀体等所组成，用于防止油缸或液压马达工作腔在负压情况下因超速而失去控制，使执行元件工作稳定。

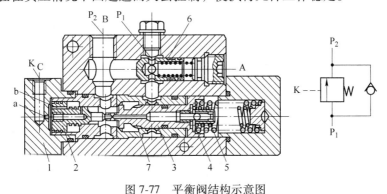

图 7-77　平衡阀结构示意图

1—端盖；2—导控阀；3—阀芯；4—单向阻尼阀；5—弹簧；6—单向阀；7—阀杆

平衡阀的工作原理是：当平衡阀处于供油工况时，压力油经管路进入平衡阀Ⅱ腔，并顶开单向阀的阀芯，进入单向阀的压力油一路经单向阀从 A 口流出，进入工作缸，另一路经Ⅳ腔进入平衡阀杆上的油道，该油道在弹簧力的作用下，被钢球封闭。当平衡阀处于回油状况时，由于 C 口与液压缸进油口相连，且具有一定的压力，于是，C 口的压力油推动阀芯，顶开平衡阀，使从 A 口进入的回油，经单向阀进入Ⅲ腔，进入平衡阀杆与阀体的环形槽内，再经Ⅱ腔从 B 口回油箱。当液压工作回路停止工作时，平衡阀杆在弹簧力作用下关闭油路，使液压缸不能回油而将油路单向锁住，保证液压缸负载停止时，无滑溜现象。

重型舟桥展直油缸平衡阀如图 7-78 所示。

3. 分流阀

分流集流阀实际上是分流阀、集流阀与分流集流阀的总称。分流阀的作用是使液压系统中由同一个能源向两个执行机构提供相同的流量（等量分流），或按一定比例向两个执行机构提供流量（比例分流），以实现两个执行机构速度同步或有一个定比关系。而集流阀则是从两个执行机构收集等流量的液压油或按比例的收集回油量。同样实现两个执行机构在速度上的同步或按比例关系运动。分流集流阀则是实现上述两个功能的复合阀。

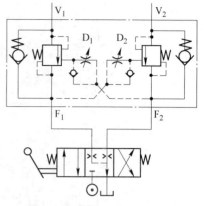

图 7-78　重型舟桥展直油缸平衡阀

分流阀的结构如图 7-79 所示。分流阀由阀体 5、阀芯 6、固定节流口 2 及复位弹簧 7 所组成。工作时，若两个执行机构的负载相同，则分流阀的两个与执行机构相连接的出口油液压力 $p_3 = p_4$，由于阀的结构尺寸完全对称，因而输出的流量 $q_1 = q_2 = q_0/2$。若其中一个执行机构的负载大于另一个（设 $p_3 > p_4$），当阀芯还没运动，仍处于中间位置时，根据通过阀口的流量特性，必定使 $q_1 < q_2$，而此时作用在固定节流口 1、2 两端的压差的关系为（$q_0 - p_1$）<（$q_0 - q_2$），因而使得 $p_1 > p_2$，此时阀芯在作用于两端不平衡的压力下向左移，使节流口 3 增大，则节流口 4 减小，从而使 q_1 增大，而 q_2 减小，直到 $q_1 = q_2$，$p_1 = p_2$，阀芯在一个新的平衡位置上稳定下来，保证了通向两个执行机构的流量相等，使得两个相同结构尺寸的执行机构速度同步。

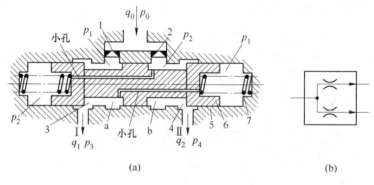

图 7-79　分流阀
（a）结构工作原理；（b）职能符号

三、电液系统原理

（一）液压系统

重型舟桥的液压系统主要由运载车液压系统、桥脚动力舟液压系统、锚定动力舟液压系统和桥跨液压系统四大系统组成。

1. 运载车液压系统

液压系统从汽车底盘取力器接受动力，带动液压油泵旋转，将液压油箱中的液压油转变成高压油，通过管路、阀门等控制元件送往液压马达、油缸等执行元件，驱动运载车作业装置完成桥跨边箱展开、折叠以及运载车的装卸载作业，其指令可由作业手发出，通过电气控制系统传至控制阀，使液压系统按规定程序运行，也可以由作业手按作业程序直接操纵比例阀杆来进行作业，如图 7-80 所示。

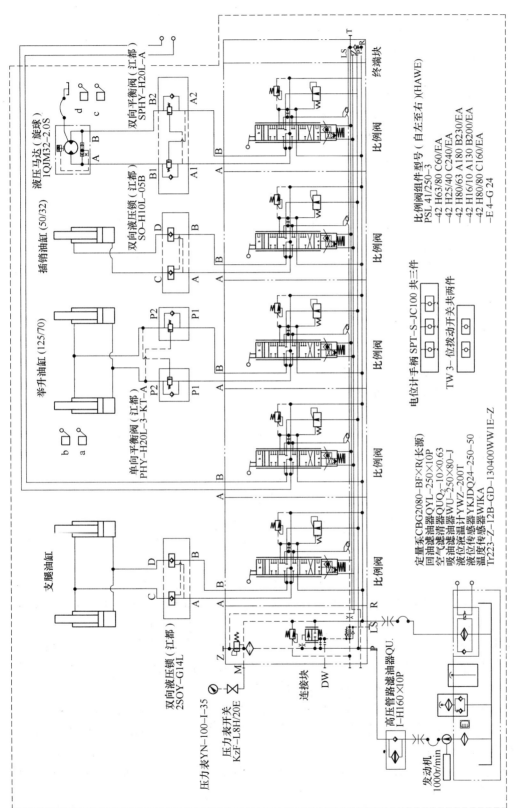

图 7-80　运载车液压系统

2. 桥脚动力舟液压系统

液压系统主要由桥脚首舟 ϕ12.5 起锚机 1 台，桥脚中舟支撑架油缸 4 个，桥脚尾舟 30kN 系缆绞盘 1 台和喷水推进泵控制液压马达 1 台，桥脚尾舟上的动力油泵、油箱和控制比例阀组等组成。如图 7-81 所示。

3. 锚定动力舟液压系统

液压系统主要由锚定中舟 50kN 起锚绞车、5kN 储绳绞车，锚定尾舟 30kN 系缆绞盘 1 台和喷水推进泵控制液压马达 1 台，锚定尾舟上的动力油泵、油箱和控制比例阀组等组成。如图 7-82 所示。

4. 桥跨液压系统

桥跨液压系统主要由中桥节的两个上翻转油缸、两个下翻转油缸，展直桥节的两个上翻转油缸、两个下翻转油缸、两个展直油缸，端桥节的两个上翻转油缸、两个下翻转油缸、手动油泵供的跳板翻转液压系统（两个跳板翻转油缸）等组成。翻转油缸由运载车液压系统提供动力，展直油缸由桥脚动力舟液压系统提供动力。

（二）电气系统

重型舟桥的电气系统主要由运载车电气系统、桥脚动力舟电气系统、锚定动力舟电气系统三大系统组成。其中桥脚动力舟电气系统与锚定动力舟电气系统完全一样。

1. 运载车电气系统

电气控制系统由电控柜、外操纵盒、照明设备、油门控制系统以及安装在车体和作业机构上的传感器等组成。如图 7-83 和图 7-84 所示。

运载车电气控制系统通过程序进行逻辑判断，提供了"防误"、"程控装载"和"自由"三种控制方式，多种操作手段并存，同时提供了防误操作与限位报警功能。

（1）控制方式：

1）"防误"模式。该模式为手动模式，具有互锁和防误操作功能。

2）"程控装载"模式。在该模式下，通过人工完成一定的准备工作后，在执行装卸载作业时由控制器自动控制作业动作。

3）"自由"模式。在该模式下，通过解除逻辑互锁关系，由手动进行控制，没有逻辑保护功能。

正常作业时，主要采用"防误"模式进行装卸载作业；在理想条件下，可采用"程控装载"方式来进行装卸载作业；只有在机构出现异常情况时才允许使用"自由"模式。作业时应根据出现的状况及时调整控制方式，提高系统完成任务的效率。

系统的自动控制程序在装载时可以自动完成从移动小车与装载单元连接后开始上移到翻转架落下到位的一系列连续动作。应用自动程序控制进行装载作业，各动作之间间隔时间短，可提高作业速度，同时避免了手动操作时可能出现的误操作。

手动操作时使用安装在控制盒上的各手动开关完成整个作业的动作。当扳动某一个手动开关时，作业机构就会按规定的动作进行作业，通过作业终端及动作、指示灯，可以观察该动作完成的情况。

（2）互锁条件。为防止人工操作时因误操作引起的作业故障，系统设计了"防误"操作互锁条件。表 7-8 为系统设置的动作条件。

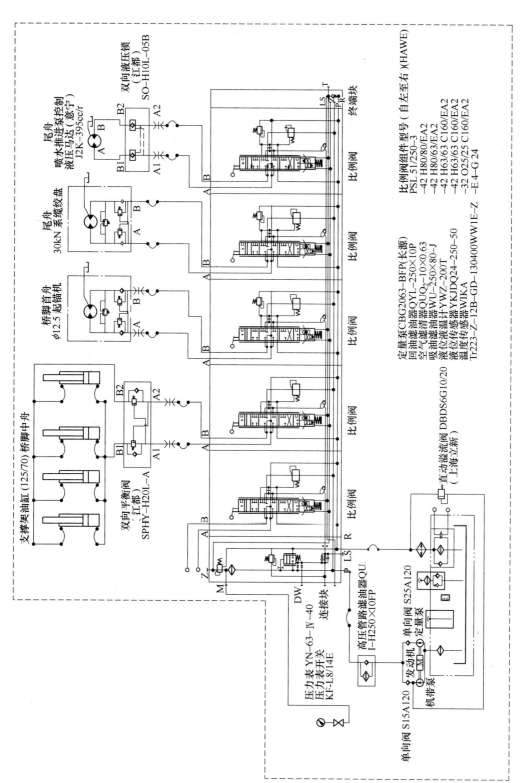

图7-81 桥脚动力舟液压系统

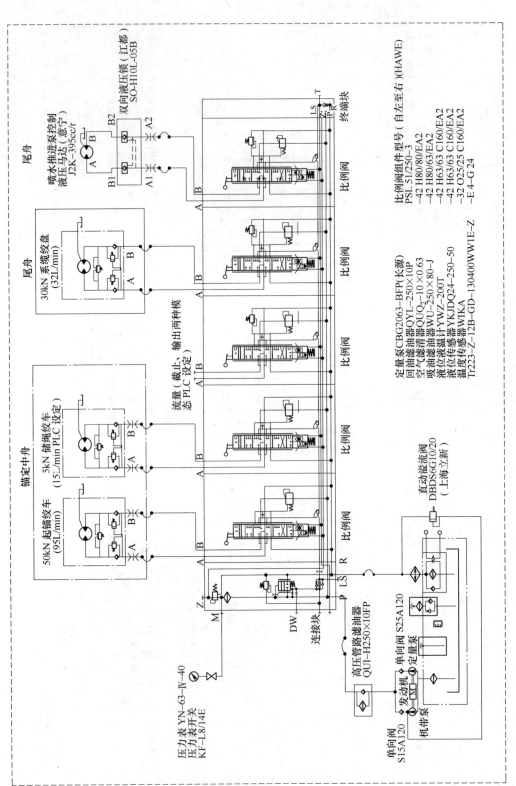

图 7-82 锚定动力舟液压系统

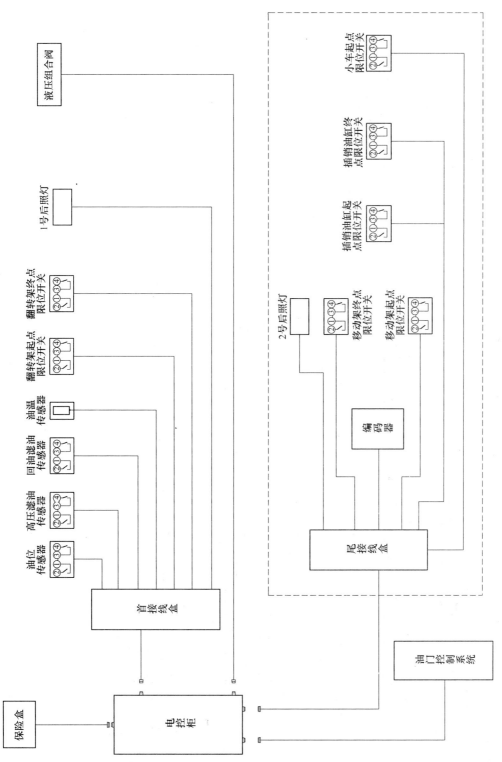

图 7-83　运载车电气控制系统

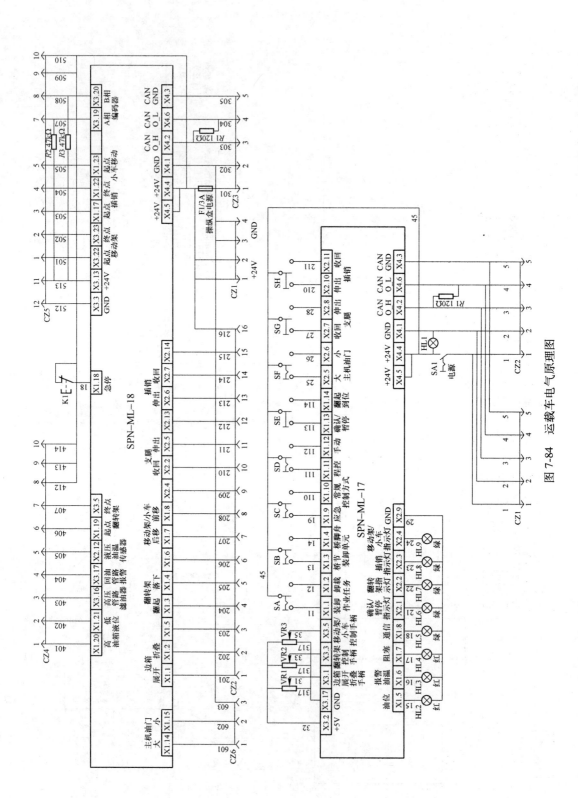

图 7-84 运载车电气原理图

表7-8 系统设置的动作条件

条件\\项目	机构运动条件（"√"代表必须满足的条件）										
	翻转架			插销		移动架			小车		
	起点	中间	终点	伸出	收回	起点	中间	终点	起点	中间	终点
自检正常	√			√		√			√		
翻转架											
插销1						√			√		
插销2		√	√					√	√		
移动架		√	√		√				√		
移动小车		√	√	√				√			

（3）系统自检。作业过程中，系统控制器实时监测外围传感器的工作状态及挂接在通讯总线上的各个智能节点的在线情况，不断扫描系统控制输入，并且与设定的控制逻辑相比较，不满足条件时则通过作业显示终端进行灯光报警。报警内容见表7-9。

表7-9 报警内容

内 容	报 警 方 式
与主控制器通讯故障	外操纵盒控制器未收到主控制器通过总线上传的工作信息，主控制器故障或总线通讯故障。此时应停止作业，排障后再继续作业
液压系统滤油器阻塞	外操纵盒上阻塞报警指示灯亮
液压系统油位过高或过低	外操纵盒上油位报警指示灯亮

2. 桥脚（锚定）动力舟电气系统

电气系统主要由驾控台、移动控制盒、反馈箱、接线盒、油门执行器、助航电气设备以及安装在动力系统上的传感器等组成，电气系统均安置在桥脚（锚定）尾舟上。如图7-85所示。

尾舟电气控制系统主要由PLC（可编程逻辑控制器）通过总线构架而成，集成了航行控制、架设作业控制和监控报警等功能，同时提供了应急操作模式，保证了控制的可靠性。图7-86为尾舟电气原理图。

（1）控制方式。尾舟电气控制系统的控制方式有两种，一种是程控模式，在该模式下，动力舟的驾驶、门桥或浮桥的架设作业等各项功能都由PLC统一处理执行；另一种是应急模式，在该模式下，当PLC出现故障时，所有控制信息不经过PLC处理，直接发送到执行机构。通常情况下，系统以程控方式进行操作。动力舟的操舵为闭环控制；架设作业中各液压油缸的操作指令都经过PLC处理；门桥形式通过模式开关来选择，包括锚定门桥、桥节门桥和漕渡门桥。

当PLC出现故障时，可以选择进入应急模式控制。在应急模式控制下，PLC断电关闭，系统为开环控制方式。

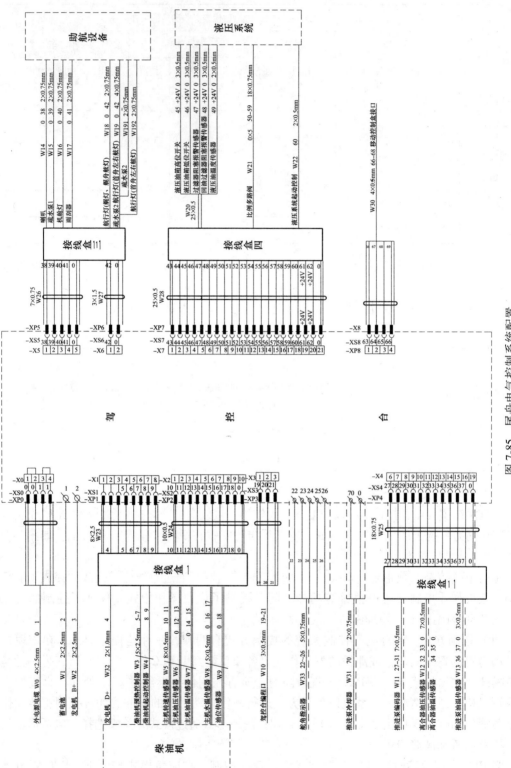

图 7-85 尾舟电气控制系统配置

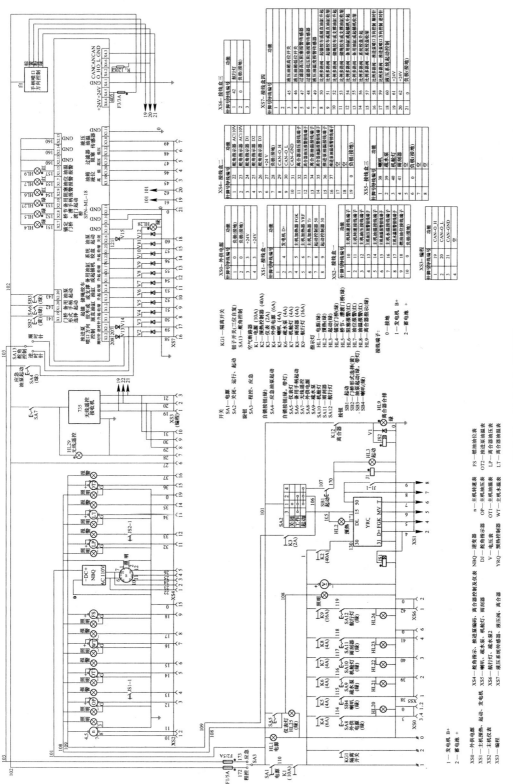

图 7-86 尾舟电气原理图

可编程序逻辑控制器（PLC，Programmable Logic Controller）。PLC 主要由 CPU 模块、输入/输出模块、电源模块和外部设备组成。如图 7-87 所示。

（2）系统自检。作业过程中，系统控制器实时监测外围传感器的工作状态，不断地扫描系统控制输入，并且与设定的控制逻辑相比较，不满足条件则通过驾控台灯光报警。报警显示区的内容如表 7-10 所示。

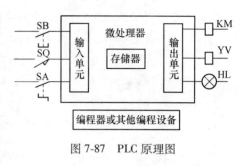

图 7-87　PLC 原理图

表 7-10　自检及报警内容

故 障 内 容	显 示
液压系统滤油器阻塞	驾控台上阻塞报警指示灯亮
液压系统油温过高	驾控台上油温报警指示灯亮
液压系统油位过高或过低	驾控台上油位报警指示灯亮

四、电液系统常见故障与排除

（一）液压系统常见故障与排除

1. 液压系统故障产生的特点和规律

根据液压系统和液压元件故障的统计分析发现，故障的产生与发展具有一些共同的特点和规律，这些特点为研究故障的诊断、排除与预防提供了线索和依据。

（1）故障的复杂性和多样性。液压系统出现的故障是多种多样的，而且大多为几个故障同时出现。如系统压力不稳定常和噪声振动故障同时出现，而系统压力达不到要求经常和动作不正常联系在一起。机械、电器部分的故障也会和液压系统的故障交织在一起，使得故障变得更为复杂。

（2）故障的隐蔽性。液压系统是依靠在密闭管道内并具有一定压力能的油液传递的，系统所采用的元件内部结构及工作状况不能从外表直接观察，一般具有一定隐蔽性。

（3）引起同一故障的原因和同一原因引起的故障的多样性。液压系统同一故障引起的原因有多个，而且这些原因是互相交织、互相影响的。如系统压力达不到要求其产生原因可能是液压泵产生的，也可能会是溢流阀引起的，还可能会是同时作用的结果。

（4）故障产生的偶然性和必然性。液压系统中的故障有时是偶然的有时是必然的。偶然的情况如油液中的污物偶然卡死溢流阀的阻尼孔，像这种故障不经常发生的，也没有规律可循的。故障必然发生的情况是指那些持续不断经常发生的、并具有一定规律的原因引起的故障。如油液黏度低引起的容积率下降等。

（5）故障产生与使用环境的相关性。同一系统往往随着使用条件的不同而产生不同的故障，如低温环境，油液黏度增大引起液压油泵吸油困难；高温环境油液黏度降低，导致系统压力不足。在环境恶劣时，容易引起液压油的污染，并导致系统出现故障。

（6）故障难度难于判断而易于处理。综上所述故障特性，当液压系统出现故障时，要快速准确判断出故障部位和原因是有一定难度的，必须严格仔细检查、分析、判断，才能找出故障所在位置和原因。而后按故障原因进行修理，处理起来通常比较容易，如一些有孔堵塞只要清洗疏通即可。

2. 液压系统故障诊断技术

（1）简易诊断技术。简易诊断技术，又称直观检查法。是工程装备液压系统故障诊断的一种最为简易、最为方便的方法。它是靠维修人员利用简单的诊断仪器和凭个人的实际经验对液压系统出现的故障进行诊断，判别产生故障的原因和部位，这是一般采用的方法，其具体方法如下：

1）看。看液压系统工作的真实现象。一般有六看：

一看速度，即看执行机构运动速度有无变化和异常现象。

二看压力，即看液压系统中各测压点的压力值大小，压力值有无波动等现象。

三看油液，即观察油液是否清洁，是否变质，油量是否满足要求，油的黏度是否符合要求及表面有无泡沫等。

四看泄漏，即看液压系统各接头处、阀板结合处、液压缸端盖处、液压泵轴伸出处是否有渗漏、滴漏和出现油垢等现象。

五看振动，即看活塞杆和工作台等运动部件运行时有无跳动、冲击等异常现象。

六看效果，即从作业效果，判断运动机构的工作状态、系统压力和流量的稳定性。

2）听。主要用于根据机械零部件损坏造成的异常响声判断故障点以及可能出现的故障形式、损坏程度。液压故障不像机械故障那样响声明显，但有些故障还是可以利用耳听来判断的。如液压泵吸空、溢流阀开启等故障，都会发出不同的响声，如冲击声或"水锤声"等；当遇到金属元件破裂时，还可以敲击可疑部位，倾听是否有嘶哑的破裂声。一般有四听：

一听噪声，即听液压泵和系统工作时的噪声是否过大，溢流阀等元件是否有尖叫声。

二听冲击声，指工作台液压缸换向时冲击声是否过大；液压缸活塞是否有撞击缸底的声音；换向阀换向时是否有撞击端盖的声。

三听泄漏声，即听油路板内部是否有细微而连续不断的声音。

四听敲打声，即听液压泵运转时是否有敲打撞击声。

3）摸。用手摸正在运动的部件表面。一般有四摸：

一摸温升，用手摸液压泵泵体外壳、油箱外壁和阀体外壳表面，若感到烫手，就应检查原因。

二摸振动，用手摸运行部件和管子可以感觉到有无振动，若有高频振动，就应检查产生原因。

三摸"爬行"，当工作台在低速运行时，用手摸工作台检查有无"爬行"现象。

四摸松紧度，用手拧一拧挡铁、微动开关、紧固螺钉等，检查各部松紧程度。

4）闻。闻一下是否有异味，有些部件由于过热、摩擦润滑不良、气蚀等原因会发出的异味，据此来判断故障点。比如有"焦化"油味，可能是液压泵或马达由于吸入空气而产生气蚀，气蚀后产生高温把周围的油液烤焦而出现的。嗅觉诊断可以判别油液变质及液压泵烧结等故障。

5）阅。查阅装备技术档案及资料中有关故障分析与修理的记录；查阅日检查、点检卡、交接班记录和维护保养记录等。

6）问。询问装备操作者，了解装备平时的工作状况。一般有六问：

一问液压系统工作是否正常，液压泵有无异常现象。

二问液压油更换日期，滤网的清洗或更换情况等。

三问事故出现前调压阀或调速阀是否调节过，有无不正常现象。

四问出事故前液压件或密封件是否更换过。

五问事故发生前后液压系统工作出现过哪些不正常现象。

六问过去常出现哪类故障，是怎样排除的，哪位修理者对故障的原因及排除方法比较清楚。

总之，在诊断过程中，要对所有的客观情况了如指掌。简易诊断技术虽然简单，但却是较为可行的一种方法，特别是在缺乏完备的仪器、工具的情况下更为有效，只要逐步积累经验，运用起来就会更加自如。但是，缺乏经验者运用起来比较吃力，并且不同人的判断结果也会不同，简易诊断技术只是一个定性分析，还做不到定量分析，为了弄清楚液压系统产生故障的原因，必要时应在实验台上对有关元件作定量的性能测试。

（2）应用计算机测试技术的液压系统监测与故障诊断。计算机测试在液压系统故障诊断中的应用表现为计算机辅助监测与诊断系统。利用计算机输入过程通道以多个被选定的观测点进行高速数据采集，并对这些信号进行快速的综合分析和处理（如在时序分析的基础上，建立 AR 模型或 ARMA 模型，对振动和噪声信号的频谱分析得到二维、三维全息谱图或全息瀑布谱图）。

在液压系统的故障诊断技术中，用计算机对振动、噪声和压力脉动等动态信号进行数据采集和分析处理，是常用的诊断方法之一。如用计算机采集液压元件壳体的振动信号，并进行时域、频域以及各种经典谱和现代谱分析，并从多方面提取故障特征，从而进行故障的监测与预报。又如对声学信号或泵出口处的低频微小压力脉动信号的计算机数据采集和频谱分析来诊断泵是否已经发生了气蚀现象。

总之，计算机信号采集与处理（即计算机测试技术）已经成为现代机器设备和液压系统状态监测、故障预报和故障诊断的重要手段之一。可以预料，未来的测控故障诊断系统不仅大大简化系统本身的结构，而且会引起测试技术的彻底变革。

3. 液压泵常见故障与排除

液压泵常见故障与排除方法见表7-11。

表 7-11 液压泵的常见故障现象及排除方法

故障现象	产生原因	排除方法
液压泵不出油或流量不足	1. 液压泵转向错误或油口接反； 2. 吸油管或吸油滤网堵塞； 3. 吸油管系漏气； 4. 内部机构磨损或损坏	1. 改正回转方向或改变时出油口； 2. 清除堵塞； 3. 检查漏气部位，并消除； 4. 更换或修理内部零件
噪声大，压力振动大	1. 吸油管或吸油滤网堵塞； 2. 吸油管密封不良，有空气吸入； 3. 油箱通气孔堵塞； 4. 电动机和液压泵的同轴度差	1. 消除堵塞油污物； 2. 螺纹旋入不当及密封件损坏等，更换密封件或重新安装； 3. 清扫通气孔； 4. 重新校正安装

故障现象	产生原因	排除方法
液压泵压力升不上	1. 液压泵不出油； 2. 溢流阀调整压力偏低或压力级太低或振动后松动； 3. 溢流阀阀座关不严或主阀总阻尼孔被堵； 4. 系统中高压窜通，液压元件内泄严重	1. 参见前述液压泵不出油的排除方法； 2. 检查型号和弹簧值，重新调整压力并锁紧； 3. 拆检溢流阀，清洗检查阀座及小孔中垃圾或黄油； 4. 检查元件质量，动作是否正常到位，检查手动换向阀是否正常
发热异常	1. 内部漏损过大，容积效率须低，引起大量发热； 2. 滑动部分烧坏； 3. 轴承烧坏	1. 修理内部机构； 2. 修理内部机构； 3. 更换轴承
液压泵外泄漏	1. 轴上油封损伤； 2. 内部漏损过大，内部压力增大； 3. 油泵接头密封性差	1. 更换； 2. 修理内部机构； 3. 检修并更换密封件

4. 液压马达常见故障与排除

液压马达常见故障与排除方法见表 7-12。

表 7-12　液压马达的常见故障现象及排除方法

故障现象	产生原因	排除方法
液压马达不转	1. 无油进入液压马达； 2. 有油无压力或压力过小； 3. 液压马达故障性卡死； 4. 液压制动器未开（卡死）	1. 检查系统元件是否正常； 2. 检查系统元件是否正常； 3. 拆检或更换之； 4. 拆检和检查选择阀
液压马达转而无力	1. 系统压力升不高，达不到额定值； 2. 安全溢流阀失调或松动	1. 检查系统元件是否正常； 2. 重新调整，锁定
发热异常	1. 油液黏度过高； 2. 液压马达安装不当； 3. 内部机构损坏	1. 更换油液或加热； 2. 调整安装或改善同轴度； 3. 检修或更换
液压马达外泄漏	1. 轴端或后端盖密封件损坏； 2. 泄漏等过细，过长； 3. 油马达接头密封性差	1. 更换； 2. 更换重新调整； 3. 拆检并更换密封件

5. 溢流阀常见故障与排除

溢流阀常见故障与排除方法见表 7-13。

表 7-13　溢流阀的常见故障现象及排除方法

故障现象	产生原因	排除方法
压力升不上或达不到额定值	1. 主阀芯开启后卡住，不到位； 2. 主阀芯与阀座封不严； 3. 主阀芯阻尼孔堵塞； 4. 先导阀弹簧用错或永久变形； 5. 锥阀芯密封面卡住或损伤	1. 清洗、试装、保持阀芯运动灵活； 2. 清洗、排除污垢、试装研磨合格； 3. 拆下清洗； 4. 清洗、安装或更换合格弹簧； 5. 清洗、研磨密封面或更换零件

故障现象	产生原因	排除方法
不溢流放油无限升压	1. 锥阀座小孔堵塞; 2. 主阀芯关闭状态卡住	1. 清洗、畅通锥阀座孔; 2. 清洗、保持阀芯运动灵活
噪音及压力波动	1. 先导阀稳定性不好; 2. 先导阀有异常磨耗有渣滓; 3. 油液中混有较多空气; 4. 流量过大; 5. 阀芯密封面关不严	1. 更换先导阀或先导阀弹簧; 2. 拆下清洗; 3. 消除混有空气来源; 4. 更换合适的阀件; 5. 更换合适的阀件
泄漏	1. 内泄漏; 2. 外泄漏	1. 更换有关零件; 2. 更换 O 形密封圈或重装

6. 离心喷水推进泵常见故障与排除

离心喷水推进泵常见故障与排除方法见表 7-14。

表 7-14 喷水推进泵常见故障及排除方法

故障现象	产生原因	排除方法
无转速指示	1. 转速传感器失效; 2. 转速表失效; 3. 导线断路	1. 更换传感器; 2. 更换转速表; 3. 连接导线,必要时更换
喷水推进泵叶轮减速箱中油呈乳白色	水下传动件漏水	更换密封圈
喷水推进泵有异常声音	1. 轮损坏; 2. 轮传动损坏; 3. 轴承损坏; 4. 缺少润滑油	1. 更换叶轮; 2. 大修喷水推进泵; 3. 更换轴承; 4. 加润滑油至规定液面
喷水推进泵性能突然降低	进口隔栅阻塞	1. 推进泵反转 3~5min; 2. 清理进口隔栅
某电气设备故障或失效	1. 险丝断开; 2. 设备损坏; 3. 导线断路; 4. 开关损坏; 5. 插座插头未接触; 6. 插头插座损坏	1. 接通保险丝; 2. 更换设备; 3. 连接导线,必要时更换; 4. 更换开关; 5. 使插座插头可靠接触; 6. 更换插座插头
喷口方向指示表无方向指示	1. 险丝断开; 2. 反馈电位器失效; 3. 指示表失效; 4. 导线断路	1. 通保险丝; 2. 换电位器; 3. 更换指示表; 4. 连接导线,必要时更换
操纵失常	操纵系统故障	全面检查操纵系统
液压泵噪音过大	1. 压油箱通气孔堵塞; 2. 箱内液面过低; 3. 液压管路泄漏	1. 清洗通气孔,必要时更换; 2. 加油; 3. 紧固接头,必要时更换
液压阀不动作	1. 险丝断开; 2. 导线断路; 3. 阀脏	1. 上保险丝; 2. 接导线,必要时更换; 3. 清洗阀

7. 液压系统常见故障与排除

液压系统常见故障与排除方法见表7-15。

表7-15 液压系统的常见故障现象及排除方法

故障现象	产生原因	排除方法
系统压力未到额定值或无压力	1. 液压泵故障或严重磨损； 2. 溢流阀松动或失效； 3. 液压泵严重磨损； 4. 压力表组件失灵	1. 参照液压泵的故障处理表； 2. 溢流阀的故障处理表； 3. 检修或换液压泵； 4. 检查侧压管与开关，校验压力表
系统压力超压	1. 过滤器阻塞； 2. 溢流阀故障； 3. 溢流阀调压过高	1. 清洗或更换滤芯； 2. 参照溢流阀的故障处理表 3. 参照溢流阀的故障处理表
系统流量不足	1. 液压泵流量调定不足或故障； 2. 应急球阀未关闭严	1. 参照液压泵的故障处理表； 2. 检查并关闭
系统噪音和振动异常	1. 液压泵的吸油管路未密封好，吸入空气； 2. 吸油管路局部结构不通畅，流速过高； 3. 吸油滤油器阻塞； 4. 油箱油量不足； 5. 液压泵或液压马达局部损坏； 6. 泵轴处、油封进气； 7. 管路安装不良	1. 检查并排除漏气情况； 2. 检查并排除截止阀到位； 3. 清洗滤油器； 4. 补油至规定高度； 5. 检修或更换； 6. 更换油封； 7. 改善安装、消振
油温过高	1. 油箱内油量不足； 2. 液压泵有故障，增大了液压泵的内部漏耗，泵壳温度升高	1. 补油到应规定的液面； 2. 检修油泵
管路泄漏	1. 密封圈损坏； 2. 管接头未拧紧，焊接处泄漏	1. 更换O形密封圈； 2. 组合垫圈拧紧和补焊

（二）电气系统常见故障与排除

1. 电气设备故障诊断的基本方法和步骤

（1）电气设备故障诊断的基本原则。为了提高判断故障的准确性，缩短查找线路的时间，防止增添新的故障，减少不必要的损失，经研究和归纳，应遵循下列原则：

1）胸有成图，联系实际。在分析故障时，脑海里要调出电路原理图，最好是有图在手，循线查找，不仅有条不紊，而且准确迅速，按电路规律办事，切忌不顾电路连接和走向，乱碰乱查，甚至把小故障弄成大故障。

2）查清症状，仔细分析。"查清症状"就是要找准故障发生的部分在哪，是什么故障，正常情况是什么样，现在是什么样。只要把情况调查清楚了，也就会找到解决问题的办法。

3）从简到繁，由表及里。即先检查外表，后检测内部；先从容易判断的入手，后解决难点问题。可以避免时间的浪费，减少不必要的拆卸。

4）探明构造，切忌随意。即对于内部结构不清楚的总成部件，在测试和分解时要细心谨慎，要记住有关相互位置、连接关系，做上记号，或将拆下的零部件编上序号（如弹簧、垫圈等），不可丢失、错装，最好放在专门的盒内。并通过分解测试弄清工作原理，不可马虎从事，造成新的故障。

5）回想电路，结合原理。即以电路原理图为指导，以具体实物为根据，把实物与原理图结合起来，特别是在拆动了一些零件、总成，打开了内部结构之后仍然要按电路工作程序去思考问题，不要盲目乱碰乱试。

6）按系分段，替代对比。即完整的电路都有一定的电流路线才能正常工作，在电路内按上一半，下一半分头查找，也可以从火线（熔断器）、开关开始一段一段地查找，逐渐缩小故障范围。"替代对比"就是用其他完好的元器件代替被怀疑故障的元器件；用试灯、导线代替被怀疑的开关或插接件；如果故障状态发生变化，则说明问题就在于此。

（2）电气设备故障诊断的方法：

1）直觉检查法。直觉检查是指不运用任何仪器设备、不撼动任何电路元器件的情况下，凭人的直觉（视觉、嗅觉和触觉）来检查待修电气设备故障所用的一种方法。直觉检查法是最简单的一种查找故障的方法。该法又可以分为通电和不通电检查法两种。

① 不通电检查法。首先打开电气设备外壳，观察检查电气设备的内部元器件的情况。通过视觉可以发现保险丝的熔断，元器件的脱焊等。

② 通电检查法。在通电的情况下，通过视觉观察元器件（电阻器）有没有跳火烧焦现象；通过嗅觉判断导线、电阻器等有没有焦味；通过听觉判断导线与导线之间，导线和机体之间有没有高压打火等。

2）信号寻迹法。信号寻迹法是使用单一的测试信号，借助测试仪器，由前向后逐级进行检查。该法能深入地定量检查各段线路，能迅速地确定发生故障的部位。

3）同类对比法。同类对比法是将待检的电气设备与同类型号的、能正常工作的电气设备进行比较、对照的一种方法。通常是通过对两个电气设备的有疑问的电压、电流、电阻等参数进行对比，从比对的数值差别中找出故障。

4）参数测试法。参数测试法是运用仪器仪表，测试电气设备中电压值、电流值、元件数值、器件参数等的一种电气设备故障检查方法。通常，在不通电（不开机）的情况下测量电阻值；在通电（开机）的情况下测量电压值、电流值；或拆下元器件测量相关的参数。

（3）电气设备故障诊断的步骤。电气系统检修一般按照先简单后复杂；先初步检查、后进一步检查；先大范围、后小范围；最后排除故障的步骤进行。

电路故障的实质不外乎断路、短路、接触不良、搭铁等，按其故障的性质分成两种故障：机械性故障和电气性故障。电气设备线路发生故障，其实就是电路的正常运行受到了阻碍（断路或短路）。分析故障其实就是运用电路原理图，并结合工程装备电路的实际情况，来推断故障点位置的过程。

判断故障首要的就是考虑以下这三个方面的问题，即电源有电吗、线路畅通吗、电器部件工作正常吗？从中判断电气故障既简单，又方便、快捷。

1）检查电源。简易的方法是在电源火线的主干线上测试，如蓄电池正负极桩之间、起动机火线接柱与搭铁之间、交流发电机电枢接柱与外壳搭铁之间、熔断器盒的带电接头与搭铁之间和开关火线接柱与搭铁之间。测试工具可用试灯，一般工程装备电控系统的电压是 24V，采用 24V 同功率的灯泡为宜，是因为电压与所测系统电压一致是最合适的。

测试中还可以利用导线划火，或拆下某段导线与搭铁作短暂的划碰，实质是短暂的短路。这种做法比较简单，但对于某些电子元件和继电器触点有烧坏的危险。在 24V 电路中，短路划火会引起很长的电弧不易熄灭。

测试工具最精确的当然是仪表，如直流 30~50V 电压表，直流 30~100A 电流表，测电压、电阻和小电流数字万用表最方便。

2）检查线路。看电源电压能否加到用电设备的两端以及用电设备的搭铁是否能与电源负极相通，可用试灯或电压表检查，如果蓄电池有电，而用电设备来电端没电，说明用电设备与电池火线之间或用电设备搭铁与电池之间有断路故障。在检查线路是否畅通的过程中应注意以下几点：

① 熔丝的排列位置及连接紧密程度。现在工程装备电路日趋复杂，熔丝多至数十个，哪个熔丝管哪条电路一般都标明在熔丝盒上，如未标明，不妨由使用者自己查明写在上面，检查其是否连接可靠。

② 插接器件接触的可靠性。优质的插接器件拆装方便，连线准确，接触紧密，十分可靠。有些复杂的工程装备电路中，一条分支电路就要经过 3~6 个插接器才能构成回路。由于使用日久，接触面间积聚灰尘、油垢，或渐湿生锈，就会发生接触不良的可能。有些厂家制造的插接器，黄铜片在塑料座上定位不牢，在插按时被推到另一头，甚至接触不上。在判断线路是否畅通时，如有必要时，可以用带针的试灯或万用表在插接件两端测试，也可以拔开测试。

③ 开关挡位是否确切。有些电路开关如电源开关、车灯开关、转向灯开关、变光开关，由于铆接松动、操作频繁、磨损较快而发生配合松旷、定位不准确，在线路断路故障中所占比率较高。

④ 电线的断路与接柱关系。接线柱有插接与螺钉连接等多种，电器元件本身的接线端是否坚固，有些接线柱因为接线位置关系，操作困难，形成接线不牢，时间长了便发生松动，如电流表上的接线。

有些电线因为受到拉伸力过大或在与车身钣金交叉部位磨擦而断路或短路。蓄电池的正极桩与火线之间，负极桩与车架搭铁之间，因为锈斑或油漆，都容易形成接触不良。

3）检查电器。如果电源供电正常，线路也都畅通而电器不能正常工作，则应对电器自身功能进行检验。检验的方式常有以下几种：

① 就装备检验。优点是方便、迅速，但易受装备上其他因素的影响。如检查发电机是否发电，可以观察电流表、允电指示灯，也可以熄火后取下“B”柱上的接线，在运转状态下，用灯泡或电压表测试其与搭铁之间的电压。

② 从装备上拆下检验。当必须拆卸电器内部才能判断电路故障时，则需要将电器从装备上拆下来单独检测。单独检测某一电器是将其周围工作条件进行“纯化处理”，使故障分析的范围大大缩小。如发电机电枢绕组是否损坏、前后轴承是否松旷等都要拆卸检测。

有些电气设备，仅用仪表作静态检测还是不能发现本质问题，必须进行动态检测。如发电机发电能力就要在试验台上进行。

4）利用电路原理图判断故障。分析和判断电路故障的过程，实质上是根据电路原理图进行实际探测、逻辑思维和形象思维的过程。只要思路符合电路原理，方法简便恰当，都能够准确、迅速地查明故障原因。

2. 电气设备常见故障与排除

电气系统常见故障有：发电机不发电或使用启动机后瞬时充电电流很小、电流表指针摆动过大、交流电流过大、发电机工作有噪声、喇叭故障等，其故障的主要原因及排除方法见表 7-16。

表 7-16 电气系统常见故障及排除方法

故障现象	产生原因	排除方法
发电机不发电或使用启动机后瞬时充电电流很小	1. 传动皮带打滑； 2. 调节器故障； 3. 发电机故障： (1) 磁场线路故障； (2) 电枢线路故障； (3) 硅整流器故障	1. 将皮带调紧； 2. 在主机怠速运转时，用起子将调节器的"电枢"与"磁场"端连接，如有火花和电流表指示充电则为调节器故障；拆下调节器，检查调节器电阻是否烧断，如已烧断，应更换； 3. 按 2. 所述的方法，若连接时，无火花和不充电则为发电机故障； (1) 将发电机"电枢"与"磁场"端用起子连接时，如无火花，则必为磁场线路内电刷接触不良或磁场线圈断路；如火花极大，则为磁场线圈内短路。将发电机分解后，找出故障排除之； (2) 按上述方法，如有火花，则将硅整流发电机的电枢拆下（注意此线有电，切勿搭铁），用另一根电线将此"电枢"端与启动开关的电源端相连，然后启动主机。待启动后立即关闭启动开关，如主机停止运转则为发电机电枢线路内断路或短路； (3) 分解后拆下 6 根连接线进行检修
电流表指针摆动过大	1. 发电机电刷部分接触不良； 2. 调节器节压器触电烧蚀	1. 擦净滑环表面，研磨电刷，使其与滑环密切接触，加大电刷压力； 2. 用砂纸把接触点磨光
交流电流过大（白天启动主机半小时后充电电流仍在10A以上）	1. 节压器触点烧坏，停止工作； 2. 发电机与调节器的搭铁线接触不良，断路	1. 排除并将触点磨平； 2. 排除之
发电机工作时有杂声或敲击声	1. 传动皮带调整过松； 2. 发电机故障： (1) 电刷磨合不好； (2) 刷架变形； (3) 电刷有缺陷； (4) 皮带轮松动	1. 将皮带调紧； 2. 拆下防尘盖检查： (1) 磨合电刷； (2) 校正刷架； (3) 设法排除； (4) 设法拧紧
喇叭不响	线路内短路	先用起子在喇叭的接线柱上搭铁试火，如有火花则故障在喇叭按钮装置内，找出故障原因并排除
喇叭连响	线路内搭铁	检查喇叭的内部有否搭铁，喇叭按钮有无故障，如有则排除
指示灯不亮	线路内短路	先用起子在指示灯的接线柱上搭铁试火，如有火花则故障在喇叭按钮装置内，找出故障原因并排除
指示灯常亮	线路内搭铁	检查指示灯的内部有否搭铁，指示灯按钮有无故障，如有则排除
舵角指示不准确	反馈箱内部机械传动部分故障或指示器故障	任意方向操舵，检查舵角指示是否能跟随响应。如果有响应，检查反馈箱内部机械传动轴连接部分是否松脱，如有应排除；如果没有响应，检查反馈箱内部机械传动轴连接部分是否松脱，传动轴是否断裂，如有应排除，如没有，检查舵角指示器是否损坏
舵角失控	总线通信故障	检查通信线是否导通，排除断路故障点
舵角连续左右振荡	液压管路接错	调换液压油管 AB 口

参 考 文 献

[1] 朱新云，等．液压传动［R］．北京：装备指挥技术学院，2006.

[2] 王建国．某型高速挖掘机检修调试及常见故障判断与排除［M］．北京：国防工业出版社，2011.

[3] 董志斌．工程机械液压系统使用与维修［R］．北京：总装备部通用装备保障部，2012.

[4] 宋学义，等．袖珍液压气动手册［M］．上海：上海交通大学出版社，1998.

[5] 全国液压气动标准化委员会．液压气动标准汇编［S］．北京：中国标准出版社，1997.

[6] GB/T 786.1—1993　液压与气动图形符号［S］．北京：中国标准出版社，1993.

[7] 石景林，等．液压泵马达维修技术资料［R］．徐州：峰利液压机械有限公司，2010.

[8] 贵阳詹阳机械工业有限公司．GJW111 型挖掘机使用维护说明书［EB］．贵阳：詹阳机械工业有限公司，2002.

[9] 宇通股份有限公司．GJT112 型推土机使用维护说明书［EB］．郑州：宇通股份有限公司，2006.

[10] 宇通股份有限公司．GJZ112 型装载机使用维护说明书［EB］．郑州：宇通股份有限公司，2006.

[11] 天津建筑工程机械厂．移山-TY160C 履带式推土机使用保养维修手册［EB］．天津：建筑工程机械厂，1999.

[12] 关文忠．TY220、T220 推土机构造原理与故障分析［R］．渭南：黄河工程机械厂，1989.

[13] 广西柳工机械股份有限公司．ZL50C 轮式装载机使用维护说明书及零件图册［EB］．柳州：广西柳工机械股份有限公司，2002.

[14] 厦门厦工机械股份有限公司．ZL50C-Ⅱ轮式装载机使用维护说明书［EB］．厦门：厦门工程装备股份有限公司，2002.